流体状态方程与热物性参数计算

苑伟民 ◎ 编著

$$e^{i\pi}+1=0$$

$$Z=\frac{pV}{RT}$$

人民邮电出版社
北京

图书在版编目（CIP）数据

流体状态方程与热物性参数计算 / 苑伟民编著. --
北京 : 人民邮电出版社, 2025.3
ISBN 978-7-115-64395-7

Ⅰ. ①流… Ⅱ. ①苑… Ⅲ. ①流体运动方程②热物理
性质 Ⅳ. ①O35②O551.3

中国国家版本馆CIP数据核字(2024)第097877号

内 容 提 要

本书以流体状态方程及流体热物性参数计算为主线，分为流体状态方程，量纲及伪量纲分析，偏导数和微积分及热力学关系式，状态方程中 p、V、T、Z 之间的导数，剩余性质与偏离函数，流体的热物性参数计算，MATLAB 编程基础知识，实时编辑器与 MATLAB 编程求解流体热物性参数实例 9 章内容。本书在讲解流体状态方程和流体热物性参数计算过程中，将公式分步推导，并辅以大量计算实例，便于读者理解和使用公式。

本书适合油气储运工程、石油炼制工程、燃气输配工程、通风与空调工程、化学工程等相关专业的学生学习，也可供从事天然气、二氧化碳气体、氢气、掺氢天然气等气态、液态石油化工产品的加工、输送、存储、管理、设计工作的人员及相关专业技术人员参考。

◆ 编　　著　苑伟民
　责任编辑　李永涛
　责任印制　王　郁　胡　南

◆ 人民邮电出版社出版发行　　北京市丰台区成寿寺路 11 号
　邮编　100164　　电子邮件　315@ptpress.com.cn
　网址　https://www.ptpress.com.cn
　固安县铭成印刷有限公司印刷

◆ 开本：787×1092　1/16
　印张：14.25　　　　2025 年 3 月第 1 版
　字数：357 千字　　　2025 年 3 月河北第 1 次印刷

定价：79.90 元

读者服务热线：(010)81055410　印装质量热线：(010)81055316
反盗版热线：(010)81055315

序

在我国多元化的能源结构中，天然气作为一种优质、高效的清洁能源，将成为主体能源。天然气管道工程建设和液化天然气站工程建设是天然气产业链中的两个主要板块。工程实践证明，先进和可靠的技术必须依赖于准确、完善和科学的基础知识。

本书是编者多年来努力学习、虚心讨教、潜心研究的结果，是对天然气等流体热物性参数及其编程计算领域做出的一大贡献。

本书内容丰富，公式推导严谨，对流体的热物性参数进行了深入浅出的推导、验证和编程计算；以天然气热物性参数求解为背景，将数值算法与计算机编程相结合，列举了综合应用实例；对国内外的相关研究成果进行了介绍。

本书可用作相关专业的教学书和参考书。

前　言

本书编写主要围绕 3 个方面：一是完善流体状态方程和热物性参数计算公式的推导过程，对常用流体热物性参数的计算公式进行分步推导，并对不同形式的公式进行对比分析，弥补目前大多数图书中只有公式而没有推导过程的缺憾；二是抛砖引玉，在对流体状态方程和热物性参数研究的基础上，提出新的研究方法和新的计算公式，引导读者扩展研究思路；三是介绍计算机编程软件在科学研究中的应用，采用计算机辅助计算来加速读者对专业知识研究的进程。

本书分为 2 篇，共 9 章。第 1 篇分为 6 章内容，主要介绍流体状态方程及流体热物性参数的计算。第 1 章深入浅出地介绍流体状态方程的发展历程，让读者了解流体状态方程发展的阶段，如给出 Starling 早期提出的两个 BWRS 状态方程（这两个状态方程在其他文献中很少有介绍），引导读者对状态方程做进一步的研究，并对常用的 RK、SRK、PR、BWRS、LKP 状态方程进行对比态转化，使读者能够使用各种形式的状态方程进行计算。第 2 章利用量纲分析的成果，提出伪量纲分析的概念，并对 5 个常用的状态方程进行伪量纲分析，给出流体热物性参数的 4 类单位组合，同时指出利用伪量纲分析的成果，既可以不用在计算过程中和计算后进行单位制转化就得到相应单位的热物性参数，又可以将 5 个常用的状态方程中体积形式的密度转化为质量形式的密度，如直接使用密度单位为 kg/m^3 形式的状态方程进行密度求解，求解出的密度是以 kg/m^3 为单位的。第 3 章将偏导数和微积分等数学知识与热力学关系式相结合，介绍一阶偏导数和二阶偏导数的求导和应用，分别以 T 和 V、T 和 p、p 和 V 为独立变量进行熵、焓关系式的推导；在不定积分和定积分的介绍中，以 RK 状态方程为例推导 RK 状态方程的偏导数。第 4 章对 5 个常用状态方程中的 p、V、T、Z 之间的导数进行一一推导，给出推导过程和结果，便于读者研究和使用。第 5 章分别对剩余性质和偏离函数进行介绍，对剩余性质的熵、焓与 p、V、T 的关系式，偏离函数关系式，比热容，比热容比（绝热指数），微分等熵膨胀效应系数，等温压缩率系数，等熵压缩率系数，等压体积膨胀系数，焦耳-汤姆孙系数的计算公式进行推导，并以 RK 状态方程为例进行偏离函数的推导，为第 6 章中真实流体的热物性参数计算奠定理论基础。第 6 章首先介绍理想气体焓、熵、比热容的计算公式，然后分别采用 5 个常用的状态方程对实际流体的压缩因子、（比）焓、（比）熵、比热容、焦耳-汤姆孙系数、黏度等热物性参数求解的方程进行一一推导并给出计算实例；对以往图书中鲜有出现的部分参数，如立方型状态方程中一阶和二阶温度导数的推导进行讲解，给出多种推导的方法和多个推导出的公式，使读者在学习专业知识的同时，不但知其然，而且知其所以然；此外，在 6.8 节中对行业内主流的流体计算软件 Aspen HYSYS、PipelineStudio，以及权威性较高的图书 *API Technical Data Book* 中理想气体比热容、焓、熵的计算公式分别进行介绍，同时对国际标准 *Natural gas — Calculation of thermodynamic properties — Part 1: Gas phase properties for transmission and distribution applications*（ISO 20765-1:2005）中理想气体比热容、焓、熵的计算公式进行介绍，并根据该标准中比热容的计算公式，经过严格的数学推导，分别提出 3 个新的理想气体焓、熵计算公式，以帮助读者加深对比热容、焓、熵计算公式的理解。第 2 篇分为 3 章内容，主要介绍计算机辅助编程，选取 MATLAB 进行讲解。第 7 章对 MATLAB 编程中用到的格式输出函数、人机交互对话、Excel 表格读取、多项式求根、非线性方程求解等主要函数进行介绍；第 8 章详细介绍 MATLAB 中的实时编辑器，包括实时脚本的建立、编写代码、运行代码、调试代码、插入控件、格式化文件、发布代码等内容；第 9 章采用 M 文件和实时编辑器分别对 MBWRSY 状态方程和 PR 状态方程进行实例编程，并对代码进行解释，使读者能够快速掌握编程的技巧，解决类似辅助计算的编程问题，避免走“编程要学习大量算法”的弯路，尽量让读者把时间花在对专业知识的学习上，而非计算机编程上。

本书从开始至成稿经历了十几年的打磨。在这十几年中，西南石油大学贺三教授、贾文龙教授，上海交通大学顾安忠教授，中国石油大学（华东）李玉星教授、唐建峰教授，中国石油大学（北京）宫敬教授、李兆慈教授，西安石油大学王寿喜教授，中国石油规划设计总院原院长苗承武高级工程师，白改玲教授级高级工程师，上海石油天然气有限公司原总工程师郭揆常教授级高级工程师，安徽省充换电有限责任公司曹根苗副总经理等，曾在本书编写的不同阶段给予指导和帮助，在此一并致以崇高的谢意。

由于编者水平有限，书中难免存在不妥之处，欢迎广大读者对书中内容提出宝贵意见和建议，以便进行修改，编者邮箱：yuanvmin@hotmail.com。

苑伟民
2025 年 1 月

目录

第1篇　流体状态方程及热物性参数

第1篇　流体状态方程及热物性参数

本篇分为 6 章内容，主要介绍流体状态方程和流体热物性参数及其公式的推导。第 1 章介绍流体状态方程的发展历程，并对常用的 RK、SRK、PR、BWRS、LKP 状态方程进行对比态转化。第 2 章利用量纲分析的成果，提出伪量纲分析的概念，并对 5 个常用的状态方程进行伪量纲分析。第 3 章将偏导数和微积分等数学知识与热力学关系式相结合，分别以 T 和 V、T 和 p、p 和 V 为独立变量进行熵、焓关系式的推导。第 4 章对常用的 5 个状态方程中的 p、V、T、Z 之间的导数一一进行分步推导，便于读者研究和使用。第 5 章分别对剩余性质和偏离函数进行介绍。第 6 章首先介绍理想气体焓、熵、比热容的公式，然后分别使用 5 个常用的状态方程对实际流体的压缩因子、（比）焓、（比）熵、比热容、焦耳-汤姆孙系数、黏度等热物性参数求解的方程进行分步推导并给出计算实例；对诸如立方型状态方程中一阶和二阶温度导数等鲜有图书介绍的推导过程进行讲解；此外，在 6.8 节中对主流软件 Aspen HYSYS、PipelineStudio，以及 *API Technical Data Book* 一书中理想气体的比热容、焓、熵公式进行介绍。

第 1 章　流体状态方程

状态方程就是在状态参数之间建立的函数关系，比如，由两个状态参数来计算其他状态参数的函数关系。状态参数有很多，我们所讨论的流体动力学范围内有压力、温度和密度，它们都会出现在运动方程中。

计算密度、压缩因子、焓、熵、比热容、比热容比、焦耳-汤姆孙系数等天然气的热物性参数，需要用到状态方程。本章在介绍流体状态方程发展的同时，对雷德利希-邝方程（Redlich-Kwong Equation，简称 RK 状态方程、RK 方程）、索阿韦-雷德利希-邝方程（Soave-Redlich-Kwong Equation，简称 SRK 状态方程、SRK 方程）、彭-罗宾森方程（Peng-Robinson Equation，简称 PR 状态方程、PR 方程）、本尼迪克特-韦布-鲁宾-斯塔林方程（Benedict-Webb-Rubin-Starling Equation，简称 BWRS 状态方程、BWRS 方程）、李-凯斯勒-普洛克方程（Lee-Kesler-Plocker Equation，简称 LKP 状态方程、LKP 方程）等进行研究、讨论。

1.1　流体状态方程的发展

包含理想气体状态方程在内的状态方程，在各种文献中不下 150 种，有的是根据理论分析得到的，有的是由实验数据拟合的，有的是用理论分析和实验数据相结合而推导出的；但只有少数方程通用性比较好，并没有哪一种状态方程能够独占鳌头。对状态方程的研究一直都在进行，新方程仍在不断涌现。

状态方程既简单又精确的分类方法是按照其起源分类。按照这一方法，将状态方程分为范德华族立方方程（立方型状态方程）、扩展的维里族方程（维里型状态方程）、对比态方程以及基于晶格模型的统计热力学模型、扰动模型和积分方程，或者基于计算机拟合数据得到的方程。本书主要对前两种方程进行研究，这两种方程的主要发展路线可总结为：（1）立方型状态方程——van der Waals（vdW）（1873 年）→Redlich-Kwong（RK）（1949 年）→Wilson（1964 年）→Soave（SRK）（1972 年）→Peng-Robinson（PR）（1976 年）→Patel-Teja（PT）（1982 年）；（2）维里型状态方程——Thiesen（1885 年）→Kamerlingh Onnes（1901 年）→Beattie-Bridgeman（BB）（1928 年）→Benedict-Webb-Rubin（BWR 或者称为 MBB）（1940 年）→Starling（BWRS）（1971 年）→Starling-Han（BWRSH）（1972 年）→Starling 等人（AGA 天然气方程）（1991 年）。

1.1.1　理想气体状态方程

理想气体状态方程（Ideal Gas Equation of State），又称理想气体定律、普适气体定律，是描述理想气体在处于平衡态时，压力、体积、温度间关系的状态方程。它建立在玻意耳-马里奥特定律、查理定律、盖-吕萨克定律等定律的基础上，由法国科学家克拉珀龙（Clapeyron）于 1834 年提出，其较为广泛应用的形式见式（1-1）：

$$p = \frac{\rho RT}{M} \tag{1-1}$$

式中：p 为气体压力（单位为 Pa）；ρ 为气体密度（单位为 $kmol/m^3$）；R 为通用气体常数（单位为 kJ/(kmol·K)）；T 为气体温度（单位为 K）；M 为气体的摩尔质量或平均摩尔质量（单位为 kg/kmol）。

1.1.2 立方型状态方程

1873 年，vdW 状态方程诞生，成为首个能预测气液共存的方程。1949 年，Redlich 和 Kwong 提出了 RK 状态方程，通过引入温度与引力项（vdW 状态方程将压力分为斥力项和引力项两部分）的关系，提高了 vdW 状态方程的预测精度。1964 年，Wilson 对 RK 状态方程中的引力项 α 进行了温度依赖性的调整。随后，在 1972 年，Soave 对引力项 α 进行了进一步的修正。1976 年，Peng 和 Robinson 提出了 RK 状态方程的修正项，旨在更精确地预测蒸气压、液体密度和相平衡。在 1982 年，Patel 和 Teja 对 PR 状态方程进行了修改，新增了参数 c，提出了 PT 状态方程，从而显著提高了 PR 状态方程对极性流体和非极性流体的计算精度。

1.1.3 维里型状态方程

真实流体的维里型状态方程于 1885 年由 Thiesen 首次提出，随后，在 1901 年，Kamerlingh Onnes 对维里系数进行了详细的阐释。1928 年，Beattie 和 Bridgeman 通过扩展维里项，提出了 BB 状态方程，该方程在相当长的一段时间内被广泛用于定量描述真实气体的 pVT 行为，直至其被 BWR 状态方程所取代。1940 年，Benedict 等人提出了 BWR 状态方程，进一步推动了流体状态方程的发展。1971 年，Starling 提出了 11 常数方程即 BWRS 状态方程。1972 年，Starling 和 Han 对 BWRS 状态方程进行了改进，形成了目前广泛应用的 BWRSH 状态方程。

一些研究者在 BWR 状态方程的基础上进行了拓展，提出了更为复杂的高精度方程。1962 年，Strobridge 提出了 16 常数方程；1970 年，Bender 提出了 20 常数方程；1970 年，Morsy 提出了 10 常数方程；1973 年，Jacobsen 和 Stewart 提出了 32 常数方程；1975 年，Lee 和 Kesler 提出了 12 常数方程；1975 年，Nishiumi 和 Saito 提出了 15 常数方程；1985 年，Schmidt 和 Wagner 提出了 32 常数方程；1991 年，Starling 等人提出了 53 常数方程（AGA 天然气方程），为流体状态方程的研究和应用开辟了新的道路。

1.1.4 对比态原理

因为压缩因子是无量纲量，所以可以把它表示为对比温度 $T_r = T/T^*$、对比压力 $p_r = p/p^*$和对比体积 $V_r = V/V^*$，其中，T^*、p^*和 V^*是物质的特征性质，可以是组分的气-液临界值 T_c、p_c 和 V_c（或 RT_c/p_c，以及其他的具有体积单位的量）。通常使用临界温度、临界压力和临界体积来表示对比参数，即对比温度 $T_r = T/T_c$、对比压力 $p_r = p/p_c$ 和对比体积 $V_r = V/V_c$。将状态方程写为无量纲函数和无量纲变量的普遍原理的表达式，这个原理称为对比态原理（Principle of Corresponding State，CSP），有的文献中也称为对比态定律。

对比态原理又称对应态原理，物质的物理性质参数是和它的状态（如温度、压力等）有关的，当不同物质在所处状态下的对比压力、对比温度相同时，则称这些物质处于对应状态；当以对比值来表示这些参数时，认为它们之间具有相同的函数关系，这即对比态原理的另一种解释。其一般形式和具体形式都可以由分子理论（Hakala，1967 年）推导。物质的特征参数的数目决定了 CSP 的级别。

1. *二参数* CSP

二参数 CSP 指的是，仅用两个特征参数如 T_c 和 p_c 来使状态无量纲化，无量纲化的函数可以是压缩因子 Z，Pitzer（1939 年）和 Guggenheim（1945 年）论述了这种最低级别的 CSP 的分子条件。特征参数为 T_c 和 p_c 或者 T_c 和 V_c 时，只有单原子物质如氩气、氪气、氙气或"简单流体"（Guggenheim，1945 年）才精确遵从二参数形式，其他物质都有一些偏离。

2. *三参数* CSP

一般情况下，好的状态方程都要在所表达的函数中引入一个或多个无量纲特征参数，为了获得较好吻合的液体性质更需如此。为此，第一步要引入一个第三参数，它通常与蒸气压 p_{vp} 有关，或与临界点（或临界点附近）的某一体积参数有关。这种做法虽然并不是对所有物质都有用，但对许多物质还是能提高精度的。实际上，这种做法的成功可能已超出了预期，分子理论建议，非极性分子非球形的影响和球形性（Globularity）（非极性分子间排斥力的作用范围和强度）的影响应该需要单独的特征参数，但是实际上只用了单个特征参数来同时说明上述两种影响。

历史上，在大约同一时期有几个不同的第三参数被引入，但是被普遍采用的是临界压缩因子 Z_c（Lydersen 等人，1955 年）和偏心因子 ω（Pitzer，1955 年）。Lydersen 等人针对不同的 Z_c 值，对 T/T_c 和 p/p_c 的每一步增点都用表格列出了 Z 值和对比热力学性质，后来 Hougan 等人（1959 年）做了改进。

更常用的第三参数是偏心因子 ω。Pitzer 的假设是，ω 将以线性（泰勒级数）方式描述与单原子气体的偏差，这意味着所需要的修正很小，而不是用不同的表格来表示增量值。若 ω 不能以线性方式描述，就必须使用非线性项或插值技术。

压缩因子可以写为式（1-2）的形式：

$$Z = Z^{(0)}(T/T_c, p/p_c) + \omega Z^{(1)}(T/T_c, p/p_c) \tag{1-2}$$

式中：$Z^{(0)}$和 $Z^{(1)}$是对比温度和对比压力的通用函数，$Z^{(0)}$可由单原子类物质得出，将不同物质的$(Z-Z^{(0)})/\omega$ 加以平均可得到 $Z^{(1)}$。

偏心因子可由实验数据或关联数据得到，它的易得特点和方程形式使它自出现以后就被选为第三参数，并且对它的优先选择还会持续下去。

人们曾一度认为 ω 仅适用于"标准"物质，而且仅限于 ω 值偏小的情况（Pitzer，1955 年），而不适用于强极性或缔合类（如通过氢键连接）物质。在一系列有关偏心因子何时能被用于描述化合物的讨论中，Pitzer（1955 年）强调表面张力是十分灵敏的性质，可用来指示何时化合物的分子力比"标准"物质的分子力更复杂。表面张力 σ 的一个方程见式（1-3）：

$$\frac{\sigma}{T_c}\left(\frac{RT_c}{p_c}\right)^{2/3}=\left(1-\frac{T}{T_c}\right)^{11/9}(1.86+1.18\omega)\left(\frac{3.74+0.91\omega}{0.291-0.080\omega}\right)^{2/3} \tag{1-3}$$

关于 CSP 的使用，Pitzer 认为如果一个物质对式（1-3）的偏离超过 5%，它就“显示了重大反常”，否则，这个物质可以被认为是“标准”的，三参数 CSP 就应该是可靠的。

ω 的线性变化是否恰当这个问题也一直被讨论，一些关联式如 p_{vp} 关联式采用二次函数的效果最好（Pitzer 和 Curl，1955 年）。然而，针对所有种类的物质，已经发展了仅基于 ω 的线性变化的许多有用的特征参数和具有其他性质的关联式。在有关化合物不“标准”或 ω 大于 0.6 的情况下，如没有对偏心因子在某个性质模型或化合物组分的所属种类模型中的正确性进行验证，使用者应谨慎使用偏心因子。

对于多参数 CSP，本书不做介绍。

1.2 立方型状态方程

第一个描述气相和液相以及相间转化的方程是 1873 年提出的著名的 vdW 状态方程，见式（1-4）：

$$p=\frac{RT}{V-b}-\frac{a}{V^2} \tag{1-4}$$

vdW 状态方程应用于纯组分或压力较低的混合物，它考虑了实际流体中分子占有的体积（排斥体积）和分子吸引力，方程第一项被称为斥力项，第二项被称为引力项，该方程为建立 CSP 和立方型状态方程的发展奠定了基础。

vdW 状态方程被提出后，需要确定方程的参数 a、b。第一种方法是通过实验数据拟合，通常使用气相压力和气相或者液相密度；第二种方法是通过纯组分的临界参数和式（1-5）的临界状态确定。

$$\left(\frac{\partial p}{\partial V}\right)_T=\left(\frac{\partial^2 p}{\partial V^2}\right)_T=0 \tag{1-5}$$

可以得出式（1-6）：

$$a=\frac{27R^2T_c^2}{64p_c},\ b=\frac{RT_c}{8p_c} \tag{1-6}$$

vdW 状态方程预测的流体临界压缩因子为 0.375，但是不同的烃的压缩因子范围为 0.24～0.29。如果考虑非烃类，这个范围要扩大，并且预测蒸气压不精确。于是许多更为精确的方程被提出，其中较为著名的为 1949 年 Redlich 和 Kwong 提出的 RK 状态方程，见式（1-7）：

$$p=\frac{RT}{V-b}-\frac{a/T^{0.5}}{V(V+b)} \tag{1-7}$$

RK 状态方程在引力项中引入了温度依赖项和一个稍微不同的体积的关系。与 vdW 状态方程相比，在一定程度上来说，RK 状态方程给出了一个较好的流体临界压缩因子（$Z_c=1/3$），同时给出了一个较好的第二维里系数，但是 RK 状态方程在相界和液体密度的预测中仍然不精确。

1964 年，Wilson 改变了 RK 状态方程中引力项的温度依赖项，见式（1-8）：

$$p=\frac{RT}{V-b}-\frac{a_c\alpha}{V(V+b)} \tag{1-8}$$

式中：

$$\alpha = T_r\left[1+(1.57+1.62\omega)\left(\frac{1}{T_r}-1\right)\right] \tag{1-9}$$

$$\omega = -\lg\frac{p(T_r=0.7)}{p_c}-1.0,\ T_r=\frac{T}{T_c} \tag{1-10}$$

1972 年，Soave 修改了参数 α，见式（1-11）：

$$\alpha = \left[1+\left(0.48+1.57\omega-0.176\omega^2\right)\left(1-T_r^{0.5}\right)\right]^2 \tag{1-11}$$

对参数 α 的修改使得预测轻烃蒸气压（特别是在 0.1MPa 以上）变得精确，这使得立方型状态方程成为预测在中压和高压下非烃类流体的气液平衡的重要工具，修改后的方程被称为 SRK 状态方程。

1976 年，Peng 和 Robinson 使用不同的体积依赖项稍微改善了液体密度（$Z_c=0.307$）的预测精度，并且通过改变温度依赖项中的参数 α 来精确预测 C6～C10 烃类蒸气压，见式（1-12）：

$$p=\frac{RT}{V-b}-\frac{a_c\alpha}{V(V+b)+b(V-b)} \tag{1-12}$$

式中：

$$\alpha = \left[1+\left(0.37464+1.54226\omega-0.26992\omega^2\right)\left(1-T_r^{0.5}\right)\right]^2 \tag{1-13}$$

1979 年，Abbott 提出了用 5 个参数来表示立方型状态方程的通用形式，见式（1-14）：

$$p=\frac{RT}{V-b}-\frac{\theta(V-\eta)}{(V-b)\left(V^2+\delta V+\varepsilon\right)} \tag{1-14}$$

式中，p 为系统压力（kPa）；T 为系统温度（K）；V 为流体的摩尔体积（$m^3/kmol$）；R 为气体常数（kJ/(kmol·K)）。参数 b、θ、η、δ 和 ε 根据模型而定，可以是常数（包括 0），或者是随温度 T 或组分变化。

式（1-14）可以用式（1-15）表示：

$$Z=\frac{V}{V-b}-\frac{(\theta/RT)V(V-\eta)}{(V-b)\left(V^2+\delta V+\varepsilon\right)} \tag{1-15}$$

式（1-15）也可以表示为式（1-16）：

$$Z^3+(\delta'-B'-1)Z^2+\left[\Psi'+\varepsilon'-\delta'(B'+1)\right]Z-\left[\varepsilon'(B'+1)+\Psi'\eta'\right]=0 \tag{1-16}$$

式（1-16）中，定义无量纲参数见式（1-17）：

$$B'=\frac{bp}{RT},\delta'=\frac{\delta p}{RT},\Psi'=\frac{\Psi p}{(RT)^2},\varepsilon'=\varepsilon\left(\frac{p}{RT}\right)^2,\eta'=\frac{\eta p}{RT} \tag{1-17}$$

η 一般取值为 b，其他常用参数见赵红玲等人翻译的《气液物性估算手册》一书。

1.3　维里型状态方程

维里型状态方程是摩尔体积倒数的无限幂级数项，该方程代表真实流体与理想流体的偏离，是由 Thiesen 在 1885 年首先提出来的，见式（1-18）：

$$Z = 1 + \frac{B}{V} + \frac{C}{V^2} + \frac{D}{V^3} + \cdots \tag{1-18}$$

式（1-18）是关于理想气体体积倒数的麦克劳林级数，等号右边的每一项是前面各项和的修正。按照 1901 年 Kamerlingh Onnes 的建议，系数 B、C、D 等被称为维里系数，B 是第二维里系数，C 是第三维里系数，以此类推。从统计学来讲，系数与分子间力有关，如第二维里系数代表两个分子间的相互作用，第三维里系数代表 3 个分子间的相互作用。对于纯流体，维里系数仅仅是温度的函数。

1969 年，Mason 和 Spurling 提出了 25℃下氩气的收敛级数，如表 1-1 所示，该表清楚地显示了在此超临界温度下，在 1 个大气压下第二维里系数可以忽略，在 10 个大气压下第三维里系数可以忽略，在 100 个大气压下第三维里系数不可忽略，在 1000 个大气压下第三维里系数的贡献比第二维里系数的要大，这表明该级数收敛慢，甚至不收敛。

表 1-1　25℃下氩气的收敛级数

压力（大气压）/atm	压缩因子 Z（$1-B/V+C/V^2+\cdots$（余项））
1	1−0.00064+0.00000+⋯（+0.00000）
10	1−0.00648+0.00020+⋯（−0.00007）
100	1−0.06754+0.02127+⋯（−0.00036）
1000	1−0.38404+0.68788+⋯（+0.37272）

1.3.1　维里系数

1980 年，Dymond 和 Smith 用实验数据编制了第二维里系数和第三维里系数，第二维里系数尤其重要，为混合物状态方程的混合规则公式奠定了基础。在式（1-18）中，当 V 增大时，第三维里系数和更高维里系数比第二维里系数更快减小为 0，此时，第二维里系数可以表示为式（1-19）：

$$B = \lim_{V\to\infty}(Z-1)V \tag{1-19}$$

同样可以得到第三维里系数和第四维里系数，见式（1-20）、式（1-21）：

$$C = \lim_{V\to\infty}[(Z-1)V - B]V \tag{1-20}$$

$$D = \lim_{V\to\infty}[(Z-1)V - BV - C]V \tag{1-21}$$

当 V 接近无穷大时，p 接近 0，T 为常数，式（1-19）可以转化为式（1-22）：

$$B = \lim_{V\to\infty}(Z-1)V = RT\lim_{p\to 0}\left(\frac{Z-1}{p}\right) = RT\lim_{p\to 0}\left(\frac{\partial Z}{\partial p}\right)_T \tag{1-22}$$

由式（1-22）可以看出第二维里系数可以通过 p、V、T 数据作图获得，Z 为函数，p 为自变量，斜率逐渐变为 0。同样，根据玻意耳温度的定义，$\left(\frac{\partial Z}{\partial p}\right)_{T,p\to 0}=0$，显而易见，第二维里系数在玻意耳温度为 0℃时为 0。各种流体的等温线以及此种类型的数据，被用来发展第二维里系数的关联式。Tsonopoulos（1974 年）、Hayden 和 O'Connell（1975 年）提出的关联式应用十分广泛。Tsonopoulos 改善了 Pitzer 和 Curl 在 1957 年提出的非极性流体关联式，Hayden-O'Connell 关联式更为复杂，包括偶极矩和回转半径，多应用于各种流体。Tsonopoulos 关联式见式（1-23）：

$$\frac{Bp}{RT}=B^{(0)}+\omega B^{(1)} \tag{1-23}$$

式中：

$$\left.\begin{aligned}B^{0}&=0.1445-\frac{0.33}{T_r}-\frac{0.1385}{T_r^2}-\frac{0.0121}{T_r^3}-\frac{0.000607}{T_r^8}\\ B^{(1)}&=0.0637+\frac{0.331}{T_r}-\frac{0.424}{T_r^2}-\frac{0.008}{T_r^8}\end{aligned}\right\} \tag{1-24}$$

1987 年，Smith 和 van Ness 提出了更为简单的表达式，其中，第三维里系数的表达式是由 Zeller 在 1970 年提出的，1983 年，Orbey 和 Vera 对其进行了修正，见式（1-25）：

$$\frac{Cp_c^2}{R^2T_c^2}=C^{(0)}+\omega C^{(1)} \tag{1-25}$$

式中：

$$\left.\begin{aligned}C^{(0)}&=0.01407+\frac{0.02432}{T_r^{2.8}}-\frac{0.00313}{T_r^{10.5}}\\ C^{(1)}&=-0.02676+\frac{0.0177}{T_r^{2.8}}+\frac{0.04}{T_r^3}-\frac{0.003}{T_r^6}-\frac{0.00228}{T_r^{10.5}}\end{aligned}\right\} \tag{1-26}$$

1.3.2 各种维里型状态方程

从发展史来说，1901 年，Kamerlingh Onnes 使用了有限项维里型状态方程来描述阿马加（Amagat）定律的 p、V、T 数据，但是，他使用的维里型状态方程舍去了第八项后面的项，并且舍去了第三项以后的奇数次幂项来拟合方程，见式（1-27）：

$$pV=A+\frac{B'}{V}+\frac{C'}{V^2}+\frac{D'}{V^4}+\frac{E'}{V^6}+\frac{F'}{V^8} \tag{1-27}$$

这一方程不再具有维里系数的理论意义，但是简化了曲线拟合参数。特别地，B' 的值将会随着方程中项数的增减而改变，但是真实第二维里系数不会被其他项所影响。Kamerlingh Onnes 为了将维里系数用于对比态原理，使用对比压力（$p_r=p/p_c$）、对比温度（$T_r=T/T_c$）、理想对比体积（$V_r=Vp_c/(RT_c)$）这些对比态形式表示这一方程。

1. BB 状态方程

1928 年，Beattie 和 Bridgeman 提出的舍项维里型状态方程是一个令人满意的定量描述真实气体体积的状态方程，见式（1-28）。这一方程被广泛应用于表示气体行为，直到被 BWR 状态方程取代。

$$Z=\left[1+B_0\left(\frac{1}{V}-\frac{b}{V^2}\right)\right]\left(1-\frac{C}{VT^3}\right)-\frac{A_0}{RT}\left(\frac{1}{V}-\frac{a}{V^2}\right) \tag{1-28}$$

将式（1-28）表示为式（1-29）：

$$Z=1+\left[\frac{B_0-A_0/RT-C/T^3}{V}\right]-\left[\frac{bB_0-aA_0/RT-cB_0/T^3}{V^2}\right]+\frac{bcB_0}{T^3V^3} \tag{1-29}$$

2. BWR 状态方程

1940 年，Benedict、Webb、Rubin 修改了 BB 状态方程，进行甲烷、乙烷、丙烷和正丁烷 p、V、T 数据的拟合，以便计算高精度密度和其他导出性质，如焓、逸度、蒸气压、蒸发潜热。两年后，他们将该方程应用于这 4 种轻烃混合物，并在 1951 年将该方程扩展到正庚烷等 8 种烃类，见式（1-30）：

$$Z=1+\left[\frac{B_0-A_0/RT-C_0/RT^3}{V}\right]+\left[\frac{b-a/RT}{V^2}\right]+\frac{\alpha a}{RTV^5}+\frac{c}{RT^3V^2}\left(1+\frac{\gamma}{V^2}\right)\exp\left(-\frac{\gamma}{V^2}\right) \tag{1-30}$$

将维里型状态方程扩展到无限序列可得到如下方程，见式（1-31）：

$$Z=1+\left[\frac{B_0-A_0/RT-C_0/RT^3}{V}\right]-\left[\frac{b-a/RT+c/RT^3}{V^2}\right]-\frac{\gamma c}{RT^3V^4}+\cdots \tag{1-31}$$

尽管 BB 状态方程和 BWR 状态方程的前 3 项维里系数相似，但是 BWR 状态方程的更为精确，特别是在密相区。

不像 Onnes 或 BB 状态方程都是舍项维里型状态方程，由于 BWR 状态方程包含一个指数项，这一指数项可以扩展为一个关于摩尔体积倒数的无限级数项，所以 BWR 状态方程可以视为一个封闭形式的维里型状态方程。通过表 1-1 可以推测，在密相区和临界区指数项的贡献非常大。

BWR 状态方程不仅可以用来表示 p、V、T 的关系，还可以用来计算气液平衡的 k 值。

随着 BWR 状态方程在工程应用中获得广泛接受，其在低温、高密度、临界区和混合物应用中的缺点被发现，方程中常数的专一性和不可获得性也是重要的限制。为了消除这些缺点，许多改进和普适化的 BWR 状态方程被提出。

原始的 BWR 状态方程中常数多数是由 p、V、T 数据确定的，不能给出一个令人满意的代表低于正常沸点的蒸气压，为了改善这一点，许多人提出了修改方程中的温度依赖项。1952 年，Bloomer 和 Rao 在 BWR 状态方程第一温度函数中增加了另外一项即 D/T^4，来拟合氮气的数据。1960 年，Motard 和 Organick 为氢气添加了关于温度的 b 和 γ 函数。1966 年 Barner 和 Schreiner，1969 年 Orye，1971 年 Starling 分别独立构造了关于温度 C_0 的函数，来改善方程在低于正常沸点时的性能。接下来将会讨论其他研究者向温度函数增加附加项来改善包括低温区在内的整个方程的精度。

有两种不同的方法用来改变 BWR 状态方程在高密度和临界区的精度：一种方法是将 pVT 空间分为 3 个或者 4 个区，然后分别确定每个区的方程常数；另一种方法是增加额外的温度依赖项或/和体积依赖项来增加常数的数量。

1969 年，Eubank 和 Fort 将甲烷和乙烷的 pVT 空间分为 4 个区，并且确定了每个区的常数来修订 API 调查项目的 44 个表格。他们随后使用相同的方法处理其他烃类。这一分区方法早在 1958 年被 Hirschfelder 等人使用过。

许多改进的 BWR 状态方程被提出来后，人们通过增加 BWR 状态方程的项数来改善整个方程的精度，但是这样也增加了常数的数量。1962 年，Strobridge 提出来一个改进，见式（1-32）：

$$p = RT\rho + \left(C_1RT + C_2 + \frac{C_3}{T} + \frac{C_4}{T^2} + \frac{C_5}{T^4}\right)\rho^2 + \left(C_6RT + C_7\right)\rho^3 + C_8T\rho^4 + \left[\left(\frac{C_9}{T^2} + \frac{C_{10}}{T^3} + \frac{C_{11}}{T^4}\right) + \left(\frac{C_{12}}{T^2} + \frac{C_{13}}{T^3} + \frac{C_{14}}{T^4}\right)\rho^2\right]\rho^3\exp\left(-\gamma\rho^2\right) + C_{15}\rho^6 \tag{1-32}$$

这一 16 常数方程为以后的改进树立了榜样，包括 Bender 在 1970 年提出的 20 常数方程、Morsy 在 1970 年提出的 10 常数方程、Starling 在 1971 年提出的 11 常数方程、Jacobsen 和 Stewart 在 1973 年提出的 32 常数方程、Lee 和 Kesler 在 1975 年提出的 12 常数方程、Nishiumi 和 Saito 在 1975 年提出的 15 常数方程、Schmidt 和 Wagner 在 1985 年提出的 32 常数方程、Starling 等人在 1991 年提出的 53 常数方程（AGA 天然气方程）。

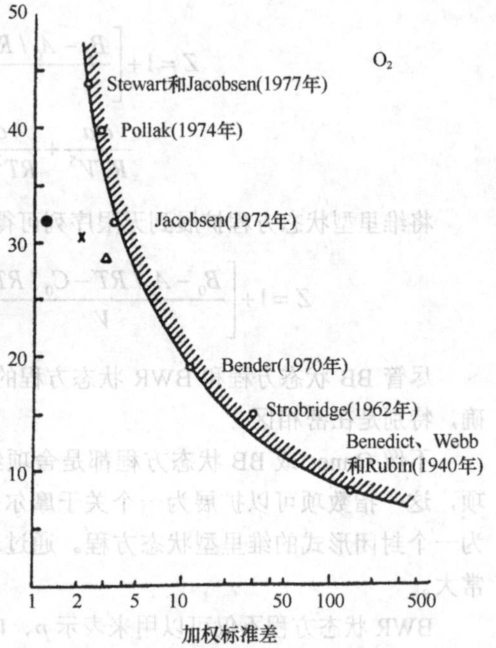

图 1-1

如图 1-1 所示，增加常数数量或项数通常会改善方程的精度（不同状态方程中可调参数数量与拟合质量之间的关系，以氧气为例），但是对于混合物来说并非经常这样做。

最初的混合规则是由 Benedict 等人在 1942 年提出来的，见式（1-33），适用于轻烃混合物，但是不适用于含有非烃类的混合物，并且对于烃类混合物也需要做出一些改良。

$$\left.\begin{aligned} A_0 &= \left(\sum_{i=1}^{n} y_i A_{0i}^{0.5}\right)^2; \quad a = \left(\sum_{i=1}^{n} y_i a_i^{1/3}\right)^3 \\ B_0 &= \sum_{i=1}^{n} y_i B_{0i}; \quad b = \left(\sum_{i=1}^{n} y_i b_i^{1/3}\right)^3 \\ C_0 &= \left(\sum_{i=1}^{n} y_i C_{0i}^{0.5}\right)^2; \quad c = \left(\sum_{i=1}^{n} y_i c_i^{1/3}\right)^3 \\ \alpha &= \left(\sum_{i=1}^{n} y_i \alpha_i^{1/3}\right)^3; \quad \gamma = \left(\sum_{i=1}^{n} y_i \gamma_i^{1/2}\right)^2 \end{aligned}\right\} \tag{1-33}$$

1953 年，Stotler 和 Benedict 首次提出了使用交互系数 m_{ij}，等同于$(1-K_{ij})$，将 A_0 用式（1-34）表示：

$$A_0 = \sum\sum y_i y_j \left(A_{0i} A_{0j}\right)^{1/2} m_{ij} \tag{1-34}$$

这一混合规则在随后的 1969 年被 Orye 用于烃类混合物，1972 年 Starling 和 Han 将混合规则用于 A、C、D、E 这 4 个常数，这些将会在后面进行讨论。

BWR 状态方程的另一个缺点是，在混合物中，当给出不确定的实验数据时，方程中的常数不能唯一确定，因此，可能存在多组常数，这取决于在回归分析中使用的实验数据和权重因子。实际上，不同的研究者对相同的纯流体的常数进行了报道，尽管这些不同的常数在一般情况下符合纯流体的行为，但是对于混合物都可能会给出不同的结果，尤其是当混合规则用于常数数量有较大不同的状态方程计算混合物时候。可以通过对状态方程的参数使用普适化形式来缓解这一问题。

1.3.3　普适化的状态方程参数

1949 年，Joffe 首次对 BWR 状态方程的参数进行了普适化，他按照 1901 年 Kamerlingh Onnes 的概念提出了对比形式的 BWR 状态方程，如将对比压力（$p_r = p/p_c$）表达成对比温度（$T_r = T/T_c$）和理想对比体积（$V_r = Vp_c/RT_c$）的函数。通过这一方法，方程变为二参数（p_r 和 T_r）对应态形式，但是并不十分精确。

1955 年，Martin 和 Hou 发展了另外一种形式的状态方程，见式（1-35）：

$$\begin{aligned} p = {} & \frac{RT}{V-b} + \frac{A_2 + B_2 T + C_2 \exp\left(-kT_r\right)}{(V-b)^2} + \\ & \frac{A_3 + B_3 T + C_3 \exp\left(-kT_r\right)}{(V-b)^3} + \frac{A_4}{(V-b)^4} + \frac{B_5 T}{(V-b)^5} \end{aligned} \tag{1-35}$$

他们报道了二氧化碳、水、苯、氮、硫化氢、丙烷的状态方程的参数，使用温度的指数函数作为参数替代 BWR 状态方程中的多项式。1967 年，Martin 增加了两个额外的指数项——$\exp(aV)$和 $\exp(2aV)$，来改善方程对于氯二氟甲烷的精确度。

1969 年，Vennix 和 Kobayashi 使用另一种形式的维里型状态方程来高精度拟合甲烷密度数据，并且他们使用 Martin-Hou 形式的温度函数来表示等温线，这一 25 常数方程见式（1-36）：

$$\begin{aligned} p = {} & \rho^2\left(A_1 + A_2\rho + A_3\rho^2 + A_4\rho^3 + A_5\rho^4\right) + \\ & T\rho\left(R + B_1\rho + B_2\rho^2 + B_3\rho^3 + B_4\rho^4 + B_5\rho^5\right) + \\ & \rho^2\left(\rho + \rho_0\right)^2\left[\left(\rho + \rho_0^3\right) - \left(\alpha + \rho_0\right)^3\right] \times \\ & \left[\left(\beta + \rho_0\right)^3 - \left(\rho + \rho_0^3\right)\right]\exp\left\{G - \left[E_1 + E_2\left(\rho + \rho_0\right)^3\right]\left(T - T_0\right)\right\} + \\ & \rho^2\left[D_1 + D_2\rho + D_3\rho^2 + D_4\rho^3 + D_5\rho^4\right]\exp\left(k - \frac{F_1 + F_2\rho}{T}\right) \end{aligned} \tag{1-36}$$

1972 年，Starling 和 Han 提出了应用更为广泛的普适化方程，他们使用 11 个参数修改 BWR

状态方程，使 10 个参数成为偏心因子的线性函数，并且 E_0 为偏心因子的指数函数。在该普适化方程中，他们使用临界密度代替了临界压力。这一无量纲常数方程的简化形式见式（1-37）：

$$
\left.\begin{aligned}
&p=\rho RT+\left(B_0RT-A_0-\frac{C_0}{T^2}+\frac{D_0}{T^3}-\frac{E_0}{T^4}\right)\rho^2+\left(bRT-a-\frac{d}{T}\right)\rho^3+\\
&\qquad\alpha\left(A+\frac{d}{T}\right)\rho^6+\frac{c\rho^3}{T^2}\left(1+\gamma\rho^2\right)\exp\left(-\gamma\rho^2\right)\\
&\rho_{ci}B_{0i}=A_1+B_1\omega_i;\quad \frac{\rho_{ci}A_{0i}}{RT_{ci}}=A_2+B_2\omega_i\\
&\frac{\rho_{ci}C_{0i}}{RT_{ci}^3}=A_3+B_3\omega_i;\quad \rho_{ci}^2\gamma_i=A_4+B_4\omega_i\\
&\rho_{ci}^2b_i=A_5+B_5\omega_i;\quad \frac{\rho_{ci}^2a_i}{RT_{ci}}=A_6+B_6\omega_i\\
&\rho_{ci}^3\alpha_i=A_7+B_7\omega_i;\quad \frac{\rho_{ci}^2a_i}{RT_{ci}^3}=A_8+B_8\omega_i\\
&\frac{\rho_{ci}D_{0i}}{RT_{ci}^4}=A_9+B_9\omega_i;\quad \frac{\rho_{ci}^2d_i}{RT_{ci}^2}=A_{10}+B_{10}\omega_i\\
&\frac{\rho_{ci}E_{0i}}{RT_{ci}^5}=A_{11}+B_{11}\omega_i\exp\left(-3.8\omega_i\right)
\end{aligned}\right\}\tag{1-37}
$$

Starling 和 Han 使用了部分最初的 BWR 状态方程混合规则，改变的混合规则见式（1-38）：

$$
\left.\begin{aligned}
A_0&=\sum_{i=1}^{n}\sum_{j=1}^{n}y_iy_jA_{0i}^{0.5}A_{0j}^{0.5}\left(1-K_{ij}\right)\\
C_0&=\sum_{i=1}^{n}\sum_{j=1}^{n}y_iy_jC_{0i}^{0.5}C_{0j}^{0.5}\left(1-K_{ij}\right)^3\\
D_0&=\sum_{i=1}^{n}\sum_{j=1}^{n}y_iy_jD_{0i}^{0.5}D_{0j}^{0.5}\left(1-K_{ij}\right)^4\\
E_0&=\sum_{i=1}^{n}\sum_{j=1}^{n}y_iy_jE_{0i}^{0.5}E_{0j}^{0.5}\left(1-K_{ij}\right)^5\\
d&=\left(\sum_{i=1}^{n}y_id_i^{1/3}\right)^3
\end{aligned}\right\}\tag{1-38}
$$

1975 年，Nishiumi 和 Saito 通过增加 4 个额外的温度依赖项（无量纲常数）来修正 Starling-Han 方程，以获得对重烃更好的精度，新的 4 个无量纲常数以及它们的混合规则见式（1-39）、式（1-40）。1980 年，Nishiumi 通过增加极性参数将该方程扩展至极性流体方向。

$$
\begin{aligned}
p=\rho RT&+\left(B_0RT-A_0-\frac{C_0}{T^2}+\frac{D_0}{T^3}-\frac{E_0}{T^4}\right)\rho^2+\left(bRT-a-\frac{d}{T}-\frac{e}{T^4}-\frac{f}{T^{23}}\right)\rho^3+\\
&\alpha\left(a+\frac{d}{T}+\frac{e}{T^4}+\frac{f}{T^{23}}\right)\rho^6+\left(\frac{c}{T^2}+\frac{g}{T^8}+\frac{h}{T^{17}}\right)\rho^3\left(1+\gamma\rho^2\right)\exp\left(-\gamma\rho^2\right)
\end{aligned}\tag{1-39}
$$

$$
\left.
\begin{array}{l}
\dfrac{\rho_{ci}^2 e_i}{RT_{ci}^5}=\left[\begin{array}{l}4.65593-30.7393\omega_i+55.8125\omega_i^2-\\3.40721\exp\left(-7.72753\omega_i-45.3152\omega_i^2\right)\end{array}\right]\times 10^{-3}\\
\dfrac{\rho_{ci}^2 f_i}{RT_{ci}^{24}}=\left[\begin{array}{l}0.697+8.08\omega_i-16.0\omega_i^2-\\0.363078\exp\left(30.9009\omega_i-283.68\omega_i^2\right)\end{array}\right]\times 10^{-13}\\
\dfrac{\rho_{ci}^2 g_i}{RT_{ci}^9}=\left[2.2-10.65\omega_i+1.09\exp\left(-26.024\omega_i\right)\right]\times 10^{-5}\\
\dfrac{\rho_{ci}^2 h_i}{RT_{ci}^{18}}=\left[-2.4+11.8\omega_i-2.05\exp\left(-21.52\omega_i\right)\right]\times 10^{-11}\\
e=\left(\sum_{i=1}^{n}y_i e_i^{1/3}\right)^3 ;\quad f=\left(\sum_{i=1}^{n}y_i f_i^{1/3}\right)^3\\
g=\sum_{i=1}^{n}y_i g_i ;\quad h=\sum_{i=1}^{n}y_i h_i
\end{array}
\right\}
\tag{1-40}
$$

获得普适化方程的一般途径是用对比形式表示 BWR 状态方程，并且使方程中的常数成为偏心因子的函数。尽管它们是常数，但是通过这一方法，热力学性质均不是偏心因子的线性函数。实际上，不可能使用普适化方程来构造出关于摩尔体积（或压缩因子）和其他衍生属性是偏心因子的线性函数的状态方程。

根据计算的需要以及状态方程参数的实用性，16 常数状态方程，例如，Strobridge、Nishiumi 和 Saito 的方程代表了直接应用扩展的维里型状态方程计算混合物实用性上限。尽管更加复杂的状态方程可以用于对比态方法，但这些方程都带有大量的常数，例如接下来要讨论的方程，用来描述纯流体（或者固定成分，如空气或天然气）在一个较宽范围内的条件，包括临界区的 p、V、T 数据。一旦 p、V、T 数据被精确地描述，其他热力学属性参数可以由状态方程推导，有时候用表格形式来描述。

Bender 提出了一个 20 常数 BWR 状态方程用来描述氩、氮、氧、甲烷、氢、乙烷、丙烷的 p、V、T 数据，见式（1-41）。1977 年，Teja 和 Singh 使用同一方程来描述乙烷、丙烷、正丁烷和正戊烷，1980 年，Sievers 和 Schulz 使用该方程拟合甲烷数据，他们指出该方程即使有 20 个常数，但在接近临界区对密度进行预测时偏差仍达 4.8%。

$$
\begin{aligned}
p=\rho RT&+\left(A_1T-A_2-\frac{A_3}{T}-\frac{A_4}{T^2}-\frac{A_5}{T^3}\right)\rho^2+\left(A_6T+A_7+\frac{A_8}{T}\right)\rho^3+\\
&\left(A_9T+A_{10}\right)\rho^4+\left(A_{11}T+A_{12}\right)\rho^5+A_{13}\rho^6+\\
&\left[\left(\frac{A_{14}}{T^2}+\frac{A_{15}}{T^3}+\frac{A_{16}}{T^4}\right)+\left(\frac{A_{17}}{T^2}+\frac{A_{18}}{T^3}+\frac{A_{19}}{T^4}\right)\rho^3\right]\exp\left(-A_{20}\rho^2\right)
\end{aligned}
\tag{1-41}
$$

1973 年，Jacobsen 和 Stewart 将常数增加至 32 个，以此将氮气的拟合数据的压力范围提升至 1000 MPa，方程见式（1-42）：

$$
\begin{aligned}
p=\rho RT&+\left(A_1T+A_2+\frac{A_3}{T}+\frac{A_4}{T^2}+\frac{A_5}{T^3}\right)\rho^2+\left(A_6T+A_7+\frac{A_8}{T}+\frac{A_9}{T^2}\right)\rho^3+\\
&\left(A_{10}T+A_{11}+\frac{A_{12}}{T}\right)\rho^4+A_{13}\rho^5+\left(\frac{A_{14}}{T}+\frac{A_{15}}{T^2}\right)\rho^6+\frac{A_{16}}{T}\rho^7+\left(\frac{A_{17}}{T}+\frac{A_{18}}{T^2}\right)\rho^8+
\end{aligned}
$$

$$\frac{A_{19}}{T^2}\rho^9+\left[\left(\frac{A_{20}}{T^2}+\frac{A_{21}}{T^3}\right)\rho^3+\left(\frac{A_{22}}{T^2}+\frac{A_{23}}{T^4}\right)\rho^5+\left(\frac{A_{24}}{T^2}+\frac{A_{25}}{T^3}\right)\rho^7\right]\exp\left(-\rho_r^2\right)+$$
$$\left[\left(\frac{A_{26}}{T^2}+\frac{A_{27}}{T^4}\right)\rho^9+\left(\frac{A_{28}}{T^2}+\frac{A_{29}}{T^3}\right)\rho^{11}+\left(\frac{A_{30}}{T^2}+\frac{A_{31}}{T^3}+\frac{A_{32}}{T^4}\right)\rho^{13}\right]\exp\left(-\rho_r^2\right) \tag{1-42}$$

这一方程分别被 Ely 和 Magee 在 1989 年、Sherman 等人在 1989 年用来拟合纯二氧化碳和富含二氧化碳的混合物的数据。

Starling 等人在 1991 年为美国天然气研究所开发了天然气方程，该方程就是美国气体协会（AGA）于 1992 年发表的 AGA8 报告《天然气和其他烃类气体的压缩性和超压缩性》中提出的压缩因子计算用状态方程，后续经过不断发展，Starling 等人提出了计算天然气和其他相关碳氢化合物气体的气相压缩系数、超压缩系数、密度、比热容、焓、熵、声速等参数的方程。该方程适用于纯甲烷、乙烷、氮气、二氧化碳、氢气和硫化氢以及多达 21 种化合物的气体混合物，目前仍然被国际标准化组织和中国国家标准化管理委员会用于天然气压缩因子计算（ISO 12213-2：2006、GB/T 17747.2—2011）。

在非立方型状态方程中，GERG-2008 是一种新型宽范围状态方程，适用于天然气和其他 21 种天然气成分（甲烷、氮气、二氧化碳、乙烷、丙烷、正丁烷、异丁烷、正戊烷、异戊烷、正己烷、正庚烷、正辛烷、正壬烷、正癸烷、氢气、氧气、一氧化碳、水蒸气、硫化氢、氦气和氩气）的混合物。在整个成分范围内，GERG-2008 涵盖这些组分混合物的气相、液相、超临界区域和气液平衡状态，它被认为是适用于需要高精度热力学性质的天然气应用的标准参考方程。GERG-2008 的正常有效范围包括 90～450K 的温度和高达 35MPa 的压力，有效范围可扩展至从 60～700K 的温度和高达 70MPa 的压力。给定的数值信息（包括所有复杂的衍生物）使 GERG-2008 能够用于各种技术应用。例如，天然气的加工、管道输送或车船运输、储存和液化等。GERG-2008 被 ISO 标准（ISO 20765 系列）以及中国国家标准（GB/T 17747.3—2011）采用，该方程的基本形式见式（1-43）。

$$a(\rho,T,\bar{x})=a^0(\rho,T,\bar{x})+a^r(\rho,T,\bar{x}) \tag{1-43}$$

式中：a 为亥姆霍兹自由能，ρ 为混合物密度，T 为混合物温度，$\bar{x}$ 为混合物摩尔组分。在给定混合物密度 ρ、温度 T 和摩尔组分 $\bar{x}$ 时，混合物的亥姆霍兹自由能 a 可以表示为描述理想气体行为的 a^0 和描述残余或实际气体贡献的 a^r 的总和。

1.4 对比态方程

1.4.1 LK 状态方程

Pitzer 和其合作者（Pitzer 等人，1955 年；Pitzer 和 Curl，1957 年、1958 年）发展了较好的关联式，将压缩因子和其他热力学参数在给定的对比压力和对比温度下表示为偏心因子的函数，尤其是他们提出了关于压缩因子的表达式，见式（1-44）：

$$Z\left(T_r,p_r,\omega\right)=Z^{(0)}\left(T_r,p_r\right)+\omega Z^{(1)}\left(T_r,p_r\right) \tag{1-44}$$

式（1-44）中的 $Z^{(0)}$是简单流体（$\omega=0$）的压缩因子，$Z^{(1)}$是偏离函数，两者均仅为对比压力和对比温度的函数。Lee 和 Kesler 在 1975 年提出了式（1-45）：

$$Z\left(T_r,p_r,\omega\right)=Z^{(0)}\left(T_r,p_r\right)+\omega\frac{Z^{(r)}\left(T_r,p_r\right)-Z^{(0)}\left(T_r,p_r\right)}{\omega^{(r)}} \tag{1-45}$$

在相同对比状态下，式（1-45）中的 $Z^{(0)}$是简单参考流体（惰性气体，$\omega=0$）的压缩因子，$Z^{(r)}$是第二参考流体（正辛烷，$\omega^{(r)}=0.3978$）的压缩因子。

Lee 和 Kesler 使用改进的 BWR 状态方程（BWR-Lee-Kesler 关联式）的简化形式来表示 $Z^{(0)}$和 $Z^{(1)}$，见式（1-46）：

$$Z=\left(\frac{p_rV_r}{T_r}\right)=1+\frac{B}{V_r}+\frac{C}{V_r^2}+\frac{D}{V_r^5}+\frac{c_4}{T_r^3V_r^2}\left(\beta+\frac{\gamma}{V_r^2}\right)\exp\left(-\frac{\gamma}{V_r^2}\right) \tag{1-46}$$

式中：

$$\left.\begin{aligned}V_r&=\frac{p_cV}{RT_c}\\B&=b_1-\frac{b_2}{T_r}-\frac{b_3}{T_r^2}-\frac{b_4}{T_r^3}\\C&=c_1-\frac{c_2}{T_r}+\frac{c_3}{T_r^3}\\D&=d_1+\frac{d_2}{T_r}\end{aligned}\right\} \tag{1-47}$$

简单流体和参考流体的参数见表 1-2，混合规则见式（1-48）。

表 1-2　　简单流体和参考流体的参数

参数	简单流体	参考流体
b_1	0.1181193	0.2026579
b_2	0.265728	0.331511
b_3	0.154790	0.027655
b_4	0.030323	0.203488
c_1	0.0236744	0.0313385
c_2	0.0186984	0.0503618
c_3	0	0.016901
c_4	0.042724	0.041577
d_1	0.0000155488	0.0000487360
d_2	0.0000653920	0.00000740336
β	0.650167	1.226
γ	0.060167	0.03754

$$\left.\begin{aligned}
T_c &= \frac{1}{V_c}\sum_{i=1}^{n}\sum_{j=1}^{n} y_i y_j V_{cij} T_{cij} \\
V_c &= \sum_{i=1}^{n}\sum_{j=1}^{n} y_i y_j V_{cij} \\
V_{cij} &= \left(\frac{V_{ci}^{1/3}+V_{cj}^{1/3}}{2}\right)^3 \\
V_{ci} &= \frac{Z_{ci} R T_{ci}}{p_{ci}} \\
T_{cij} &= \sqrt{T_{ci} T_{cj}} \\
Z_{ci} &= 0.2905 - 0.085\omega_i \\
p_c &= \frac{(0.2905-0.085\omega) R T_c}{V_c} \\
\omega &= \sum_{i=1}^{n} x_i \omega_i
\end{aligned}\right\} \tag{1-48}$$

BWR-Lee-Kesler 关联式需要求解两次来获得 V_r，第一次求解简单流体的热物性（对比）参数，第二次求解参考流体的热物性（对比）参数。

Lee 和 Kesler 将简单流体和参考流体的 $p_r V_r T_r$ 空间分为一些区，并在每个区为 V_r 提供关于 p_r 和 T_r 的函数的简单近似的关联。

为了将 BWR-Lee-Kesler 关联式用于气液平衡，1976 年，Joffe 提出了增加 BWR-Lee-Kesler 关联式的交互系数，1978 年，Plocker 等人、1981 年 Oellrich 等人也修改了 T_{cm} 的混合规则，见式（1-49）：

$$\left.\begin{aligned}
T_{cm} &= \frac{1}{V_{cm}^{1/4}}\sum_{i=1}^{n}\sum_{i=1}^{n} y_i y_j V_{cij}^{1/4} T_{cij} \\
T_{cij} &= \sqrt{T_{ci} T_{cj}}\, k'_{ij}
\end{aligned}\right\} \tag{1-49}$$

1982 年，Yu 等人通过增加修正项至最初的 $Z^{(0)}$（式中为 $Z_{LK}^{(0)}$）来扩展 BWR-Lee-Kesler 关联式到 $p_r = 100\text{MPa}$，见式（1-50）：

$$Z^{(0)} = Z_{LK}^{(0)} + 0.0318 - 0.013854 \ln p_r \tag{1-50}$$

1985 年，Wu 和 Stiel 通过使用水作为第二参考流体并且增加其他参数而使 BWR-Lee-Kesler 关联式用于极性流体，见式（1-51）：

$$Z = Z^{(0)} + \omega \frac{Z^{(r)} - Z^{(0)}}{0.3978} + Y\left[Z^{(\omega)} - \left(Z^{(0)} - 0.344\frac{Z^{(r)} - Z^{(0)}}{0.3978}\right)\right] \tag{1-51}$$

式中：$Z^{(\omega)}$是水的压缩因子；Y 是组分特性参数，它取决于偏心因子和极性。随后，Wilding 和 Rowley 在 1986 年、Wilding 等人在 1987 年也将 BWR-Lee-Kesler 关联式应用于极性流体。

Teja 等人在 1980 年通过使用第二参考流体替换简单流体的压缩因子而将式（1-45）普适化，见式（1-52）：

$$Z(T_r, p_r) = Z^{r1}(T_r, p_r) + \frac{\omega - \omega^{r1}}{\omega^{r2} - \omega^{r1}}\left[Z^{r2}(T_r, p_r) - Z^{r1}(T_r, p_r)\right] \tag{1-52}$$

式（1-52）中 Z 的表达式基于 Pitzer 的概念，在本质上全部是参考流体的一阶摄动。1984 年，Chung 等人使用简单摄动概念将压缩因子表示为各向同性流体的线性组合，见式（1-53）：

$$Z\left(T_{\mathrm{r}},p_{\mathrm{r}},\alpha\right)=1+\alpha Z_{\mathrm{conf}}^{(0)}\left(T_{\mathrm{r}},p_{\mathrm{r}}\right)+(\alpha-1)Z_{\mathrm{conf}}^{(p)}\left(T_{\mathrm{r}},p_{\mathrm{r}}\right) \tag{1-53}$$

式中：$Z_{\mathrm{conf}}^{(0)}$ 和 $Z_{\mathrm{conf}}^{(p)}$ 代表 Strobridge 修改的 BWR 状态方程，带有特征能量 ε 和体积 V^* 的简化形式作为对比参数替代传统的临界温度和临界体积，见式（1-54）。

$$\begin{aligned}Z_{\mathrm{conf}}=&\left(A_1+\frac{A_2}{\tau}+\frac{A_3}{\tau^2}+\frac{A_4}{\tau^3}+\frac{A_5}{\tau^5}\right)y+\left(A_6+\frac{A_7}{\tau}\right)y^2+\\&A_8y^3+\left(A_9+\frac{A_{10}}{\tau^4}+\frac{A_{11}}{\tau^5}\right)y^2\exp\left(-Cy^2\right)+\\&\left(\frac{A_{12}}{\tau^3}+\frac{A_{13}}{\tau^4}+\frac{A_{14}}{\tau^4}\right)y^4\exp\left(-Cy^2\right)+\left(\frac{A_{15}}{\tau}\right)y^5\end{aligned} \tag{1-54}$$

式中：$y=\rho V^*$，$\theta=kT/\varepsilon$，α、ε 和 V^* 的值适用于 51 种物质。如果将式（1-53）和式（1-54）合并，参数 A_1 到 A_{15} 可以写成式（1-55）的形式。

$$A_i=\alpha B_i^{(0)}+(\alpha-1)B_i^{p}\quad(i=1,2,\cdots,15) \tag{1-55}$$

式中：常数 $B^{(0)}$、$B^{(p)}$ 和 C 的值见表 1-3。

表 1-3 式（1-53）和式（1-54）的参数

i	$B^{(0)}$	$B^{(p)}$	i	$B^{(0)}$	$B^{(p)}$
1	2.5023740	0.52182	9	20.9891320	79.29000
2	−7.2696120	−0.73780	10	24.7384980	6.84750
3	−4.5309120	−2.56040	11	36.2897450	15.57000
4	−1.5257331	−5.25270	12	−207.76901	−104.000
5	0.3796055	−0.12000	13	1152.75990	−435.804
6	5.3624275	−3.37530	14	246.49642	149.091
7	−2.8683227	17.10530	15	229.89942	850.000
8	15.2886580	−19.27400	C	31.6711280	

1.4.2 对比态立方型状态方程

立方型状态方程也可以表示为以下两种形式，见式（1-56）、式（1-57），其中参数见表 1-4。

$$p=\frac{RT}{V-b}-\frac{a}{V^2+ubV+wb^2} \tag{1-56}$$

$$Z^3-(1+B-uB)Z^2+\left(A+\omega B^2-uB-uB^2\right)Z-AB-\omega B^2-\omega B^3=0 \tag{1-57}$$

式中：

$$A=\frac{ap}{(RT)^2},B=\frac{bp}{RT} \tag{1-58}$$

表 1-4　　　　常用立方型状态方程的参数

状态方程	u	ω	b	a
vdW	0	0	$\frac{RT_c}{8p_c}$	$\frac{27}{64}\frac{(RT_c)^2}{p_c}$
RK	1	0	$\frac{0.08664RT_c}{p_c}$	$\frac{0.42748R^2T_c^{2.5}}{p_cT^{0.5}}$
SRK	1	0	$\frac{0.08664RT_c}{p_c}$	$\frac{0.42748R^2T_c^2}{p_c}\left[1+m\left(1-T_r^{0.5}\right)\right]^2$, $m=0.48+1.574\omega-0.176\omega^2$
PR	2	−1	$\frac{0.07780RT_c}{p_c}$	$\frac{0.45724R^2T_c^2}{p_c}\left[1+m\left(1-T_r^{0.5}\right)\right]^2$, $m=0.37464+1.54226\omega-0.26992\omega^2$

1. 对比态 RK 状态方程

RK 状态方程的表达式为式（1-59）：

$$Z^3-Z^2+\left(A-B-B^2\right)Z-AB=0 \tag{1-59}$$

将各参数代入可转化为式（1-60）：

$$Z^3-Z^2+\frac{p_r}{T_r}\left(\frac{0.42748}{T_r^{1.5}}-0.08664-\frac{0.08664^2\,p_r}{T_r}\right)Z-0.42748\frac{0.08664p_r^2}{T_r^{3.5}}=0 \tag{1-60}$$

也可以表示为式（1-61）的形式：

$$p_r=\frac{3T_r}{V_r-0.2599}-\frac{3.8473}{T_r^{0.5}V_r\left(V_r+0.2599\right)} \tag{1-61}$$

2. 对比态 SRK 状态方程

SRK 状态方程的表达式为式（1-62）：

$$Z^3-Z^2+Z\left(A-B-B^2\right)-AB=0 \tag{1-62}$$

将各参数代入可转化为式（1-63）：

$$Z^3-Z^2+Z\left[\alpha_i(T)\frac{0.42748p_{ri}}{T_{ri}^2}-\frac{0.08664p_{ri}}{T_{ri}}-\left(\frac{0.08664p_{ri}}{T_{ri}}\right)^2\right]-\alpha_i(T)\frac{0.42748p_{ri}}{T_{ri}^2}\frac{0.08664p_{ri}}{T_{ri}}=0 \tag{1-63}$$

也可以表示为式（1-64）的形式：

$$p_r=\frac{3T_r}{V_r-0.2599}-\frac{3.8473\alpha}{V_r\left(V_r+0.2599\right)} \tag{1-64}$$

3. 对比态 PR 状态方程

PR 状态方程的表达式为式（1-65）:

$$Z^3-(1-B)Z^2+\left(A-3B^2-2B\right)Z-\left(AB-B^2-B^3\right)=0 \tag{1-65}$$

将各参数代入可转化为式（1-66）:

$$Z^3-(1-B)Z^2+\left[\frac{0.45724p_{\mathrm{r}}}{T_{\mathrm{r}}^2}-3\left(\frac{0.07780p_{\mathrm{r}}}{T_{\mathrm{r}}}\right)^2-2\frac{0.07780p_{\mathrm{r}}}{T_{\mathrm{r}}}\right]Z-\left[\frac{0.45724p_{\mathrm{r}}}{T_{\mathrm{r}}^2}\frac{0.07780p_{\mathrm{r}}}{T_{\mathrm{r}}}-\left(\frac{0.07780p_{\mathrm{r}}}{T_{\mathrm{r}}}\right)^2-\left(\frac{0.07780p_{\mathrm{r}}}{T_{\mathrm{r}}}\right)^3\right]=0 \tag{1-66}$$

也可以表示为式（1-67）的形式:

$$p_{\mathrm{r}}=\frac{3.2573T_{\mathrm{r}}}{V_{\mathrm{r}}-0.2534}-\frac{4.8514\alpha}{V_{\mathrm{r}}^2+0.5068V_{\mathrm{r}}-0.0642} \tag{1-67}$$

1.4.3 对比态 BWRS 状态方程

BWRS 状态方程可以表示为式（1-68）:

$$Z=1+\left(B_0-\frac{A_0}{RT}-\frac{C_0}{RT^3}+\frac{D_0}{RT^4}-\frac{E_0}{RT^5}\right)\rho+\left(b-\frac{a}{RT}-\frac{d}{RT^2}\right)\rho^2+\alpha\left(\frac{a}{RT}+\frac{d}{RT^2}\right)\rho^5+\frac{c\rho^2}{RT^3}\left(1+\gamma\rho^2\right)\exp\left(-\gamma\rho^2\right) \tag{1-68}$$

转化为对比态形式，见式（1-69）:

$$Z\left(\rho_{\mathrm{r}},T_{\mathrm{r}}\right)=1+\left(B_0^*-\frac{A_0^*}{T_{\mathrm{r}}}-\frac{C_0^*}{T_{\mathrm{r}}^3}+\frac{D_0^*}{T_{\mathrm{r}}^4}-\frac{E_0^*}{T_{\mathrm{r}}^5}\right)\rho_{\mathrm{r}}+\left(b^*-\frac{a^*}{T_{\mathrm{r}}}-\frac{d^*}{T_{\mathrm{r}}^2}\right)\rho_{\mathrm{r}}^2+\alpha^*\left(\frac{a^*}{T_{\mathrm{r}}}+\frac{d^*}{T_{\mathrm{r}}^2}\right)\rho_{\mathrm{r}}^5+\frac{c^*\rho_{\mathrm{r}}^2}{T_{\mathrm{r}}^3}\left(1+\gamma^*\rho_{\mathrm{r}}^2\right)\exp\left(-\gamma^*\rho_{\mathrm{r}}^2\right) \tag{1-69}$$

式中:

$$\left.\begin{aligned}
&B_0^*=B_0\rho_{\mathrm{c}},\quad A_0^*=A_0\frac{\rho_{\mathrm{c}}}{RT_{\mathrm{c}}}\\
&C_0^*=C_0\frac{\rho_{\mathrm{c}}}{RT_{\mathrm{c}}^3},\quad D_0^*=D_0\frac{\rho_{\mathrm{c}}}{RT_{\mathrm{c}}^4}\\
&E_0^*=E_0\frac{\rho_{\mathrm{c}}}{RT_{\mathrm{c}}^5},\quad b^*=b\rho_{\mathrm{c}}^2\\
&a^*=a\frac{\rho_{\mathrm{c}}^2}{RT_{\mathrm{c}}},\quad d^*=d\frac{\rho_{\mathrm{c}}^2}{RT_{\mathrm{c}}^2}\\
&\alpha^*=\alpha\rho_{\mathrm{c}}^3,\quad c^*=c\frac{\rho_{\mathrm{c}}^2}{RT_{\mathrm{c}}^3}\\
&\gamma^*=\gamma\rho_{\mathrm{c}}^2
\end{aligned}\right\} \tag{1-70}$$

1.5 状态方程讨论

Benedict 等人在 1951 年成功将 BWR 状态方程用于气液平衡计算后，扩展的维里型状态方程成为计算非极性混合物性质的一个重要的、有力的工具。然而，在 20 世纪 70 年代中期，SRK 状态方程和 PR 状态方程在气液平衡计算中占主导地位，由于立方型状态方程不能很好地描述体积数据，扩展的维里型状态方程在测定体积和其他需要高精度热力学参数方面仍是首选，烃类气体和液体的密闭输送可能是十分普遍的应用例子。虽然如此，立方型状态方程除了临界区外，在热力学参数的计算中仍然出奇的好。SRK 状态方程和 PR 状态方程有一个共同的问题，对于液体或超临界液体来说在高密度时候都不适应，根本原因在于分子间的作用力。当分子间距离大于平均距离的时候，分子间引力起主要作用，改变分子间的距离只需要很少的能量。一旦分子接触，它们之间的作用力变为斥力，且其大小随距离的减小呈指数级增大，也就是说液体分子几乎是不可压缩的。将分子继续靠近意味着将重组分子，这将会产生很大的斥力。描述随距离减小而迅速增大的分子间斥力，需要有依赖于密度并且比立方型状态方程更有说服力的方程。要得到这种有说服力的方程就需要将维里型状态方程外推出更多的项，这就增加了方程的复杂程度，随之而来的很多系数需要通过数据来验证，这样会造成方程缺少普适性。

1.6 天然气管道模拟常用的状态方程

在天然气管道模拟中，状态方程的用途如下。

（1）用状态方程通过压力和温度求解密度进行管线充填量（或管存）计算、流量计标定、压力降计算。

（2）计算热力学参数进行热力学建模、压缩机计算、气液平衡计算。

这些用途表明了状态方程应该有以下特点：准确（计量），在很大的压力和温度范围内都适用，可以用于很多组分；精确（热力学），可用于气体和液体的参数计算，使用方便。

通常我们考虑通过以上特点来对状态方程进行对比。由于理想气体的状态方程不能满足或不能精确满足以上特点，所以需要用到实际气体的状态方程。状态方程应该简单、准确，并且可以适用于很大的压力、温度范围和较多的组分，实际上，这样的状态方程是不存在的。有很多只针对一种或几种流体的状态方程，在很大的压力和温度范围内，甚至在接近露点或者临界状态时都很精确，但是这些方程在形式上都很复杂；并且改变组分意味着改变状态方程。

真实的状态方程有很多，本节主要介绍 RK、SRK、PR、BWRS 和 LKP 状态方程。

1.6.1 RK 状态方程

Redlich 和 Kwong 修正了 vdW 状态方程的压力校正项，并于 1949 年提出了二参数状态方程，其形式见式（1-71）：

$$p = \frac{RT}{V-b} - \frac{a/T^{0.5}}{V(V+b)} \tag{1-71}$$

同时给出了该方程的其他形式，见式（1-72）：

$$
\left.\begin{aligned}
Z &= \frac{1}{1-h} - \frac{A^2 h}{B(1+h)} \\
Z &= \frac{pV}{RT} \\
A^2 &= \frac{a}{R^2 T^{2.5}} = 0.4278 \frac{T_c^{2.5}}{p_c T^{2.5}} \\
B &= \frac{b}{RT} = 0.0867 \frac{T_c}{p_c T} \\
h &= \frac{Bp}{Z} = \frac{b}{V}
\end{aligned}\right\} \quad (1\text{-}72)
$$

本书采用 Soave 给定的混合规则，a 和 b 采用修正过的数值，见式（1-73）：

$$
\left.\begin{aligned}
& p = \frac{RT}{V-b} - \frac{a}{V(V+b)T^{0.5}} \\
& a_i\left(T_{ci}\right) = a_{ci} = \frac{1}{9(\sqrt[3]{2}-1)} \frac{R^2 T_{ci}^{2.5}}{p_{ci}} \approx 0.42748 \frac{R^2 T_{ci}^{2.5}}{p_{ci}} \\
& b_i = \frac{\sqrt[3]{2}-1}{3} \frac{RT_{ci}}{p_{ci}} \approx 0.08664 \frac{RT_{ci}}{p_{ci}} \\
& A = \frac{ap}{R^2 T^{2.5}} = 0.42748 \frac{pT_c^{2.5}}{p_c T^{2.5}} = 0.42748 \frac{p_r}{T_r^{2.5}} \\
& B = \frac{bp}{RT} = 0.08664 \frac{pT_c}{p_c T} = 0.08664 \frac{p_r}{T_r} \\
& Z^3 - Z^2 + \left(A - B - B^2\right) Z - AB = 0
\end{aligned}\right\} \quad (1\text{-}73)
$$

式中：p 为系统压力（单位为 kPa）；T 为系统温度（单位为 K）；T_{ci} 为临界温度（单位为 K）；V 为流体的摩尔体积（单位为 m^3/kmol）；R 为通用气体常数（单位为 kJ/(kmol·K)）。

参数 a、b 为两个特性参数，各种组分有不同的参数值，其中，a 表示分子间引力，b 表示分子大小。参数 a、b 最好直接根据实验数据拟合求得，但在缺乏实验数据时，可利用临界等温线所具有的特性确定。对于单一组分：$a_i = \Omega_a \frac{R^2 T_{ci}^{2.5}}{p_{ci}}$，$b_i = \Omega_b \frac{RT_{ci}}{p_{ci}}$。其中，$\Omega_a$ 和 Ω_b 为无量纲常数：$\Omega_a = [9 \times (2^{1/3} - 1)]^{-1} \approx 0.4274802$，$\Omega_b = (2^{1/3} - 1)/3 \approx 0.08664035$。更准确的 Ω_a 和 Ω_b 值可由各组分饱和蒸气压的 p、V、T 数据定出。

对于混合气体，采用混合规则，见式（1-74）：

$$
\left.\begin{aligned}
a &= \left(\sum y_i a_i^{0.5}\right)^2 \\
b &= \sum y_i b_i
\end{aligned}\right\} \quad (1\text{-}74)
$$

1.6.2 SRK 状态方程

RK 状态方程使用方便，计算结果较为精确，许多学者试图加以改进以提高其准确性，特别期望改进后可以计算气液平衡。其中，Soave 在 1972 年提出的改进式简称 SRK 状态方程，在不失 RK 状态方程简单的形式下，大大改善了计算气、液相逸度的效果。

Soave 指出，RK 状态方程虽然应用于纯组分及混合物的比热容等的计算时可以获得相当准确的结果，但应用于多组分气液平衡计算时其准确性通常很差。Soave 认为这不能仅归因于 RK 状态方程所用的混合规则尚有缺点，实际上将原先的 RK 状态方程应用于纯组分饱和蒸气压的预测时其准确性也很差，其主要原因在于原先的 RK 状态方程未能如实地反映温度的影响。

Soave 对 RK 状态方程的改进着眼于使之能准确地描述纯组分的饱和蒸气压及气液平衡，据此 Soave 将 RK 状态方程中 $a/T^{0.5}$ 项改用较具普遍意义的温度函数 $\alpha(T)$来代替，见式（1-75）：

$$\left.\begin{aligned}
&p=\frac{RT}{V-b}-\frac{a(T)}{V(V+b)}\\
&V=Z\frac{RT}{p}\\
&a_i\left(T_{ci}\right)=a_{ci}=0.42747\frac{R^2T_{ci}^2}{p_{ci}}\\
&b_i=0.08664\frac{RT_{ci}}{p_{ci}}\\
&a_i(T)=a_{ci}\alpha_i(T)\\
&A=\frac{ap}{R^2T^2}=0.42747\alpha_i(T)\frac{p/p_{ci}}{\left(T/T_{ci}\right)^2}\\
&B=\frac{bp}{RT}=0.08664\frac{p/p_{ci}}{T/T_{ci}}
\end{aligned}\right\}\tag{1-75}$$

a 和 b 采用修正过的数值，见式（1-76）：

$$\left.\begin{aligned}
&p=\frac{RT}{V-b}-\frac{a(T)}{V(V+b)}\\
&a_{ci}=a_i\left(T_{ci}\right)=0.42748\frac{R^2T_{ci}^2}{p_{ci}}\\
&b_i=0.08664\frac{RT_{ci}}{p_{ci}}\\
&a_i(T)=a_{ci}\alpha_i(T)\\
&A=\frac{ap}{R^2T^2}=0.42748\alpha_i(T)\frac{p/p_{ci}}{\left(T/T_{ci}\right)^2}=0.42748\alpha_i(T)\frac{p_{ri}}{T_{ri}^2}\\
&B=\frac{bp}{RT}=0.08664\frac{p/p_{ci}}{T/T_{ci}}=0.08664\frac{p_{ri}}{T_{ri}}\\
&Z=\frac{pV}{RT}\\
&Z^3-Z^2+Z\left(A-B-B^2\right)-AB=0
\end{aligned}\right\}\tag{1-76}$$

式（1-75）、式（1-76）中的 $\alpha_i(T)$ 即式（1-77）中的 α_i，是与气体温度和偏心因子 ω 有关的无量纲因子，按式（1-77）计算：

$$\left.\begin{aligned}\alpha_i^{0.5} &= 1 + \left(1 - T_{ri}^{0.5}\right) m_i \\ m_i &= 0.480 + 1.574\omega_i - 0.176\omega_i^2\end{aligned}\right\} \tag{1-77}$$

对于氢气，见式（1-78）：

$$\alpha_i^{0.5} = 1.096\exp\left(-0.15114 T_{ri}\right) \tag{1-78}$$

对于混合气体，除了考虑各组分 i 的常数 a_i 和摩尔体积分数 y_i 外，为了改进对非烃-烃体系的预测，Soave 在参数 a 的混合规则中引入经验校正因子（也称为交互系数）K_{ij}，混合规则见式（1-79）：

$$\left.\begin{aligned}a &= \sum_i \sum_j y_i y_j \left(a_i a_j\right)^{0.5} \left(1 - K_{ij}\right) \\ b &= \sum y_i b_i\end{aligned}\right\} \tag{1-79}$$

式（1-75）～式（1-79）中：p 为系统压力（单位为 kPa）；T 为系统温度（单位为 K）；T_{ci} 为临界温度（单位为 K）；T_{ri} 为对比温度，$T_{ri} = T/T_{ci}$，量纲为 1；V 为流体的摩尔体积（单位为 m^3/kmol）；y_i、y_j 为纯组分的摩尔体积分数；R 为通用气体常数（单位为 kJ/(kmol·K)）。常用气体组分临界参数见表 1-5。

表 1-5　常用气体组分临界参数

气体组分	临界温度/℃	临界压力/kPa	偏心因子
CH_4	−82.45	4640.68	0.011498
C_2H_6	32.28	4883.85	0.0986
C_3H_8	96.75	4256.66	0.1524
i-C_4H_{10}	134.95	3647.62	0.18479
n-C_4H_{10}	152.05	3796.62	0.201
i-C_5H_{12}	187.25	3333.59	0.22224
n-C_5H_{12}	196.45	3375.12	0.25389
n-C_6H_{14}	234.75	3031.62	0.3007
n-C_7H_{16}	267.01	2736.78	0.34979
n-C_8H_{18}	295.45	2496.62	0.4018
n-C_9H_{20}	321.45	2300.07	0.44549
n-$C_{10}H_{22}$	344.45	2107.55	0.48848
N_2	−146.96	3394.37	0.04
CO_2	30.95	7370.00	0.23894
H_2S	100.45	9007.79	0.081
He	−267.96	226.97	−0.390032

K_{ij} 的值需由混合物中二元系的气液平衡数据确定。对于烃-烃体系，$K_{ij}=0$。对于非烃类气体和烃类气体间的 K_{ij}，$K_{ji}=K_{ij}$。PR 和 SRK 状态方程中常用气体的二元交互系数 K_{ij} 见表 1-6，摩尔质量见表 1-7。

表 1-6　PR 和 SRK 状态方程中常用气体的二元交互系数 K_{ij}

组分	CH_4	C_2H_6	C_3H_8	$i\text{-}C_4H_{10}$	$n\text{-}C_4H_{10}$	$i\text{-}C_5H_{12}$	$n\text{-}C_5H_{12}$	$n\text{-}C_6H_{14}$	$n\text{-}C_7H_{16}$	$n\text{-}C_8H_{18}$	$n\text{-}C_9H_{20}$	$n\text{-}C_{10}H_{22}$	N_2	CO_2	H_2S	He
CH_4	0	0.002241	0.006829	0.013113	0.012305	0.017627	0.017925	0.023474	0.028864	0.034159	0.038926	0.043609	0.031199	0.0956	0.088798	0.75
C_2H_6	0.002241	0	0.001258	0.004574	0.004096	0.007413	0.007609	0.011414	0.015324	0.019319	0.023017	0.02673	0.031899	0.1401	0.086199	1.4069
C_3H_8	0.006829	0.001258	0	0.001041	0.000819	0.002583	0.0027	0.005142	0.007887	0.01085	0.013697	0.01663	0.0886	0.1368	0.0925	1.2493
$i\text{-}C_4H_{10}$	0.013113	0.004574	0.001041	0	0.000013	0.000346	0.00039	0.001565	0.003221	0.005214	0.007255	0.009448	0.1315	0.1368	0.056	0
$n\text{-}C_4H_{10}$	0.012305	0.004096	0.000819	0.000013	0	0.000495	0.000547	0.001866	0.003646	0.00575	0.007883	0.010161	0.0597	0.1412	0.0626	0
$i\text{-}C_5H_{12}$	0.017627	0.007413	0.002583	0.000346	0.000495	0	0.000001	0.00044	0.001459	0.002883	0.004449	0.006205	0.093	0.1297	0.064998	0
$n\text{-}C_5H_{12}$	0.017925	0.007609	0.0027	0.00039	0.000547	0.000001	0	0.000393	0.001373	0.002762	0.004299	0.006028	0.093598	0.1347	0.0709	0
$n\text{-}C_6H_{14}$	0.023474	0.011414	0.005142	0.001565	0.001866	0.00044	0.000393	0	0.000297	0.001073	0.002098	0.003354	0.165	0.142	0.057	0
$n\text{-}C_7H_{16}$	0.028864	0.015324	0.007887	0.003221	0.003646	0.001459	0.001373	0.000297	0	0.000241	0.000818	0.001659	0.079989	0.1092	0.078699	0
$n\text{-}C_8H_{18}$	0.034159	0.019319	0.01085	0.005214	0.00575	0.002883	0.002762	0.001073	0.000241	0	0.000171	0.000636	0.079989	0.135	0.05499	0
$n\text{-}C_9H_{20}$	0.038926	0.023017	0.013697	0.007255	0.007883	0.004449	0.004299	0.002098	0.000818	0.000171	0	0.000148	0.079989	0.135	0.0548	0
$n\text{-}C_{10}H_{22}$	0.043609	0.02673	0.01663	0.009448	0.010161	0.006205	0.006028	0.003354	0.001659	0.000636	0.000148	0	0.1279	0.1339	0.03999	0
N_2	0.031199	0.031899	0.0886	0.1315	0.0597	0.093	0.093598	0.165	0.079989	0.079989	0.079989	0.1279	0	−0.0171	0.1588	0.0944
CO_2	0.0956	0.1401	0.1368	0.1368	0.1412	0.1297	0.1347	0.142	0.1092	0.135	0.135	0.1339	−0.0171	0	0.115	0.9161
H_2S	0.088798	0.086199	0.0925	0.056	0.0626	0.064998	0.0709	0.057	0.078699	0.05499	0.0548	0.03999	0.1588	0.115	0	0
He	0.75	1.4069	1.2493	0	0	0	0	0	0	0	0	0	0.0944	0.9161	0	0

表 1-7　摩尔质量

组分	CH_4	C_2H_6	C_3H_8	$i\text{-}C_4H_{10}$	$n\text{-}C_4H_{10}$	$i\text{-}C_5H_{12}$	$n\text{-}C_5H_{12}$	$n\text{-}C_6H_{14}$	$n\text{-}C_7H_{16}$	$n\text{-}C_8H_{18}$	$n\text{-}C_9H_{20}$	$n\text{-}C_{10}H_{22}$	N_2	CO_2	H_2S	He
摩尔质量	16.043	30.070	44.097	58.124	58.124	72.151	72.151	86.178	100.205	114.232	128.259	142.285	28.013	44.010	34.076	4.003

1.6.3 PR 状态方程

Peng 和 Robinson 指出，经 Soave 改进的 SRK 状态方程虽然取得了明显进步，但仍有一些不足之处，例如 SRK 状态方程对液相密度的预测准确性欠佳——对烃类组分（甲烷除外）预测的液相密度普遍小于实验数据。对于所有流体来讲，RK 和 SRK 状态方程的通用临界压缩因子 Z_c= 1/3，这个值远大于实际流体的临界压缩因子。为了消除上述不足，Peng 和 Robinson 对 SRK 状态方程基进行了修正，提出了 PR 状态方程，见式（1-80）：

$$\left.\begin{aligned}
&p=\frac{RT}{V-b}-\frac{a(T)}{V(V+b)+b(V-b)}\\
&Z=\frac{pV}{RT}\\
&a\left(T_c\right)=0.45724\frac{R^2T_c^2}{p_c}\\
&b\left(T_c\right)=0.07780\frac{RT_c}{p_c}\\
&A=\frac{ap}{R^2T^2}=0.45724\frac{p/p_c}{\left(T/T_c\right)^2}=0.45724\frac{R_r}{T_r^2}\\
&B=\frac{bp}{RT}=0.07780\frac{p/p_c}{T/T_c}=0.07780\frac{R_r}{T_r}\\
&Z_c=0.307\\
&a(T)=a\left(T_c\right)\cdot\alpha\left(T_r,\omega\right)\\
&b(T)=b\left(T_c\right)\\
&Z^3-(1-B)Z^2+\left(A-3B^2-2B\right)Z-\left(AB-B^2-B^3\right)=0
\end{aligned}\right\}\tag{1-80}$$

对于单一组分，见式（1-81）、式（1-82）：

$$\left.\begin{aligned}
&a_i=0.45724\frac{R^2T_{ci}^{2.5}}{p_{ci}}\alpha_i\\
&b_i=0.07780\frac{RT_{ci}}{p_{ci}}
\end{aligned}\right\}\tag{1-81}$$

$$\left.\begin{aligned}
&\alpha_i=\left[1+\left(1-T_{ri}^{0.5}\right)m_i\right]^2\\
&m_i=0.37464+1.54226\cdot\omega_i-0.26992\cdot\omega_i^2
\end{aligned}\right\}\tag{1-82}$$

混合规则见式（1-83）：

$$\left.\begin{aligned}
&a=\sum_i\sum_j y_iy_j\left(a_ia_j\right)^{0.5}\left(1-K_{ij}\right)\\
&b=\sum y_ib_i
\end{aligned}\right\}\tag{1-83}$$

式（1-80）～式（1-83）中：p 为系统压力（单位为 kPa）；T 为系统温度（单位为 K）；T_{ci} 为临界温度（单位为 K）；T_{ri} 为对比温度，$T_{ri}=T/T_{ci}$，量纲为 1；V 为流体的摩尔体积（单位为 m³/kmol）；y_i、y_j 为纯组分的摩尔体积分数；R 为通用气体常数（单位为 kJ/(kmol·K)）。

目前各文献中 PR 状态方程的形式有几十种之多，方程中系数 a_i、b_i 和 α_i 的具体形式也有所差异。此外，各文献中采用的流体物性参数也有所不同，且二元交互系数不完整，因此计算结果存在差异。本书采用的临界参数、二元交互系数 K_{ij} 和摩尔质量分别见表 1-5～表 1-7。

1.6.4 BWRS 状态方程

BWRS 状态方程是通过修正 BWR 状态方程而得到的，它保留了 BWR 状态方程中与密度关联的项，改变了与温度关联的项。BWRS 状态方程包含计算轻烃组分的系数和决定烃类混合物气体系数的混合规则，它可以用于热力学参数计算和气液平衡计算。

由于 BWRS 状态方程能够用于计算气液平衡，其方程系数可以由公式算得，并且有适用于很多烃类的混合规则。

BWRS 状态方程是一个多参数状态方程，其基本形式见式（1-84）、式（1-85）：

$$p=\rho RT+\left(B_0RT-A_0-\frac{C_0}{T^2}+\frac{D_0}{T^3}-\frac{E_0}{T^4}\right)\rho^2+\left(bRT-a-\frac{d}{T}\right)\rho^3+\alpha\left(a+\frac{d}{T}\right)\rho^6+\frac{c\rho^3}{T^2}\left(1+\gamma\rho^2\right)\exp\left(-\gamma\rho^2\right) \tag{1-84}$$

$$Z=1+\left(B_0-\frac{A_0}{RT}-\frac{C_0}{RT^3}+\frac{D_0}{RT^4}-\frac{E_0}{RT^5}\right)\rho+\left(b-\frac{a}{RT}-\frac{d}{RT^2}\right)\rho^2+\alpha\left(\frac{a}{RT}+\frac{d}{RT^2}\right)\rho^5+\frac{c\rho^2}{RT^3}\left(1+\gamma\rho^2\right)\exp\left(-\gamma\rho^2\right) \tag{1-85}$$

式中：p 为系统压力（单位为 kPa）；T 为系统温度（单位为 K）；ρ 为流体的密度（单位为 kmol/m³）；R 为通用气体常数（单位为 kJ/(kmol·K)）。

A_{0i}、B_{0i}、C_{0i}、D_{0i}、E_{0i}、a_i、b_i、c_i、d_i、α_i、γ_i 这 11 个参数可以由临界温度 T_{ci}、临界密度 ρ_{ci} 及偏心因子 ω_i 的关联式求得，见式（1-86）：

$$\left.\begin{aligned}
&\rho_{ci}B_{0i}=A_1+B_1\omega_i; && \rho_{ci}^3\alpha_i=A_7+B_7\omega_i\\
&\frac{\rho_{ci}A_{0i}}{RT_{ci}}=A_2+B_2\omega_i; && \frac{\rho_{ci}^2c_i}{RT_{ci}^3}=A_8+B_8\omega_i\\
&\frac{\rho_{ci}C_{0i}}{RT_{ci}^3}=A_3+B_3\omega_i; && \frac{\rho_{ci}^2d_i}{RT_{ci}^2}=A_{10}+B_{10}\omega_i\\
&\rho_{ci}^2\gamma_i=A_4+B_4\omega_i; && \frac{\rho_{ci}D_{0i}}{RT_{ci}^4}=A_9+B_9\omega_i\\
&\rho_{ci}^2b_i=A_5+B_5\omega_i; && \frac{\rho_{ci}E_{0i}}{RT_{ci}^5}=A_{11}+B_{11}\omega_i e^{-3.8\omega_i}\\
&\frac{\rho_{ci}^2a_i}{RT_{ci}}=A_6+B_6\omega_i
\end{aligned}\right\} \tag{1-86}$$

式中：A_i、B_i（$i=1, 2, 3, \cdots, 11$）为通用常数，见表 1-8。

Starling 在 1973 年、1977 年分别给出了方程中多个物质的 11 个参数（A_{0i}、B_{0i}、C_{0i}、D_{0i}、E_{0i}、a_i、b_i、c_i、d_i、α_i、γ_i），见表 1-9 和表 1-10。对于纯组分的这 11 个参数可引用经过单位制转换后的 Starling 的文献中的数据，而不必使用关联式求解。

表 1-8　通用常数 A_i 和 B_i 值

i	A_i	B_i	i	A_i	B_i
1	0.443690	0.115449	7	0.0705233	−0.044448
2	1.284380	−0.920731	8	0.5040870	1.322450
3	0.356306	1.708710	9	0.0307452	0.179433
4	0.544979	−0.270896	10	0.0732828	0.463492
5	0.528629	0.349261	11	0.006450	−0.022143
6	0.484011	0.754130			

表 1-9　BWRS 方程中物质的 11 个参数（1973 年）

组分	A_{0i}	B_{0i}	C_{0i}	D_{0i}	E_{0i}	a_i	b_i	c_i	d_i	α_i	γ_i
C1	7520.29	0.723251	271092000	10773700000	30112200000	2574.89	0.925404	437222000	47489.1	0.468828	1.48640
C2	13439.30	0.826059	2951950000	2.57477E+11	1.46819E+13	22404.50	3.11206	6818260000	702189.0	0.909681	2.99656
C3	18634.70	0.964762	7961780000	4.53708E+11	2.56053E+13	40066.40	5.462480	27446100000	15052000	2.014020	4.56182
i-C4	**37264**	**1.8789**	**10141300000**	**8.53176E+11**	**8.4086E+13**	**47990.7**	**8.58663**	**40676300000**	**21686300**	**4.23987**	**7.11486**
n-C4	32544.70	1.56588	13743600000	3.33159E+11	2.30902E+12	71181.80	9.140660	70004400000	36423800	4.009850	7.54122
i-C5	35742	1.27752	22843000000	1.42115E+12	2.41326E+13	204344	19.8384	1.29083E+11	34922000	6.16154	11.7384
n-C5	51108.20	2.44417	22393100000	1.01769E+12	3.9086E+13	162185.00	16.607	1.35286E+11	38852100	7.067020	11.85930
n-C6	45333.10	2.66233	52606700000	5.52158E+12	6.26433E+14	434517.00	29.498300	3.18412E+11	32746000	9.702300	14.87200
n-C7	77826.90	3.60493	61566200000	7.77123E+12	6.36251E+12	359087.00	27.441500	3.74876E+11	8351150	21.878200	24.76040
n-C8	81690.60	4.86965	99654600000	7.90575E+12	3.46419E+13	131646.00	10.590700	6.42053E+11	185906000	34.512400	21.98880
N_2	4185.05	0.677022	137936000	19518300000	1.21648E+12	1404.59	0.83347	84431700	31189.4	0.302696	1.10011
CO_2	6592.03	0.394117	2959020000	4.09151E+11	10289800000	5632.85	0.971443	2746680000	59929.7	0.395525	1.64916
H_2S	10586.3	0.297508	2114960000	48651800000	39322600000	20511	2.53315	4361320000	19973.1	0.165961	1.20447
H_2O	12432.87	0.4552756	12275360000	6.82246E+11	2.25815E+13	514.5404	0.2088909	9410372000	3947530	0.03580983	0.2215509

注：1. 表中数据是 1973 年 Starling 等人的研究成果，BWRS 方程中数据采用的单位为英制单位，对应单位：压力单位为 psia，温度单位为°R，摩尔密度为 lb-mole/ft³，通用气体常数 R = 10.7335 (psia·ft³)/ (lb-mole·°R)。

2. 1977 年 Starling 等人又对表中数据进行了修改，只修改了异丁烷的数据，见表 1-10。

3. 将表中数据的单位转化为国际单位将在第 2 章中进行介绍。

4. 表中只选取了 14 种组分。

表 1-10　BWRS 方程中物质的 11 个参数（1977 年）

组分	A_{0i}	B_{0i}	C_{0i}	D_{0i}	E_{0i}	a_i	b_i	c_i	d_i	α_i	γ_i
i-C_4	**38980.2015**	**2.026152731**	**10658145088**	**1.47046E+12**	**8.98152E+13**	**38864.3892**	**6.70763**	**3.2822E+10**	**6183034**	**6.8772656**	**9.2137845**

对于混合物，BWRS 状态方程应采用如下混合规则进行计算，见式（1-87）：

$$\left.\begin{aligned}
&A_0=\sum_i\sum_j y_iy_jA_{0i}^{0.5}A_{0j}^{0.5}\left(1-K_{ij}\right);\quad a=\left(\sum_i y_ia_i^{1/3}\right)^3\\
&B_0=\sum_i y_iB_{0i};\quad b=\left(\sum_i y_ib_i^{1/3}\right)^3\\
&C_0=\sum_i\sum_j y_iy_jC_{0i}^{0.5}C_{0j}^{0.5}\left(1-K_{ij}\right)^3;\quad c=\left(\sum_i y_ic_i^{1/3}\right)^3\\
&D_0=\sum_i\sum_j y_iy_jD_{0i}^{0.5}D_{0j}^{0.5}\left(1-K_{ij}\right)^4;\quad d=\left(\sum_i y_id_i^{1/3}\right)^3\\
&E_0=\sum_i\sum_j y_iy_jE_{0i}^{0.5}E_{0j}^{0.5}\left(1-K_{ij}\right)^5;\quad \alpha=\left(\sum_i y_i\alpha_i^{1/3}\right)^3\\
&\gamma=\left(\sum_i y_i\gamma_i^{1/2}\right)^2
\end{aligned}\right\}\tag{1-87}$$

式中：y_i 为气相或液相混合物中组分 i 的摩尔分数；K_{ij}（$K_{ij}=K_{ji}$）为组分 i、j 间交互系数。K_{ij} 表示和理论混合物的偏差，K_{ij} 越大，说明偏差越大。对于同一组分，$K_{ij}=0$。Starling 给出了 18 种常见组分间的 K_{ij} 数据。

Starling 提供了纯物质的临界参数和普适化系数。一旦知道对流体所附加的系数值（如临界参数、分子量等），所有的状态参数都可以用已知的状态来计算。但是，很多流体模型通过流动方程来计算压力和温度，而用状态方程来计算密度。由于 BWRS 状态方程中密度是隐式的，需要通过迭代来计算，这样在大型管网计算中会花很多时间来计算密度。本书将在后面探讨密度和压缩因子的快速算法。

1.6.5 LKP 状态方程

Plocker 等人发现 BWR-Lee-Kesler 关联式的混合规则仅适用于含有小的非极性分子的混合物，为了将其推广到含 H_2S、CO_2 和 H_2 等组分、具有较高沸点的非极性或弱极性混合物，他们在 1978 年提出了 LKP 状态方程，并将该方程推广到由小分子（如 N_2、CO、CH_4 和 H_2）和大分子（如高沸点的烷烃、芳烃和稠环化合物）组成的不对称混合物的气液平衡和焓的计算中。LKP 状态方程保留了 LK 状态方程的形式，修改了混合规则，增加了两个参数 K_{ij} 和 η。二元交互系数 K_{ij} 可由纯组分的临界参数关联得到。对于参数 η，对称混合物的 $\eta=0$，稍微不对称混合物的 $\eta=1$，严重不对称混合物的 $\eta=0.25$。K_{ij} 和 η 的引入提高了方程的精度。LKP 状态方程及其混合规则见式（1-88）：

$$
\left.\begin{aligned}
&Z = Z^{(0)} + \frac{\omega}{\omega^{(r)}}\left(Z^{(r)} - Z^{(0)}\right)\\
&Z = \left(\frac{p_r V_r}{T_r}\right) = 1 + \frac{B}{V_r} + \frac{C}{V_r^2} + \frac{D}{V_r^5} + \frac{c_4}{T_r^3 V_r^2}\left(\beta + \frac{\gamma}{V_r^2}\right)\exp\left(-\frac{\gamma}{V_r^2}\right)\\
&T_r = \frac{T}{T_c}; \qquad p_r = \frac{p}{p_c}\\
&V_r = \frac{p_c V}{R T_c}; \qquad B = b_1 - \frac{b_2}{T_r} - \frac{b_3}{T_r^2} - \frac{b_4}{T_r^3}\\
&C = c_1 - \frac{c_2}{T_r} + \frac{c_3}{T_r^3}; \quad D = d_1 + \frac{d_2}{T_r}
\end{aligned}\right\} \tag{1-88}
$$

式中：Z 为压缩因子，ω 为偏心因子，p_r 为对比压力，V_r 为对比摩尔体积，T_r 为对比温度，上标(0)表示简单流体的相应参数，上标(r)表示参考流体的相应参数，其余参数为常数。

LKP 状态方程的参数见表 1-2。

对于混合物，虚拟临界性质（又称为假临界性质）的表达式见式（1-89）：

$$
\left.\begin{aligned}
&V_{ci} = \frac{Z_{ci} R T_{ci}}{p_{ci}}; \qquad V_{cij} = \left(\frac{V_{ci}^{1/3} + V_{cj}^{1/3}}{2}\right)^3\\
&T_{cij} = K_{ij}\sqrt{T_{ci} T_{cj}}; \quad Z_{ci} = 0.2905 - 0.085 w_i\\
&\omega_M = \sum_{i=1}^{n} v_i \omega_i; \qquad V_{cM} = \sum_{i=1}^{n}\sum_{j=1}^{n} y_i y_j V_{cij}\\
&T_{cM} = \frac{1}{V_{cM}^{\eta}}\sum_{i=1}^{n}\sum_{j=1}^{n} y_i y_j V_{cij}^{\eta} T_{cij}\\
&p_{cM} = (0.2905 - 0.085\omega_M)\frac{R T_{cM}}{V_{cM}}
\end{aligned}\right\} \tag{1-89}
$$

式中：K_{ij} 为二元交互系数，见表 1-11；η 为虚拟临界温度混合规则中的通用指数，取值为 0.25。

表 1-11　　LKP 状态方程中的 K_{ij} 参数

组分	甲烷	乙烷	丙烷	异丁烷	正丁烷	异戊烷	正戊烷	正己烷	正庚烷	正辛烷	异辛烷	正壬烷	正癸烷	正十一烷	碳七+	氮气	一氧化二氮	一氧化碳	二氧化碳
	C1	C2	C3	i-C4	n-C4	i-C5	n-C5	n-C6	n-C7	n-C8	i-C8	n-C9	n-C10	n-C11	C7+	N_2	N_2O	CO	CO_2
甲烷	1	1.052	1.113	1.155	1.171	1.228	1.24	1.304	1.367	1.423	1	1.484	1.533	1	1	0.977	1	1	0.975
乙烷	1.052	1	1.01	1.036	1.029	1.07	1.064	1.106	1.143	1.165	1	1.214	1.237	1	1	1.082	1	1	0.938
丙烷	1.113	1.01	1	1.003	1.003	1.009	1.006	1.047	1.067	1.09	1	1.115	1.139	1	1	1.177	1	1	0.925
异丁烷	1.155	1.036	1.003	1	1.001	1	1	1	1	1	1	1	1	1	1	1	1	1	0.946
正丁烷	1.171	1.029	1.003	1.001	1	0.998	0.994	1.018	1.027	1.046	1	1.064	1.078	1	1	1.276	1	1	0.955
异戊烷	1.228	1.07	1.009	1	0.998	1	0.987	1	1	1	1	1	1	1	1	1	1	1	1
正戊烷	1.24	1.064	1.006	1	0.994	0.987	1	0.996	1.004	1.02	1	1.003	1.045	1	1	1.372	1	1	1.002
正己烷	1.304	1.106	1.047	1	1.018	1	0.996	1	1.008	1.005	1	1.015	1.025	1	1	1.442	1	1	1.018
正庚烷	1.367	1.143	1.067	1	1.027	1	1.004	1.008	1	0.993	1.002	1.002	1.01	1	1	1	1	1	1.058
正辛烷	1.423	1.165	1.09	1	1.046	1	1.02	1.005	0.993	1	1	0.993	0.999	1	1	1	1	1	1.09
异辛烷	1	1	1	1	1	1	1	1	1.002	1	1	1	1	1	1	1	1	1	1
正壬烷	1.484	1.214	1.115	1	1.064	1	1.033	1.015	1.002	0.993	1	1	0.991	1	1	1	1	1	1.126
正癸烷	1.533	1.237	1.139	1	1.078	1	1.045	1.025	1.01	0.999	1	0.991	1	1	1	1	1	1	1.16
正十一烷	1	1	1	1	1	1	1	1	1	1	1	1	1	1	1	1	1	1	1
碳七+	1	1	1	1	1	1	1	1	1	1	1	1	1	1	1	1	1	1	1
氮气	0.977	1.082	1.177	1	1.276	1	1.372	1.442	1	1	1	1	1	1	1	1	1.073	0.987	1.11
一氧化二氮	1	1	1	1	1	1	1	1	1	1	1	1	1	1	1	1.073	1	1	1
一氧化碳	1	1	1	1	1	1	1	1	1	1	1	1	1	1	1	0.987	1	1	1
二氧化碳	0.975	0.938	0.925	0.946	0.955	1	1.002	1.018	1.058	1.09	1	1.126	1.16	1	1	1.11	1	1	1
硫化氢	1	1	1	0.947	1	1	1	1	1	1	1	1	1	1	1	0.983	1	1	0.922
氢气	1.216	1.604	1.826	2.093	2.335	2.456	2.634	1	1	1	1	1	1	1	1	1.08	1	1	1.624
水	1	1	1	1	1	1	1	1	1	1	1	1	1	1	1	1	1	1	0.92
氦气	1	1	1	1	1	1	1	1	1	1	1	1	1	1	1	1	1	1	1
氩气	1	1	1	1	1	1	1	1	1	1	1	1	1	1	1	0.988	1	1	1
氧气	1	1	1	1	1	1	1	1	1	1	1	1	1	1	1	0.997	1	1	1
氨气	1	1	1	1	1	1	1	1	1	1	1	1	1	1	1	1.033	1	1	1
苯	1.234	1.066	1.011	1	0.999	1	0.977	0.978	0.985	0.987	0.982	1.034	1.047	1	1	1	1	1	1.018
甲苯	1	1	1	1	1	1	1	1	1	1	1	1	1	1	1	1	1	1	1
乙烯	1.014	0.991	1	1	0.998	1	1	1	1.163	1	1	1	1	1	1	1	1	1	1
丙烯	1.089	1.002	0.992	1.009	1.01	1	1	1	1	1	1	1	1	1	1	1.151	1	1	1
环己烷	1.269	1.081	1.037	1	1.008	1	0.996	0.998	0.999	1.01	1	1.021	1.032	1	1	1	1	1	1.054
乙炔	1	1	1	1	1	1	1	1	1	1	1	1	1	1	1	1	1	1	1
异丁烯	1	1	1	1	1	1	1	1	1	1	1	1	1	1	1	1	1	1	1
二氟二氯甲烷	1	1	1	1	1	1	1	1	1	1	1	1	1	1	1	1	1	1	0.969
甲醇	1	1	1	1	1	1	1	1	1	1	1	1	1	1	1	1	1	1	1.069

硫化氢	氢气	水	氦气	氩气	氧气	氨气	苯	甲苯	乙烯	丙烯	环己烷	乙炔	异丁烯	二氟二氯甲烷	甲醇
H_2S	H_2	H_2O	He	Ar	O_2	NH_3	C_6H_6	C_7H_8	C_2H_4	C_3H_6	C_6H_{12}	C_2H_2	$i\text{-}C_4H_8$	R-12	CH_3OH
1	1.216	1	1	1	1	1	1.234	1	1.014	1.089	1.269	1	1	1	1
1	1.604	1	1	1	1	1	1.066	1	0.991	1.002	1.081	1	1	1	1
1	1.826	1	1	1	1	1	1.011	1	1	0.992	1.037	1	1	1	1
0.947	2.093	1	1	1	1	1	1	1	1	1.009	1	1	1	1	1
1	2.335	1	1	1	1	1	0.999	1	0.998	1.01	1.008	1	1	1	1
1	2.456	1	1	1	1	1	1	1	1	1	1	1	1	1	1
1	2.634	1	1	1	1	1	0.977	1	1	1	0.996	1	1	1	1
1	1	1	1	1	1	1	0.978	1	1	1	0.998	1	1	1	1
1	1	1	1	1	1	1	0.985	1	1.163	1	0.999	1	1	1	1
1	1	1	1	1	1	1	0.987	1	1	1	1.01	1	1	1	1
1	1	1	1	1	1	1	0.982	1	1	1	1	1	1	1	1
1	1	1	1	1	1	1	1.034	1	1	1	1.021	1	1	1	1
1	1	1	1	1	1	1	1.047	1	1	1	1.032	1	1	1	1
1	1	1	1	1	1	1	1	1	1	1	1	1	1	1	1
1	1	1	1	1	1	1	1	1	1	1	1	1	1	1	1
0.983	1.08	1	1	0.988	0.997	1.033	1	1	1	1.151	1	1	1	1	1
1	1	1	1	1	1	1	1	1	1	1	1	1	1	1	1
1	1	1	1	1	1	1	1	1	1	1	1	1	1	1	1
0.922	1.624	0.92	1	1	1	1	1.018	1	1	1	1.054	1	1	0.969	1.069
1	1	1	1	1	1	1	1	1	1	1	1	1	1	1	1
1	1	1	1	1	1	1	1	1	1	1	1	1	1	1	1
1	1	1	1	1	1	1	1	1	1	1	1	1	1	1	1
1	1	1	1	1	1	1	1	1	1	1	1	1	1	1	1
1	1	1	1	1	1	1	1	1	1	1	1	1	1	1	1
1	1	1	1	1	1	1	1	1	1	1	1	1	1	1	1
1	1	1	1	1	1	1	1	1	1	1	1	1	1	1	1
1	1	1	1	1	1	1	1	1	1.094	1	0.979	1	1	1	1
1	1	1	1	1	1	1	1	1	1	1	1	1	1	1	1
1	1	1	1	1	1	1	1.094	1	1	1	1	0.948	1	1	1
1	1	1	1	1	1	1	1	1	1	1	1	1	1.006	1	1
1	1	1	1	1	1	1	0.979	1	1	1	1	1	1	1	1
1	1	1	1	1	1	1	1	1	0.948	1	1	1	1	1	1
1	1	1	1	1	1	1	1	1	1	1.006	1	1	1	1	1
1	1	1	1	1	1	1	1	1	1	1	1	1	1	1	1
1	1	1	1	1	1	1	1	1	1	1	1	1	1	1	1

第 2 章　量纲及伪量纲分析

2.1　量纲和单位、量纲式

为了方便辨识某类物理量和区分不同类物理量，人们采用“量纲”这个术语来表示物理量的基本属性。例如长度、时间、质量显然为不同的属性，因此它们具有不同的量纲。

物理量可以按照其属性分为两类。一类物理量的大小与度量时所选用的单位有关，称为有量纲量，例如长度、时间、质量、速度、加速度、力、动能、功等；另一类物理量的大小与度量时所选用的单位无关，称为无量纲量，例如角度、两个长度之比、两个时间之比、两个力之比、两个能量之比等。

对于任何一个物理问题来说，出现在其中的各个物理量的量纲，要么由定义给出，要么由定律给出。

量纲亦称为因次。通常要用数值和单位表示物理量的大小。常用的单位制有国际单位制和物理单位制。任意一种单位制中都有几个互相独立、不能互换的单位，称为基本单位，其他单位都可用这些基本单位综合表示，称为导出单位。量纲和单位是相对应的，对应于基本单位的称为基本量纲；对应于导出单位的称为导出量纲。无单位的常数称为无量纲量，其量纲为 1。

表 2-1 所示为常见物理量的符号、单位和量纲。

表 2-1　常见物理量的符号、单位和量纲

类别	物理量	符号	国际单位	
			单位	量纲
基本单位	长度	l	m	[L]
	质量	m	kg	[M]
	时间	t	s	[T]
	温度	T	K	[Θ]
	物质的量	n	mol	[N]
几何参数	面积	A	m^2	[L^2]
	体积	V	m^3	[L^3]
	惯性矩	J	m^4	[L^4]

续表

类别	物理量	符号	国际单位	
			单位	量纲
运动学参数	速度	v	m/s	$[LT^{-1}]$
	加速度	a	m/s^2	$[LT^{-2}]$
	角速度	ω	1/s	$[T^{-1}]$
	体积流量	Q	m^3/s	$[L^3T^{-1}]$
	运动黏度	υ	m^2/s	$[L^2T^{-1}]$
	动力黏度	μ	Pa·s	$[ML^{-1}T^{-1}]$
	力	F	N	$[MLT^{-2}]$
	密度	ρ	kg/m^3	$[ML^{-3}]$
	重度	γ	$kg/(m^2 \cdot s^2)$	$[ML^{-2}T^{-2}]$
	表面张力	σ	kg/s^2	$[MT^{-2}]$
	功	W	J	$[ML^2T^{-2}]$
	功率	N	W	$[ML^2T^{-3}]$
热力学参数	压力	p	Pa	$[ML^{-1}T^{-2}]$
	质量气体常数	R	J/(kg·K)	$[L^2T^{-2}\Theta^{-1}]$
	（质量）内能	e	J/kg	$[L^2T^{-2}]$
	（质量）热量	q	J/kg	$[L^2T^{-2}]$
	（质量）定容比热容	C_V	J/(kg·K)	$[L^2T^{-2}\Theta^{-1}]$
	（质量）定压比热容	C_p	J/(kg·K)	$[L^2T^{-2}\Theta^{-1}]$
	（质量）焓	H	J/kg	$[L^2T^{-2}]$
	（质量）熵	S	J/(kg·K)	$[L^2T^{-2}\Theta^{-1}]$
	传热系数	α	$W/(m^2 \cdot K)$	$[MT^{-3}\Theta^{-1}]$
	导热系数	K	W/(m·K)	$[LMT^{-3}\Theta^{-1}]$

根据物理量的性质和定义，可直接写出其量纲式。量纲式常用方括号标示，如面积$[A] = [L^2]$、力$[F] = [MLT^{-2}]$等。通过任一物理定律，都可导出某一物理量的量纲式。例如通过 $m = \rho V$，可导出：$[m] = [M]$，$[\rho] = [ML^{-3}]$，$[V] = [L^3]$，$[\rho] = [m]/[V] = [M]/[L^3] = [ML^{-3}]$。

2.2　量纲的齐次性

有物理意义的代数表达式或完整的物理方程是量纲和谐（或齐次）的。方程如果在量纲上齐次，则方程不随基本单位的变化而变化。例如水静压力分布规律的方程为 $p = p_0 + \gamma h$，其两端各项的物理量的量纲都是$[ML^{-1}T^{-2}]$。

利用量纲的齐次性可以检验物理方程是否正确。例如牛顿第二定律 $F = ma$，用于重力场中，则重力 $G = mg$。若 $m = 1$，则数值上 $G = g$，此方程在量纲上就不是齐次的了。其错误在于若质量非单位质量则此式不成立，正确的方程应是 $G/m = g$。

根据量纲的齐次性，还可检查经验公式中经验系数的量纲并进行单位变换。例如前述的质量方程中密度 ρ 是有量纲的，其量纲为[ML^{-3}]，在物理单位制中其单位为 g/cm^3，在国际单位制中则为 kg/m^3，在运算中要注意。若把基本单位扩大或缩小相应的倍数，则导出单位亦随之扩大或缩小相应倍数。

只有当系数无量纲时，在任何单位制中其值不变。

2.3 π 定理

对于物理现象所包含的各物理量间的函数关系，如果选用一定单位制，则函数关系式可以确定。如果改变单位制，则函数关系式可能受影响。只有具有特殊的函数关系的结构形式，函数关系式才能不受影响。π 定理就是化有量纲的函数关系式为无量纲的函数关系式的方法。

设 $\alpha_1, \alpha_2, \cdots, \alpha_m, \alpha_{m+1}, \cdots, \alpha_n$ 是某一物理现象所包含的各物理量间的函数关系涉及的参数，在其物理量中，可能有常量、变量，有些量可能有量纲，有些量可能无量纲。函数关系式为 $f_1(\alpha_1, \alpha_2, \alpha_3, \cdots, \alpha_m, \alpha_{m+1}, \cdots, \alpha_n) = 0$，可改写为 $\alpha_1 = f_2(\alpha_2, \alpha_3, \cdots, \alpha_m, \alpha_{m+1}, \cdots, \alpha_n)$。

例如：具有初速度 u_0，以等加速度 a 直线运动的物体，时间 t 后所经过的路程为 s，写成函数关系式（2-1）：

$$f_1(s,u_0,a,t) = s - u_0 t - \frac{1}{2}at^2 = 0 \tag{2-1}$$

或式（2-2）：

$$s = f_2(u_0,a,t) = u_0 t + \frac{1}{2}at^2 \tag{2-2}$$

式（2-1）和式（2-2）中各项量纲相同，均为[L]。如果用其中任意一项去除全式，则可化为无量纲关系式。

（1）若式（2-2）两边同时除以 $u_0 t$，则 $\frac{s}{u_0 t} = 1 + \frac{1}{2}\frac{at}{u_0}$，其中 $\frac{s}{u_0 t}$ 和 $\frac{at}{u_0}$ 均为无量纲积。

（2）若式（2-2）两边同时除以 s，则 $1 = \frac{u_0 t}{s} + \frac{1}{2}\frac{at^2}{s}$，其中 $\frac{u_0 t}{s}$ 和 $\frac{at^2}{s}$ 均为无量纲积。

（3）若式（2-2）两边同时除以 $\frac{1}{2}at^2$，则 $\frac{2s}{at^2} = \frac{2u_0}{at} + 1$，其中 $\frac{s}{at^2}$ 和 $\frac{u_0}{at}$ 均为无量纲积。

由此可见，无量纲关系式可以有多种形式。这些无量纲积可以用 π 来表示。若令 $\pi_1 = \frac{s}{u_0 t}$，$\pi_2 = \frac{at}{u_0}$，$\pi_3 = \frac{at^2}{s}$，$\pi_4 = \frac{u_0 t}{s}$，$\pi_5 = \frac{s}{at^2}$，$\pi_6 = \frac{u_0}{at}$，可以发现，$\pi_3 = 1/\pi_5$，$\pi_4 = 1/\pi_1$，$\pi_6 = 1/\pi_2$，$\pi_5 = \pi_1/\pi_2$，而真正独立的无量纲积只有 π_1 和 π_2。这样函数关系式可表示为 $f_1(\pi_1,\pi_2)=0$ 或 $\pi_1=f_2(\pi_2)$。原函数关系式中有 4 个有量纲的变量 s、u_0、a、t，只有 2 个无量纲积，这就大大简化了函数关系，且与所选单位制无关。这就是 π 定理的基本概念。

现在回归一般分析，在函数关系式 $f_1(\alpha_1, \alpha_2, \alpha_3, \cdots, \alpha_m, \alpha_{m+1}, \cdots, \alpha_n) = 0$ 中，取基本量纲数即相互独立不能互换的基本量纲数为 m。一般情况下 $m \leqslant 3$，因为各种单位制中的基本单位大都为 3 个，某一问题所涉及的有可能为 2 个。而 n 表示全部变量数，故 $m < n$。在上面例子中，$n = 4$，$m = 2$（[L]、[T]），结果相互独立的无量纲积的数目为 $n - m = 4 - 2 = 2$。

在一般分析中，令 m 个基本量纲为 $A_1, A_2, \cdots, A_m$（如[M]、[L]、[T]等），则变量的量纲为式（2-3）：

$$\begin{aligned}[\alpha_1] &= A_1^{b_{11}} A_2^{b_{12}} \cdots A_m^{b_{1m}} \\ [\alpha_2] &= A_1^{b_{21}} A_2^{b_{22}} \cdots A_m^{b_{2m}} \\ &\vdots \\ [\alpha_n] &= A_1^{b_{n1}} A_2^{b_{n2}} \cdots A_m^{b_{nm}}\end{aligned} \tag{2-3}$$

式（2-3）中指数 b 是已知的。例如变量 α_1 为压力，则$[p] = [ML^{-1}T^{-2}]$，而有 $b_{11} = 1$，$b_{12} = -1$，$b_{13} = -2$，以此类推。若变量组成的无量纲积为 π，则 $\pi = \alpha_1^{k_1} \alpha_2^{k_2} \cdots \alpha_n^{k_n}$，式中 k 为待定值。因 π 为无量纲积，其量纲为 1，指数为 0，将式（2-3）两端分别相乘可得式（2-4）：

$$A_1^0 A_2^0 \cdots A_m^0 = \left(A_1^{b_{11}} A_2^{b_{12}} \cdots A_m^{b_{1m}}\right)^{k_1} \left(A_1^{b_{21}} A_2^{b_{22}} \cdots A_m^{b_{2m}}\right)^{k_2} \cdots \left(A_1^{b_{n1}} A_2^{b_{n2}} \cdots A_m^{b_{nm}}\right)^{k_n} \tag{2-4}$$

由量纲的齐次性，可得 $A_1, A_2, \cdots, A_m$ 对应的指数为 0，见式（2-5）：

$$\left.\begin{aligned} b_{11}k_1 + b_{21}k_2 + \cdots + b_{n1}k_n = 0 \\ b_{12}k_1 + b_{22}k_2 + \cdots + b_{n2}k_n = 0 \\ \vdots \\ b_{1m}k_1 + b_{2m}k_2 + \cdots + b_{nm}k_n = 0 \end{aligned}\right\} \tag{2-5}$$

式（2-5）是一个齐次线性方程组，有 n 个待定值 $k_1, k_2, \cdots, k_n$，但只有 m 个方程。由于 $n > m$，只能假定$(n\text{-}m)$个 k 值，然后才能由 m 个方程求取其余的 k 值。这样就使得满足式（2-5）的解有无穷多组。换言之，m 个变量可组成无穷多个无量纲积 π。

仍以前述运动学问题为例，共有 s、u_0、a、t 这 4 个变量，即 $n = 4$，基本量纲数 $m = 2$，无量纲积为 $\pi = s^{k_1} u_0^{k_2} a^{k_3} t^{k_4}$，量纲式为 $\left[L^0T^0\right] = [L]^{k_1} \left[LT^{-1}\right]^{k_2} \left[LT^{-2}\right]^{k_3} [T]^{k_4}$，对于[L]和[T]可得到线性方程组，见式（2-6）：

$$\left.\begin{aligned} k_1 + k_2 + k_3 = 0 \\ -k_2 - 2k_3 + k_4 = 0 \end{aligned}\right\} \tag{2-6}$$

用 2 个方程求 4 个 k 值，只能任意假定 2 个 k 值，解其他 2 个 k 值，而后得 π 值，见表 2-2。

表 2-2 π 值求解

假定		解出		
k_1	k_2	k_3	k_4	π
1	-1	0	−1	$\dfrac{s}{u_0 t}$
0	−1	1	1	$\dfrac{at}{u_0}$
−1	0	1	2	$\dfrac{at^2}{s}$
−1	1	0	1	$\dfrac{u_0 t}{s}$
…	…	…	…	…

π_1、π_2、π_3、π_4 正是表 2-2 中的 4 个 π 值。因 k_1、k_2 是任意假定的，故可能有无穷多组解。但正如前面所述，互相独立的只有 π_1 和 π_2 这 2 个。

因此问题归结为 n 个变量可以组成几个独立的无量纲积，即由线性方程能得到几个线性无关非零解？

根据线性代数可知，方程组的系数矩阵见式（2-7）：

$$\begin{pmatrix} b_{11} & b_{21} & \cdots & b_{n1} \\ b_{12} & b_{22} & \cdots & b_{n2} \\ \vdots & \vdots & & \vdots \\ b_{1m} & b_{2m} & \cdots & b_{nm} \end{pmatrix} \tag{2-7}$$

如果这个矩阵的秩为 r，则 n 个变量的方程组的线性无关非零解为 $n-r$ 个。所谓矩阵的秩，就是矩阵中不等于 0 的子行列式的最高阶数。

可以用表 2-3 和表 2-4 进行计算。

表 2-3　　量纲计算

基本量纲	变量 α 的量纲系数			
	α_1	α_2	…	α_n
A_1	b_{11}	b_{21}	…	b_{n1}
A_2	b_{12}	b_{22}	…	b_{n2}
…	…	…	…	…
A_m	b_{1m}	b_{2m}	…	b_{nm}

表 2-4　　运动方程量纲计算

基本量纲	变量 α 的量纲系数			
	s	u_0	a	t
[M]	0	0	0	0
[L]	1	1	1	0
[T]	0	−1	−2	1

不等于 0 的子行列式如 $\begin{vmatrix} 1 & 1 \\ 0 & -1 \end{vmatrix}$ 为二阶，所以系数矩阵的秩为 2，则独立无量纲积数为 $n-r=4-2=2$。

在所有变量 α 中，选定 r 个，它们不能组成无量纲积，在其余 $n-r$ 个变量中依次各取一个与它们组成 $n-r$ 个无量纲积 π，即得出 $n-r$ 个 π，这 $n-r$ 个 π 称为无量纲积的完整集合。

无量纲积为常数，故两个无量纲积进行加、减、乘、除的结果仍为无量纲积，其任意次幂亦为无量纲积。在实际工程中，如何对研究对象、物理现象进行简化和处理，要视实际需要而定。通常尽可能使无量纲积的数目减至最少，以减轻实验的工作量，但要能反映各量的物理本质。

2.3.1 量纲分析

在本书编程计算中，使用了以下物理量：p（系统压力，石油化工行业中习惯用压力表示压强）、T（系统温度）、V（流体的摩尔体积）、ρ（流体的摩尔密度）、R（通用气体常数）、M（摩尔质量）。

本书采用的物理量单位及其量纲见表 2-5。

表 2-5　物理量单位及其量纲

序号	物理量	符号	单位	量纲分析
1	压力	p	Pa	$[ML^{-1}T^{-2}]$
2	质量密度	ρ	kg/m^3	$[ML^{-3}]$
3	摩尔密度	ρ	$kmol/m^3$	$[NL^{-3}]$
4	摩尔体积	V	$m^3/kmol$	$[L^3N^{-1}]$
5	通用气体常数	R	J/(kmol·K)	$[ML^2N^{-1}\Theta^{-1}T^{-2}]$
6	质量气体常数	R_g	J/(kg·K)	$[L^2T^{-2}\Theta^{-1}]$
7	压缩因子	Z	—	[1]
8	摩尔质量	M	kg/kmol	$[MN^{-1}]$
9	温度	T	K	$[\Theta]$

2.3.2　伪量纲分析

在对物理量进行量纲分析时候可能会将物理量及其量纲混淆，下面将进行伪量纲分析。采用物理量单位进行类似量纲分析的方法称为伪量纲分析法，该分析方法易学、易懂、易用。

下面针对本书中出现的常用单位进行伪量纲分析，这样有利于读者理解各物理量在计算过程中的单位匹配，并可以根据习惯设定自己的一套单位。

在计算流体物理参数的时候，可选取表 2-6 所示的单位。

表 2-6　物理量及其单位

序号	物理量	符号	单位
1	压力	p	Pa
2			kPa
3			MPa
4	质量密度	ρ_g	kg/m^3
5	摩尔密度	ρ	$kmol/m^3$
6	摩尔体积	V	$m^3/kmol$
7	通用气体常数	R	J/(kmol·K)
8			kJ/(kmol·K)
9	质量气体常数	R_g	J/(kg·K)
10			kJ/(kg·K)
11	压缩因子	Z	
12	摩尔质量	M	kg/kmol
13	定容比热容	C_v	J/(kmol·K)或 J/(kg·K)
14			kJ/(kmol·K)或 kJ/(kg·K)
15	定压比热容	C_p	J/(kmol·K)或 J/(kg·K)
16			kJ/(kmol·K)或 kJ/(kg·K)

续表

序号	物理量	符号	单位
17	焓	H	J/kmol 或 J/kg
18	焓	H	kJ/kmol 或 kJ/kg
19	熵	S	J/(kmol·K)或 J/(kg·K)
20	熵	S	kJ/(kmol·K)或 kJ/(kg·K)
21	焦耳-汤姆孙系数	μ_J	K/Pa
22	焦耳-汤姆孙系数	μ_J	K/kPa
23	等温压缩率系数	k_T	J/m^3
24	等温压缩率系数	k_T	kJ/m^3
25	绝热压缩率系数/等熵压缩率系数	k_s	J/m^3
26	绝热压缩率系数/等熵压缩率系数	k_s	kJ/m^3
27	等压体积膨胀系数	α	1/K

例 2-1：采用量纲分析法和伪量纲分析法对 $Z=\dfrac{p}{\rho_g R_g T}$ 进行伪量纲分析，验证所选取单位的正确性，并对两种方法进行对比分析。

解：

（1）取表 2-6 中压力 p（Pa）、质量密度 ρ_g（kg/m^3）、质量气体常数 R_g（$J/(kg\cdot K)$），分析 Z 的量纲是否为 1。将各物理量单位代入式子推导可得：

$$Z=\frac{p}{\rho_g R_g T}\rightarrow\frac{\mathrm{Pa}}{\dfrac{\mathrm{kg}}{\mathrm{m^3}}\dfrac{\mathrm{J}}{\mathrm{kg\cdot K}}\mathrm{K}}\rightarrow\frac{\mathrm{Pa}}{\dfrac{\mathrm{J}}{\mathrm{m^3}}}\rightarrow\frac{\dfrac{\mathrm{N}}{\mathrm{m^2}}}{\dfrac{\mathrm{N\cdot m}}{\mathrm{m^3}}}=1$$

通过验证得出：以上单位组合正确。

其中，在对压力 p 的单位 Pa 分解时候用到了 1Pa 的物理意义：$1m^2$ 的面积上受到的压力是 1N，即 $Pa\rightarrow N/m^2$。在对焦耳 J 分解时候用到了 1J 的物理意义：用 1N 的力使物体发生 1m 的位移所做的机械功的大小，即 J→N·m。

（2）采用量纲分析法。

$$Z=\frac{p}{\rho_g R_g T}\rightarrow\frac{\left[\mathrm{ML^{-1}T^{-2}}\right]}{\left[\mathrm{ML^{-3}}\right]\left[\mathrm{L^2T^{-2}\Theta^{-1}}\right]\left[\Theta\right]}=1$$

当单位正确且没有出现 kPa、kJ 的时候，量纲分析法比伪量纲分析法简单，但是需要记忆各量纲的组合。而工程设计人员更容易记忆的是物理量的单位而不是量纲。

例 2-2：对 $Z=\dfrac{p}{\rho R_g T}$ 进行伪量纲分析，验证所选取单位的正确性。

解：

（1）取表 2-6 中压力 p（kPa）、摩尔密度 ρ（$kmol/m^3$）、质量气体常数 R_g（$J/(kg\cdot K)$），分析 Z 的量纲是否为 1。

（2）采用量纲分析法。

$$Z=\frac{p}{\rho R_g T}\rightarrow\frac{\left[\mathrm{ML^{-1}T^{-2}}\right]\cdot 1000}{1000\left[\mathrm{NL^{-3}}\right]\left[\mathrm{L^2T^{-2}\Theta^{-1}}\right]\left[\Theta\right]}\rightarrow\frac{[\mathrm{M}]}{[\mathrm{N}]}$$

此时看到$\frac{[\mathrm{M}]}{[\mathrm{N}]}$并不能立即想到对应什么物理量，如果直接采用伪量纲分析法，则很容易得到结果。将各物理量单位代入式子推导可得：

$$Z=\frac{p}{\rho R_g T}\rightarrow\frac{\mathrm{kPa}}{\frac{\mathrm{kmol}}{\mathrm{m}^3}\frac{\mathrm{J}}{\mathrm{kg\cdot K}}\mathrm{K}}\rightarrow\frac{\mathrm{Pa}}{\frac{\mathrm{mol}}{\mathrm{m}^3}\frac{\mathrm{J}}{\mathrm{kg}}}\rightarrow\frac{\frac{\mathrm{N}}{\mathrm{m}^2}}{\frac{\mathrm{mol\cdot N\cdot m}}{\mathrm{kg\cdot m^3}}}\rightarrow\frac{\mathrm{kg}}{\mathrm{mol}}\rightarrow 1000M$$

通过验证得出：以上单位组合不正确。

在实际中，将各物理量单位直接带入的伪量纲分析法更容易使用和分析。

例 2-3：取表 2-6 中压力 p（kPa）、摩尔密度 ρ（kmol/m³）、通用气体常数 R（J/(kmol·K)），分析 $Z=\frac{p}{\rho RT}$ 的量纲是否为 1。

解：

（1）采用伪量纲分析法。

将各物理量单位代入式子推导可得：

$$Z=\frac{p}{\rho RT}\rightarrow\frac{\mathrm{kPa}}{\frac{\mathrm{kmol}}{\mathrm{m}^3}\frac{\mathrm{J}}{\mathrm{kmol\cdot K}}\mathrm{K}}\rightarrow\frac{\mathrm{kPa}}{\frac{\mathrm{J}}{\mathrm{m}^3}}\rightarrow\frac{\frac{\mathrm{kN}}{\mathrm{m}^2}}{\frac{\mathrm{N\cdot m}}{\mathrm{m}^3}}=1000$$

通过验证得出：以上单位组合不正确。

（2）采用量纲分析法。

$$Z=\frac{p}{\rho RT}\rightarrow\frac{[\mathrm{ML^{-1}T^{-2}}]\cdot 1000}{[\mathrm{NL^{-3}}][\mathrm{M\,L^2N^{-1}\Theta^{-1}T^{-2}}][\Theta]}=1000$$

例 2-4：取表 2-6 中压力 p（Pa）、摩尔密度 ρ（kmol/m³）、通用气体常数 R（kJ/(kmol·K)），分析 $Z=\frac{p}{\rho RT}$ 的量纲是否为 1。

解：

将各物理量单位代入式子推导可得：

$$Z=\frac{p}{\rho RT}\rightarrow\frac{\mathrm{Pa}}{\frac{\mathrm{kmol}}{\mathrm{m}^3}\frac{\mathrm{kJ}}{\mathrm{kmol\cdot K}}\mathrm{K}}\rightarrow\frac{\mathrm{Pa}}{\frac{\mathrm{kJ}}{\mathrm{m}^3}}\rightarrow\frac{\frac{\mathrm{N}}{\mathrm{m}^2}}{\frac{\mathrm{kN\cdot m}}{\mathrm{m}^3}}=\frac{1}{1000}$$

通过验证得出：以上单位组合不正确。

通过上式可见，在选取单位时数量级一定要匹配。

例 2-5：取表 2-6 中压力 p（kPa）、摩尔密度 ρ（kmol/m³）、质量气体常数 R_g（kJ/(kg·K)），分析 $Z=\frac{p}{\rho R_g T}$ 的量纲是否为 1。

解：

将各物理量单位代入式子推导可得：

$$Z=\frac{p}{\rho R_g T}\rightarrow\frac{\text{kPa}}{\frac{\text{kmol}}{\text{m}^3}\frac{\text{kJ}}{\text{kg}\cdot\text{K}}\text{K}}\rightarrow\frac{\text{kPa}}{\frac{\text{kmol}\cdot\text{kJ}}{\text{m}^3\cdot\text{kg}}}\rightarrow\frac{\frac{\text{kN}}{\text{m}^2}}{\frac{\text{kmol}}{\text{kg}}\cdot\frac{\text{kN}\cdot\text{m}}{\text{m}^3}}=\frac{\text{kg}}{\text{kmol}}\rightarrow M$$

通过验证得出：以上单位组合不正确。

通过上式可见，在选取单位时单位组合一定要正确。质量气体常数为通用气体常数与摩尔质量的比值，即 $R_g = R/M$。

例 2-6：对 $Z=\frac{pV}{RT}$ 进行伪量纲分析，验证所选取单位的正确性。

解：

取表 2-6 中压力 p（Pa）、摩尔体积 V（m^3/kmol）、通用气体常数 R（J/(kmol·K)），分析 Z 的量纲是否为 1。

将各物理量单位代入式子推导可得：

$$Z=\frac{pV}{RT}\rightarrow\frac{\text{Pa}\cdot\frac{\text{m}^3}{\text{kmol}}}{\frac{\text{J}}{\text{kmol}\cdot\text{K}}\text{K}}\rightarrow\frac{\text{Pa}\cdot\text{m}^3}{\text{J}}\rightarrow\frac{\frac{\text{N}}{\text{m}^2}\cdot\text{m}^3}{\text{N}\cdot\text{m}}=1$$

通过验证得出：以上单位组合正确。

那么哪些单位可以组合使用呢？表 2-7 给出了推荐使用的物理量及其单位。

表 2-7 **推荐使用的物理量及其单位**

序号		物理量	符号	单位
1	1	压力	p	Pa
	2	质量密度	ρ	kg/m^3
	3	质量体积	V	m^3/kg
	4	质量气体常数	R_g	J/(kg·K)
	5	质量定容比热容	C_v	J/(kg·K)
	6	质量定压比热容	C_p	J/(kg·K)
	7	质量焓	H	J/kg
	8	质量熵	S	J/(kg·K)
	9	焦耳-汤姆孙系数	μ_J	K/Pa
	10	等温压缩率系数	k_T	J/m^3
	11	绝热压缩率系数/等熵压缩率系数	k_s	J/m^3
	12	等压体积膨胀系数	α	1/K
2	1	压力	p	Pa
	2	摩尔密度	ρ	kmol/m^3
	3	摩尔体积	V	m^3/kmol
	4	通用气体常数	R	J/(kmol·K)
	5	摩尔定容比热容	C_v	J/(kmol·K)
	6	摩尔定压比热容	C_p	J/(kmol·K)
	7	摩尔焓	H	J/kmol

续表

序号		物理量	符号	单位
2	8	摩尔熵	S	J/(kmol·K)
	9	焦耳-汤姆孙系数	μ_J	K/Pa
	10	等温压缩率系数	k_T	J/m³
	11	绝热压缩率系数/等熵压缩率系数	k_s	J/m³
	12	等压体积膨胀系数	α	1/K
3	1	压力	p	kPa
	2	质量密度	ρ	kg/m³
	3	质量体积	V	m³/kg
	4	质量气体常数	R_g	kJ/(kg·K)
	5	质量定容比热容	C_v	kJ/(kg·K)
	6	质量定压比热容	C_p	kJ/(kg·K)
	7	质量焓	H	kJ/kg
	8	质量熵	S	kJ/(kg·K)
	9	焦耳-汤姆孙系数	μ_J	K/kPa
	10	等温压缩率系数	k_T	kJ/m³
	11	绝热压缩率系数/等熵压缩率系数	k_s	kJ/m³
	12	等压体积膨胀系数	α	1/K
4	1	压力	p	kPa
	2	摩尔密度	ρ	kmol/m³
	3	摩尔体积	V	m³/kmol
	4	通用气体常数	R	kJ/(kmol·K)
	5	摩尔定容比热容	C_v	kJ/(kmol·K)
	6	摩尔定压比热容	C_p	kJ/(kmol·K)
	7	摩尔焓	H	kJ/kmol
	8	摩尔熵	S	kJ/(kmol·K)
	9	焦耳-汤姆孙系数	μ_J	K/kPa
	10	等温压缩率系数	k_T	kJ/m³
	11	绝热压缩率系数/等熵压缩率系数	k_s	kJ/m³
	12	等压体积膨胀系数	α	1/K

2.4 BWRS 状态方程的伪量纲分析

在工程中许多实际问题目前尚不能用数学方法分析、求解。有时虽然导出偏微分方程，但它是非线性的，亦常难以求解得到精确解。这就不得不借助实验寻求规律性，此即经验公式的来源。经验公式能近似地在一定范围内符合实际。经验公式的导出和涉及物理现象的各种参数的合理排列有关。可借助量纲分析把控制物理现象的参数化为无量纲积的关系，为进行实验处理数据提供极大方便。

本节有 4 个主要内容：一是对 BWRS 状态方程中的 11 个参数（A_{0i}、B_{0i}、C_{0i}、D_{0i}、E_{0i}、a_i、b_i、c_i、d_i、α_i、γ_i）进行单位转化；二是对 BWRS 状态方程中的 11 个参数进行量纲转化（见表 2-11）；三是补充部分组分的 11 个参数；四是补充部分组分的二元交互系数。

2.4.1 BWRS 状态方程中的 11 个参数的单位转化

对 BWRS 状态方程中的 11 个参数单位（制）分析如下。原 BWRS 状态方程中参数采用的单位为英制单位，其 11 参数见表 1-9，对应单位：压力单位为 psia，温度单位为°R，摩尔密度单位为 lb-mole/ft³，通用气体常数 R = 10.7335 (psia·ft³)/ (lb-mole·°R)。

以纯组分参数 A_0 为例进行分析，A_0 在方程中所在的项为 $A_0{\cdot}\rho^2$，对应方程中左边的 p 项（当然也可以认为是 ρRT 项，分析结果相同），进行伪量纲分析如下：

$$[A_0{\cdot}\rho^2] = [p] \rightarrow [A_0] = [p/\rho^2] \rightarrow [A_0] = [\,\text{psia}/(\text{lb-mol/ft}^3)^2]$$

查 *API Technical Data Book* 中的单位转换系数，代入上式：

$$[A_0]=\left[\frac{\text{psia}}{\left(\text{lb-mol}\big/\text{ft}^3\right)^2}\right]=\left[\frac{6894.757293\ \text{Pa}}{\left(0.45359237\ \text{kmol}\big/(0.3048\ \text{m})^3\right)^2}\right]$$

$$\approx 26.8705947\left[\frac{\text{Pa}}{\left(\text{kmol}\big/\text{m}^3\right)^2}\right]$$

故甲烷的 $A_0 = 7520.29[\text{psia}/(\text{lb-mol/ft}^3)^2]$，转化为国际制单位的系数为 26.8705947，即 $A_0 = 7520.29 \times 26.8705947 \approx 202074.6646165$，其他 10 个参数可依照此例分析。最终分析结果见表 2-8。

表 2-8　BWRS 状态方程中的 11 个参数由英制单位转化为国际制单位的系数

A_{0i}	B_{0i}	C_{0i}	D_{0i}
26.8705946645	0.0624279606	8.2933934150	4.6074407861
E_{0i}	a_i	b_i	c_i
2.5596893256	1.6774764244	0.0038971192	0.5177396372
d_i	α_i	γ_i	
0.9319313469	0.0002432974	0.0038972503	

在单位转化过程中，系数保留的小数位数并不是越多越好，因为不同的场合要求保留的小数位数不一样，小数位数过多和过少都会导致计算结果不一样。

2.4.2　BWRS 状态方程中纯组分的 11 个参数的补充

Starling 给出的 A_{0i}、B_{0i}、C_{0i}、D_{0i}、E_{0i}、a_i、b_i、c_i、d_i、α_i、γ_i 数据，主要是针对化工流程模拟使用，对于天然气多样化的组分还是显得有些少。引用软件 Aspen HYSYS 对 BWRS 状态方程所做的修正，增添了一些常见组分的 11 个参数。

表 2-9 与续表 2-9 给出了 BWRS 状态方程中的 11 个参数转化后的数值，数据来源于 Aspen HYSYS 软件，存在保留小数位数不一致、与上述转化分析结果不完全一致的情况。表 2-9 与续表 2-9 中增加了天然气中可能含有的组分。

表 2-9　　BWRS 状态方程中的 11 个参数（国际制单位）

序号	组分	A_{0i}	B_{0i}	C_{0i}	D_{0i}	E_{0i}
1	C1	202074.65625	0.04515	2248272640.00000	49639186432.00000	77077872640.00000
2	C2	361122.00000	0.05157	24481679360.00000	1186309996544.00000	37581098057728.00000
3	C3	500725.46875	0.06023	66030174208.00000	2090429972480.00000	65541599395840.00000
4	i-C4	1001305.81250	0.11730	84105789440.00000	3930959904768.00000	215233998094336.00000
5	n-C4	874495.43750	0.09775	113980997632.00000	1535010013184.00000	5910369927168.00000
6	i-C5	960408.81250	0.07975	189445996544.00000	6547860094976.00000	61771998035968.00000
7	n-C5	1373307.75000	0.15258	185714999296.00000	4688949805056.00000	100047999991808.00000
8	n-C6	1218127.37500	0.16620	436287995904.00000	25440399917056.00000	1603469936951300.00000
9	n-C7	2091255.12500	0.22505	510593007616.00000	35805498179584.00000	16286000087040.00000
10	n-C8	2195075.00000	0.30400	826475020288.00000	36425298870272.00000	88672502284288.00000
11	n-C9	2346684.00678	0.26885	1060581320062.01000	62457522274678.30000	1555201769363170.00000
12	n-C10	2579864.91749	0.30104	1404179207736.94000	86209910713891.10000	2140527147203840.00000
13	n-C11	2773347.33469	0.33360	1813035110045.39000	115448275580803.00000	2848267039579570.00000
14	N_2	112454.78125	0.04227	1143957504.00000	89929408512.00000	3113809870848.00000
15	CO_2	177131.76563	0.02460	24540317696.00000	1885140025344.00000	26338691072.00000
16	H_2S	284460.18750	0.01857	17540200448.00000	224160301056.00000	100653596672.00000
17	H_2	19973.54606	0.02214	2419389.28507	4924180.83676	190620525.94090
18	H_2O	297361.97979	0.02760	121561688821.81900	7706979658378.67000	236782604765958.00000
19	He	3535.41891	0.02438	5749.68816	827.78496	23012.13781
20	O_2	119333.45953	0.03264	877187498.39098	11927015556.14630	327448773817.01500
21	C_6H_6	1320062.00803	0.12181	277821164143.17600	14959284480804.30000	527260291965627.00000
22	C_7H_8	1625373.63913	0.14968	435577319373.78700	24919330833722.70000	821319310687075.00000
23	C_2H_4	326045.09375	0.04669	13535067136.00000	238464008192.00000	41391710208.00000
24	C_3H_6	630467.02086	0.08338	44567708817.83800	1530104664918.87000	44663839405740.20000

续表 2-9　　BWRS 状态方程中的 11 个参数（国际制单位）

序号	组分	a_i	b_i	c_i	d_i	α_i	γ_i
1	C1	4319.31738	0.00361	226367152.00000	44256.58203	0.00011	0.00579
2	C2	37583.01953	0.01213	3530083072.00000	654391.87500	0.00022	0.01168
3	C3	67210.43750	0.02129	14209933312.00000	14027430.00000	0.00049	0.01778
4	i-C4	80503.26563	0.03346	21059733504.00000	20210142.00000	0.00103	0.02773
5	n-C4	119405.78906	0.03562	36244054016.00000	33944480.00000	0.00098	0.02939
6	i-C5	342782.25000	0.07732	66831384576.00000	32544906.00000	0.00150	0.04575
7	n-C5	272061.50000	0.06472	70042927104.00000	36207488.00000	0.00172	0.04622
8	n-C6	728892.00000	0.11493	164855005184.00000	30517024.00000	0.00236	0.05796
9	n-C7	602360.00000	0.10695	194087993344.00000	7782698.50000	0.00532	0.09650
10	n-C8	220833.06250	0.04127	332415991808.00000	173251632.00000	0.00840	0.08570
11	n-C9	1195173.64550	0.20173	563365803436.43200	242464948.82403	0.00812	0.12510
12	n-C10	1586061.03512	0.25338	816246265899.55100	344397184.80726	0.01065	0.14953
13	n-C11	2051600.38902	0.31166	1141157599453.97000	474031842.87387	0.01344	0.17426
14	N_2	2356.16650	0.00325	43713636.00000	29066.37891	0.00007	0.00429
15	CO_2	9448.97266	0.00379	1422065152.00000	55850.36719	0.00010	0.00643
16	H_2S	34406.71875	0.00987	2258028032.00000	18613.56055	0.00004	0.00469
17	H_2	290.12851	0.00129	284703.10537	434.53252	0.00001	0.00153
18	H_2O	13045.02796	0.00212	7050775086.41525	2643322.41051	0.00001	0.00147
19	He	51.69253	0.00155	1126.33094	0.03755	0.00001	0.00193
20	O_2	3436.06159	0.00287	87405780.72994	87600.78922	0.00003	0.00289
21	C_6H_6	204119.61853	0.04081	78691968688.30180	30707431.87254	0.00107	0.03290
22	C_7H_8	333999.31535	0.06184	145817471400.60900	56294597.62864	0.00186	0.04740
23	C_2H_4	26819.66016	0.01025	2121308672.00000	842046.56250	0.00014	0.00888
24	C_3H_6	59184.45949	0.01900	9264082318.50798	5145761.46862	0.00038	0.01653

注：1．上述 11 个参数对应的压力单位为 Pa，温度单位为 K，摩尔密度单位为 kmol/m³，通用气体常数 R = 8314.5 J/(kmol·K)。
2．上述数据转化前的数据为 Starling 等人 1973 年提出的数据。

表 2-10 所示为 Starling 等人 1977 年修改的数据。

表 2-10　　BWRS 状态方程中的 11 个参数（国际制单位，1977）

组分	A_{0i}	B_{0i}	C_{0i}	D_{0i}	E_{0i}
	1047421.19444623	0.1264885828	88392190288.5366	6775054277506.85	229899114099558.0
	a_i	b_i	c_i	d_i	α_i
i-C4	65194.096630605	0.0261404174	16993233290.3641	5762163.61809194	0.0016732207
	γ_i				
	0.0359084242				

下面分析 BWRS 状态方程中的参数的量纲和单位。

如取 BWRS 状态方程中的第一项和第二项进行对比［临界摩尔密度 ρ_{ci} 的单位取为 kmol/m^3，通用气体常数 R 的单位取为 kJ/(kmol·K)，温度 T 的单位取为 K］，ρRT 和 $B_0RT\rho^2$ 这两项的量纲分析结果应该与压力 p 的量纲相同，于是可以得到 B_0 的单位为 m^3/kmol，其量纲和摩尔体积一样。将 B_0 代入 11 个参数的关联式第一项可得到 A_1、B_1 为无量纲参数。进行同样的分析可得到其他参数的单位和量纲，关于 BWRS 状态方程中的 11 个参数量纲的详细分析见苑伟民等人的相关文章。

对 BWRS 状态方程〔式（1-84）～式（1-86）〕中的各参数无量纲化改写如表 2-11 所示。

表 2-11　　BWRS 状态方程中的 11 个参数的无量纲化改写

$R'=\dfrac{R}{M}$	$A'=\dfrac{A_0}{M^2}$	$B'=\dfrac{B_0}{M}$	$C'=\dfrac{C_0}{M^2}$	$D'=\dfrac{D_0}{M^2}$	$E'=\dfrac{E_0}{M^2}$
$a'=\dfrac{a}{M^3}$	$b'=\dfrac{b}{M^2}$	$c'=\dfrac{c}{M^3}$	$d'=\dfrac{d}{M^3}$	$\alpha'=\dfrac{\alpha}{M^3}$	$\gamma'=\dfrac{\gamma}{M^2}$

11 参数关联式仍保持不变，混合规则也保持不变，于是 BWRS 状态方程转化为式（2-8）：

$$
\begin{aligned}
p = \rho R'T + \left(B'R'T - A' - \frac{C'}{T^2} + \frac{D'}{T^3} - \frac{E'}{T^4}\right)\rho^2 + \left(b'R'T - a' - \frac{d'}{T}\right)\rho^3 + \\
\alpha'\left(a' + \frac{d'}{T}\right)\rho^6 + \frac{c'\rho^3}{T^2}\left(1+\gamma'\rho^2\right)\exp\left(-\gamma'\rho^2\right)
\end{aligned}
\tag{2-8}
$$

通过上述处理发现，方程中的 11 个参数的量纲并未转化为 1，但是，式（2-8）中的参数已经不受单位制限制，由 π 定理可知，此时函数关系为无量纲的函数关系。式（2-8）即苑伟民在 2012 年提出的改进的 BWRS 状态方程——MBWRSY 状态方程。

按国标（GB/T 3102.8—1993、GB/T 19204—2020、SY/T 5922—2012、GB 3100—1993、GB/T 3101—1993）中推荐字母所代表的含义，将 MBWRSY 状态方程中的参数改写，其意义不变，见式（2-9）：

$$
\begin{aligned}
p = \rho R_gT + \left(B_0R_gT - A_0 - \frac{C_0}{T^2} + \frac{D_0}{T^3} - \frac{E_0}{T^4}\right)\rho^2 + \left(bR_gT - a - \frac{d}{T}\right)\rho^3 + \\
\alpha\left(a + \frac{d}{T}\right)\rho^6 + \frac{c\rho^3}{T^2}\left(1+\gamma\rho^2\right)\exp\left(-\gamma\rho^2\right)
\end{aligned}
\tag{2-9}
$$

式中：p 为系统压力（单位为 kPa）；T 为系统温度（单位为 K）；ρ 为气相或液相的密度（单位为 kg/m^3）；R_g 为质量气体常数（单位为 kJ/(kg·K)），$R_g = R/M$；M 为纯组分流体的摩尔质量或混合物的平均摩尔质量（单位为 kg/kmol）。

2.4.3　二元交互系数的补充

Starling 给出了 18 种常见组分间的 K_{ij} 数据，但是对于天然气多样化的组分还是显得有些少，引用商业软件 PipelineStudio 对 BWRS 状态方程所做的修正，增添了一些常见组分及其二元交互系数，见表 2-12。

表 2-12　MBWRSY 状态方程中的二元交互系数 K_{ij}

组分	C1	C2	C3	i-C4	n-C4	i-C5	n-C5	n-C6	n-C7	n-C8	n-C9	n-C10	n-C11	C7+	N_2	CO_2	H_2S	H_2	H_2O	He	O_2	C_6H_6	C_7H_8	C_2H_4	C_3H_6
C1	0	0.01	0.023	0.0275	0.031	0.036	0.041	0.05	0.06	0.07	0.081	0.092	0.101	0.06	0.025	0.05	0.05	0	0.15	0.025	0.025	0.05	0.06	0.01	0.021
C2		0	0.0031	0.004	0.0045	0.005	0.006	0.007	0.0085	0.01	0.012	0.013	0.015	0.0085	0.07	0.048	0.045	0	0.12	0.07	0.07	0.007	0.0085	0	0.003
C3			0	0.003	0.0035	0.004	0.0045	0.005	0.0065	0.008	0.01	0.011	0.013	0.0065	0.1	0.045	0.04	0	0.1	0.1	0.1	0.005	0.0065	0.0031	0
i-C4				0	0	0.0008	0.001	0.0015	0.0018	0.002	0.0025	0.003	0.003	0.0018	0.11	0.05	0.036	0	0.1	0.11	0.11	0.0015	0.0018	0.004	0.003
n-C4					0	0.0008	0.001	0.0015	0.0018	0.002	0.0025	0.003	0.003	0.0018	0.12	0.05	0.034	0	0.1	0.12	0.12	0.0015	0.0018	0.0045	0.0035
i-C5						0	0	0	0	0	0	0	0	0	0.134	0.05	0.028	0	0.1	0.134	0.134	0	0	0.005	0.004
n-C5							0	0	0	0	0	0	0	0	0.134	0.05	0.028	0	0.1	0.148	0.148	0	0	0.006	0.0045
n-C6								0	0	0	0	0	0	0	0.172	0.05	0	0	0.1	0.172	0.172	0	0	0.007	0.005
n-C7									0	0	0	0	0	0	0.2	0.05	0	0	0.1	0.2	0.2	0	0	0.0085	0.0065
n-C8										0	0	0	0	0	0.228	0.05	0	0	0.1	0.228	0.228	0	0	0.01	0.008
n-C9											0	0	0	0	0.264	0.05	0	0	0.1	0.264	0.264	0	0	0.01	0.008
n-C10												0	0	0	0.294	0.05	0	0	0.1	0.294	0.294	0	0	0.013	0.011
n-C11													0	0	0.322	0.05	0	0	0.1	0.322	0.322	0	0	0.015	0.013
C7+														0	0.2	0.05	0	0	0.1	0.2	0.20	0	0	0.0085	0.0065
N_2															0	0	0	0	0	0	0	0	0	0.07	0.1
CO_2																0	0.035	0	0	0.035	0	0	0	0.048	0.045
H_2S																	0	0	0	0	0	0	0	0.045	0.04
H_2																		0	0	0	0	0	0	0	0
H_2O																			0	0	0	0	0	0.1	0.1
He																				0	0	0.05	0.05	0.07	0.1
O_2																					0	0.05	0.05	0.07	0.1
C_6H_6																						0	0	0.007	0.005
C_7H_8																							0	0.008	0.0065
C_2H_4																								0	0.003
C_3H_6																									0

2.5 立方型状态方程的伪量纲分析

下面讨论如何将 RK、SRK、PR 状态方程转化为关于质量密度的形式，即将密度单位修改为质量密度单位 kg/m³。

2.5.1 将 RK 状态方程转化为关于质量密度的形式

转化前的 RK 状态方程见式（2-10）：

$$p=\frac{RT}{V-b}-\frac{a/T^{0.5}}{V\left(V+b\right)} \tag{2-10}$$

式中：p 为系统压力（单位为 kPa）；T 为系统温度（单位为 K）；V 为气相的摩尔体积（单位为 m³/kmol）。

由于该方程形式简单，参数较少，无须进行如 BWRS 状态方程一样的转化。根据质量密度和摩尔体积的关系，就可以得到转化方法，见式（2-11）：

$$\rho=\frac{M}{V}\to\frac{\frac{\mathrm{kg}}{\mathrm{kmol}}}{\frac{\mathrm{m^3}}{\mathrm{kmol}}}\to\frac{\mathrm{kg}}{\mathrm{m^3}} \tag{2-11}$$

式中：ρ 为流体的质量密度（单位为 kg/m³）；M 为流体的平均摩尔质量（单位为 kg/kmol）；V 为流体的摩尔体积（单位为 m³/kmol）。

于是，将 RK 状态方程转化为关于质量密度的形式，见式（2-12）：

$$p=\frac{\rho RT}{M-\rho b}-\frac{a\rho^2}{T^{0.5}M\left(M+\rho b\right)} \tag{2-12}$$

式中：ρ 为流体的质量密度（单位为 kg/m³）；M 为流体的摩尔质量或者平均摩尔质量（单位为 kg/kmol）。

2.5.2 将 SRK 状态方程转化为关于质量密度的形式

为便于对比，将转化前的 SRK 状态方程列出，见式（2-13）：

$$p=\frac{RT}{V-b}-\frac{a(T)}{V(V+b)} \tag{2-13}$$

式中：p 为系统压力（单位为 kPa）；T 为系统温度（单位为 K）；V 为流体的摩尔体积（单位为 m³/kmol）。

将 SRK 状态方程转化为关于质量密度的形式，见式（2-14）：

$$p=\frac{\rho RT}{M-\rho b}-\frac{\rho^2 a(T)}{M(M+\rho b)} \tag{2-14}$$

式中：ρ 为流体的质量密度（单位为 kg/m³）；M 为流体的摩尔质量或者平均摩尔质量（单位为 kg/kmol）。

2.5.3 将 PR 状态方程转化为关于质量密度的形式

为便于对比，将转化前的 PR 状态方程列出，见式（2-15）：

$$p=\frac{RT}{V-b}-\frac{a(T)}{V(V+b)+b(V-b)} \tag{2-15}$$

式中：p 为系统压力（单位为 kPa）；T 为系统温度（单位为 K）；V 为流体的摩尔体积（单位为 m³/kmol）。

将 PR 状态方程转化为关于质量密度的形式，见式（2-16）：

$$p=\frac{\rho RT}{M-\rho b}-\frac{a\rho^2}{M(M+\rho b)+b(M-\rho b)} \tag{2-16}$$

式中：ρ 为流体的质量密度（单位为 kg/m³）；M 为流体的摩尔质量或者平均摩尔质量（单位为 kg/kmol）。

2.6 LKP 状态方程的伪量纲分析

LKP 状态方程的主要方程形式见式（2-17）：

$$\left.\begin{aligned}
&Z=\left(\frac{p_r V_r}{T_r}\right)=1+\frac{B}{V_r}+\frac{C}{V_r^2}+\frac{D}{V_r^5}+\frac{c_4}{T_r^3 V_r^2}\left(\beta+\frac{\gamma}{V_r^2}\right)\exp\left(-\frac{\gamma}{V_r^2}\right)\\
&V_r=\frac{p_c V}{RT_c};\qquad B=b_1-\frac{b_2}{T_r}-\frac{b_3}{T_r^2}-\frac{b_4}{T_r^3}\\
&C=c_1-\frac{c_2}{T_r}+\frac{c_3}{T_r^3};\qquad D=d_1+\frac{d_2}{T_r}
\end{aligned}\right\} \tag{2-17}$$

式中：Z 为压缩因子，p_r 为对比压力，V_r 为对比摩尔体积，T_r 为对比温度。

先将其转化为关于摩尔密度的形式，推导过程见式（2-18）：

$$\begin{aligned}
p_r&=T_r\left[\frac{1}{V_r}+\frac{B}{V_r^2}+\frac{C}{V_r^3}+\frac{D}{V_r^6}+\frac{c_4}{T_r^3 V_r^3}\left(\beta+\frac{\gamma}{V_r^2}\right)\exp\left(-\frac{\gamma}{V_r^2}\right)\right]\\
&=T_r\left[\rho_r+B\rho_r^2+C\rho_r^3+D\rho_r^6+\frac{c_4\rho_r^3}{T_r^3}\left(\beta+\gamma\rho_r^2\right)\exp\left(-\gamma\rho_r^2\right)\right]\\
&=T_r\left[\begin{aligned}&\frac{1}{\rho_c}\rho+\frac{B}{\rho_c^2}\rho^2+\frac{C}{\rho_c^3}\rho^3+\frac{D}{\rho_c^6}\rho^6+\\&\frac{c_4}{T_r^3\rho_c^3}\rho^3\left(\beta+\frac{\gamma}{\rho_c^2}\rho^2\right)\exp\left(-\frac{\gamma}{\rho_c^2}\rho^2\right)\end{aligned}\right]
\end{aligned} \tag{2-18}$$

2.6.1　LKP 状态方程的转化

令：

$$\left.\begin{aligned}
&A=\frac{1}{\rho_c},B'=\frac{B}{\rho_c^{\ 2}},C'=\frac{C}{\rho_c^{\ 3}}\\
&D'=\frac{D}{\rho_c^{\ 6}},c_4'=\frac{c_4}{\rho_c^{\ 3}},\gamma'=\frac{\gamma}{\rho_c^{\ 2}}\\
&b_1'=\frac{b_1}{\rho_c^{\ 2}},b_2'=\frac{b_2}{\rho_c^{\ 2}},b_3'=\frac{b_3}{\rho_c^{\ 2}},b_4'=\frac{b_4}{\rho_c^{\ 2}}\\
&c_1'=\frac{c_1}{\rho_c^{\ 3}},c_2'=\frac{c_2}{\rho_c^{\ 3}},c_3'=\frac{c_3}{\rho_c^{\ 3}}\\
&d_1'=\frac{d_1}{\rho_c^{\ 6}},d_2'=\frac{d_2}{\rho_c^{\ 6}}
\end{aligned}\right\} \tag{2-19}$$

于是，LKP 状态方程可转化为式（2-20）：

$$p_r=T_r\left[A\rho+B'\rho^2+C'\rho^3+D'\rho^6+\frac{c_4'}{T_r^3}\rho^3\left(\beta+\gamma'\rho^2\right)\exp\left(-\gamma'\rho^2\right)\right] \tag{2-20}$$

进一步可得以 p、T、ρ 为变量的 LKP 状态方程，见式（2-21）：

$$p=\frac{p_c}{T_c}T\left[A\rho+B'\rho^2+C'\rho^3+D'\rho^6+\frac{c_4'}{T_r^3}\rho^3\left(\beta+\gamma'\rho^2\right)\exp\left(-\gamma'\rho^2\right)\right] \tag{2-21}$$

式中：p 为系统压力（单位为 kPa）；T 为系统温度（单位为 K）；ρ 为流体的摩尔密度（单位为 $\mathrm{kmol/m^3}$）。

在下面的分析中，为方便书写和表达，将 B'、C'、D'、b_1'、b_2'、b_3'、b_4'、c_1'、c_2'、c_3'、c_4'、γ'等修改后的参数分别表示为 B、C、D、b_1、b_2、b_3、b_4、c_1、c_2、c_3、c_4、γ。代入参数后，推导过程见式（2-22）：

$$\begin{aligned}
p&=p_c\left[\begin{aligned}&\frac{A}{T_c}T\rho+\left(\frac{b_1}{T_c}T-b_2-\frac{T_cb_3}{T}-\frac{T_c^2b_4}{T^2}\right)\rho^2+\left(\frac{c_1}{T_c}T-c_2+\frac{T_c^2c_3}{T^2}\right)\rho^3+\\&\left(\frac{d_1}{T_c}T+d_2\right)\rho^6+\frac{T_c^2c_4}{T^2}\rho^3\left(\beta+\gamma\rho^2\right)\exp\left(-\gamma\rho^2\right)\end{aligned}\right]\\
&=p_c\left[\begin{aligned}&\frac{A}{T_c}T\rho+\left(\frac{b_1}{T_c}T-b_2-T_cb_3T^{-1}-T_c^2b_4T^{-2}\right)\rho^2+\left(\frac{c_1}{T_c}T-c_2+T_c^2c_3T^{-2}\right)\rho^3+\\&\left(\frac{d_1}{T_c}T+d_2\right)\rho^6+T_c^2c_4T^{-2}\rho^3\left(\beta+\gamma\rho^2\right)\exp\left(-\gamma\rho^2\right)\end{aligned}\right]\\
&=p_c\left[\frac{A}{T_c}T\rho+B\rho^2+C\rho^3+D\rho^6+T_c^2c_4T^{-2}\rho^3\left(\beta+\gamma\rho^2\right)\exp\left(-\gamma\rho^2\right)\right]
\end{aligned} \tag{2-22}$$

2.6.2　将 LKP 状态方程转化为关于质量密度的形式

采用伪量纲方法分析可得出 LKP 状态方程转化为关于质量密度的形式，推导过程见式（2-23）：

$$p=p_{\mathrm{c}}\left[\begin{array}{l}\frac{A}{M\rho_{\mathrm{c}}}T_{\mathrm{r}}\rho_g+\frac{B}{M^2\rho_{\mathrm{c}}^2}\rho_g^2+\frac{C}{M^3\rho_{\mathrm{c}}^3}\rho_g^3+\frac{D}{M^6\rho_{\mathrm{c}}^6}\rho_g^6+\\ \frac{c_4}{M^3\rho_{\mathrm{c}}^3}\frac{\rho_g^3}{T_{\mathrm{r}}^2}\left(\beta+\frac{\gamma}{M^2\rho_{\mathrm{c}}^2}\rho_g^2\right)\exp\left(-\frac{\gamma}{M^2\rho_{\mathrm{c}}^2}\rho_g^2\right)\end{array}\right]$$

$$=p_{\mathrm{c}}\left[\begin{array}{l}\frac{A}{M\rho_{\mathrm{c}}}T_{\mathrm{r}}\rho_g+\left(\frac{b_1}{M^2\rho_{\mathrm{c}}^2}T_{\mathrm{r}}-\frac{b_2}{M^2\rho_{\mathrm{c}}^2}-\frac{b_3}{M^2\rho_{\mathrm{c}}^2}\frac{1}{T_{\mathrm{r}}}-\frac{b_4}{M^2\rho_{\mathrm{c}}^2}\frac{1}{T_{\mathrm{r}}^2}\right)\rho_g^2+\\ \left(\frac{c_1}{M^3\rho_{\mathrm{c}}^3}T_{\mathrm{r}}-\frac{c_2}{M^3\rho_{\mathrm{c}}^3}+\frac{c_3}{M^3\rho_{\mathrm{c}}^3}\frac{1}{T_{\mathrm{r}}^2}\right)\rho_g^3+\left(\frac{d_1}{M^6\rho_{\mathrm{c}}^6}T_{\mathrm{r}}+\frac{d_2}{M^6\rho_{\mathrm{c}}^6}\right)\rho_g^6+\\ \frac{c_4}{M^3\rho_{\mathrm{c}}^3}\frac{\rho_g^3}{T_{\mathrm{r}}^2}\left(\beta+\frac{\gamma}{M^2\rho_{\mathrm{c}}^2}\rho_g^2\right)\exp\left(-\frac{\gamma}{M^2\rho_{\mathrm{c}}^2}\rho_g^2\right)\end{array}\right] \tag{2-23}$$

令：

$$\left.\begin{array}{l}A'=\frac{1}{M\rho_{\mathrm{c}}},B'=\frac{B}{M^2\rho_{\mathrm{c}}{}^2},C'=\frac{C}{M^3\rho_{\mathrm{c}}{}^3},D'=\frac{D}{M^6\rho_{\mathrm{c}}{}^6}\\ b_1'=\frac{b_1}{M^2\rho_{\mathrm{c}}{}^2},b_2'=\frac{b_2}{M^2\rho_{\mathrm{c}}{}^2},b_3'=\frac{b_3}{M^2\rho_{\mathrm{c}}{}^2},b_4'=\frac{b_4}{M^2\rho_{\mathrm{c}}{}^2}\\ c_1'=\frac{c_1}{M^3\rho_{\mathrm{c}}{}^3},c_2'=\frac{c_2}{M^3\rho_{\mathrm{c}}{}^3},c_3'=\frac{c_3}{M^3\rho_{\mathrm{c}}{}^3},c_4'=\frac{c_4}{M^3\rho_{\mathrm{c}}{}^3}\\ d_1'=\frac{d_1}{M^6\rho_{\mathrm{c}}{}^6},d_2'=\frac{d_2}{M^6\rho_{\mathrm{c}}{}^6},\gamma'=\frac{\gamma}{M^2\rho_{\mathrm{c}}{}^2}\end{array}\right\} \tag{2-24}$$

式中：p 为系统压力（单位为 kPa）；p_{c} 为流体的临界压力或者虚拟临界压力（单位为 kPa）；T 为系统温度（单位为 K）；T_{c} 流体的临界温度或者虚拟临界温度（单位为 K）；M 为流体的摩尔质量或者平均摩尔质量（单位为 kg/kmol）；ρ_g 为流体的质量密度（单位为 $\mathrm{kg/m^3}$）；ρ_{c} 为流体的临界质量密度或者虚拟临界质量密度（单位为 $\mathrm{kg/m^3}$）。B、C、D、b_1、b_2、b_3、b_4、c_1、c_2、c_3、c_4、γ 均为原方程（1975 年）中的参数。

为方便书写和表达，将 A'、B'、C'、D'、b_1'、b_2'、b_3'、b_4'、c_1'、c_2'、c_3'、c_4'、γ'等修改后的参数，分别表示为 A、B、C、D、b_1、b_2、b_3、b_4、c_1、c_2、c_3、c_4、γ。

于是，方程可转化为式（2-25）：

$$p=p_{\mathrm{c}}\left[AT_{\mathrm{r}}\rho_g+B\rho_g^2+C\rho_g^3+D\rho_g^6+\frac{c_4\rho_g^3}{T_{\mathrm{r}}^2}\left(\beta+\gamma\rho_g^2\right)\exp\left(-\gamma\rho_g^2\right)\right]$$

$$=p_{\mathrm{c}}\left[\begin{array}{l}AT_{\mathrm{r}}\rho_g+\left(b_1T_{\mathrm{r}}-b_2-b_3\frac{1}{T_{\mathrm{r}}}-b_4\frac{1}{T_{\mathrm{r}}^2}\right)\rho_g^2+\left(c_1T_{\mathrm{r}}-c_2+c_3\frac{1}{T_{\mathrm{r}}^2}\right)\rho_g^3+\\ \left(d_1T_{\mathrm{r}}+d_2\right)\rho_g^6+\frac{c_4\rho_g^3}{T_{\mathrm{r}}^2}\left(\beta+\gamma\rho_g^2\right)\exp\left(-\gamma\rho_g^2\right)\end{array}\right] \tag{2-25}$$

2.6.3 转化后的 LKP 状态方程中各参数求导

由于 LKP 状态方程形式较为复杂，下面给出转化后 LKP 状态方程的求导公式，以方便读者理解。

1. LKP 状态方程各参数求导及转化前后求导公式的转换

首先给出转化前后的 LKP 状态方程求导公式的转化，见式（2-26）、式（2-27）、式（2-28）、式（2-29）：

$$\left.\begin{aligned}T&=T_{\mathrm{r}}T_{\mathrm{c}}\\p&=p_{\mathrm{r}}p_{\mathrm{c}}\\V&=V_{\mathrm{r}}V_{\mathrm{c}}\\\rho&=\rho_{\mathrm{r}}\rho_{\mathrm{c}}\\\rho&=\frac{1}{V}\end{aligned}\right\}\Rightarrow\left.\begin{aligned}&\frac{\mathrm{d}T_{\mathrm{r}}}{\mathrm{d}T}=\frac{\mathrm{d}\left(T/T_{\mathrm{c}}\right)}{\mathrm{d}T}=\frac{1}{T_{\mathrm{c}}}\\&\frac{\mathrm{d}p_{\mathrm{r}}}{\mathrm{d}p}=\frac{\mathrm{d}\left(p/p_{\mathrm{c}}\right)}{\mathrm{d}p}=\frac{1}{p_{\mathrm{c}}}\\&\frac{\mathrm{d}V_{\mathrm{r}}}{\mathrm{d}V}=\frac{\mathrm{d}\left(V/V_{\mathrm{c}}\right)}{\mathrm{d}V}=\frac{1}{V_{\mathrm{c}}}\\&\frac{\mathrm{d}\rho_{\mathrm{r}}}{\mathrm{d}\rho}=\frac{\mathrm{d}\left(\rho/\rho_{\mathrm{c}}\right)}{\mathrm{d}\rho}=\frac{1}{\rho_{\mathrm{c}}}\\&\frac{\mathrm{d}\rho}{\mathrm{d}V}=-\frac{1}{V^2}=-\rho^2\end{aligned}\right\}\Rightarrow\left.\begin{aligned}&\frac{\mathrm{d}T}{\mathrm{d}T_{\mathrm{r}}}=T_{\mathrm{c}}\\&\frac{\mathrm{d}p}{\mathrm{d}p_{\mathrm{r}}}=p_{\mathrm{c}}\\&\frac{\mathrm{d}V}{\mathrm{d}V_{\mathrm{r}}}=V_{\mathrm{c}}\\&\frac{\mathrm{d}\rho}{\mathrm{d}\rho_{\mathrm{r}}}=\rho_{\mathrm{c}}\\&\frac{\mathrm{d}V}{\mathrm{d}\rho}=-\frac{1}{\rho^2}=-V^2\end{aligned}\right\}\tag{2-26}$$

$$\left.\begin{aligned}\frac{\partial p_{\mathrm{r}}}{\partial T_{\mathrm{r}}}&=\frac{\mathrm{d}p_{\mathrm{r}}}{\mathrm{d}p}\frac{\partial p}{\partial T}\frac{\mathrm{d}T}{\mathrm{d}T_{\mathrm{r}}}=\frac{T_{\mathrm{c}}}{p_{\mathrm{c}}}\frac{\partial p}{\partial T}\\\frac{\partial^2 p_{\mathrm{r}}}{\partial T_{\mathrm{r}}^2}&=\frac{\partial}{\partial T_{\mathrm{r}}}\left(\frac{T_{\mathrm{c}}}{p_{\mathrm{c}}}\frac{\partial p}{\partial T}\right)=\frac{T_{\mathrm{c}}}{p_{\mathrm{c}}}\frac{\partial}{\partial T_{\mathrm{r}}}\left(\frac{\partial p}{\partial T}\right)\\&=\frac{T_{\mathrm{c}}}{p_{\mathrm{c}}}\frac{\partial}{\partial T}\left(\frac{\partial p}{\partial T}\right)\frac{\mathrm{d}T}{\mathrm{d}T_{\mathrm{r}}}=\frac{T_{\mathrm{c}}^2}{p_{\mathrm{c}}}\frac{\partial^2 p}{\partial T^2}\end{aligned}\right\}\tag{2-27}$$

$$\left.\begin{aligned}\frac{\partial p}{\partial V}&=\frac{\partial p}{\partial\rho}\frac{\mathrm{d}\rho}{\mathrm{d}V}=-\rho^2\frac{\partial p}{\partial\rho}=-\frac{1}{V^2}\frac{\partial p}{\partial\rho}\\\frac{\partial^2 p}{\partial V^2}&=\frac{\partial}{\partial V}\left(\frac{\partial p}{\partial V}\right)=\frac{\partial}{\partial V}\left(-\rho^2\frac{\partial p}{\partial\rho}\right)=-\rho^2\frac{\partial}{\partial\rho}\left(\frac{\partial p}{\partial\rho}\right)\frac{\mathrm{d}\rho}{\mathrm{d}V}\\&=\rho^4\frac{\partial^2 p}{\partial\rho^2}\end{aligned}\right\}\tag{2-28}$$

$$\left.\begin{aligned}\frac{\partial p_{\mathrm{r}}}{\partial V_{\mathrm{r}}}&=\frac{\mathrm{d}p_{\mathrm{r}}}{\mathrm{d}p}\frac{\partial p}{\partial V}\frac{\mathrm{d}V}{\mathrm{d}V_{\mathrm{r}}}=\frac{V_{\mathrm{c}}}{p_{\mathrm{c}}}\frac{\partial p}{\partial V}=\frac{V_{\mathrm{c}}}{p_{\mathrm{c}}}\frac{\partial p}{\partial\rho}\frac{\mathrm{d}\rho}{\mathrm{d}V}\\&=-\frac{\rho^2}{\rho_{\mathrm{c}}p_{\mathrm{c}}}\frac{\partial p}{\partial\rho}\\\frac{\partial^2 p_{\mathrm{r}}}{\partial V_{\mathrm{r}}^2}&=\frac{\partial}{\partial V_{\mathrm{r}}}\left(\frac{V_{\mathrm{c}}}{p_{\mathrm{c}}}\frac{\partial p}{\partial V}\right)=\frac{V_{\mathrm{c}}}{p_{\mathrm{c}}}\frac{\partial}{\partial V_{\mathrm{r}}}\left(\frac{\partial p}{\partial V}\right)\\&=\frac{V_{\mathrm{c}}}{p_{\mathrm{c}}}\frac{\partial}{\partial V}\left(\frac{\partial p}{\partial V}\right)\frac{\mathrm{d}V}{\mathrm{d}V_{\mathrm{r}}}=\frac{V_{\mathrm{c}}^2}{p_{\mathrm{c}}}\frac{\partial^2 p}{\partial V^2}\\&=\rho^4\frac{V_{\mathrm{c}}^2}{p_{\mathrm{c}}}\frac{\partial^2 p}{\partial\rho^2}\end{aligned}\right\}\tag{2-29}$$

2. 压力对温度的导数

在定容（V）情况下，通过压力（p）对温度（T）求导，推导过程见式（2-30）：

$$\left(\frac{\partial p}{\partial T}\right)_\rho=\frac{p_c}{T_c}\begin{bmatrix}A\rho+\left(b_1+T_c^2b_3T^{-2}+2T_c^3b_4T^{-3}\right)\rho^2+\left(c_1-2T_c^3c_3T^{-3}\right)\rho^3+\\ d_1\rho^6-2T_c^3c_4T^{-3}\rho^3\left(\beta+\gamma\rho^2\right)\exp\left(-\gamma\rho^2\right)\end{bmatrix}$$

$$=\frac{p_c}{T_c}\begin{bmatrix}A\rho+\left(b_1+b_3T_r^{-2}+2b_4T_r^{-3}\right)\rho^2+\left(c_1-2c_3T_r^{-3}\right)\rho^3+\\ d_1\rho^6-2c_4T_r^{-3}\rho^3\left(\beta+\gamma\rho^2\right)\exp\left(-\gamma\rho^2\right)\end{bmatrix}\tag{2-30}$$

再次对 T 求导，可得式（2-31）：

$$\left(\frac{\partial p}{\partial T}\right)_\rho^2=\frac{p_c}{T_c}\begin{bmatrix}\left(-2T_c^2b_3T^{-3}-6T_c^3b_4T^{-4}\right)\rho^2+\left(6T_c^3c_3T^{-4}\right)\rho^3+\\ 6T_c^3c_4T^{-4}\rho^3\left(\beta+\gamma\rho^2\right)\exp\left(-\gamma\rho^2\right)\end{bmatrix}$$

$$=\frac{p_c}{T_c^2}\begin{bmatrix}\left(-2T_c^3b_3T^{-3}-6T_c^4b_4T^{-4}\right)\rho^2+\left(6T_c^4c_3T^{-4}\right)\rho^3+\\ 6T_c^4c_4T^{-4}\rho^3\left(\beta+\gamma\rho^2\right)\exp\left(-\gamma\rho^2\right)\end{bmatrix}\tag{2-31}$$

$$=\frac{p_c}{T_c^2}\begin{bmatrix}\left(-2b_3T_r^{-3}-6b_4T_r^{-4}\right)\rho^2+\left(6c_3T_r^{-4}\right)\rho^3+\\ 6c_4T_r^{-4}\rho^3\left(\beta+\gamma\rho^2\right)\exp\left(-\gamma\rho^2\right)\end{bmatrix}$$

通过对比转化前后的 LKP 状态方程求导公式，很容易验证，式（2-30）与原公式是等效的。

在定温（T）情况下，通过压力（p）对密度（ρ）求导，可得式（2-32）：

$$\left(\frac{\partial p}{\partial \rho}\right)_T=p_c\begin{bmatrix}\frac{A}{T_c}T+2B\rho+3C\rho^2+6D\rho^5+3T_c^2c_4T^{-2}\rho^2\left(\beta+\gamma\rho^2\right)\exp\left(-\gamma\rho^2\right)+\\ T_c^2c_4T^{-2}\rho^2\rho2\gamma\rho\exp\left(-\gamma\rho^2\right)-2\gamma\rho T_c^2c_4T^{-2}\rho^2\rho\left(\beta+\gamma\rho^2\right)\exp\left(-\gamma\rho^2\right)\end{bmatrix}$$

$$=p_c\begin{bmatrix}\frac{A}{T_c}T+2B\rho+3C\rho^2+6D\rho^5+\\ T_c^2c_4T^{-2}\rho^2\left[3\beta+5\gamma\rho^2-2\gamma\rho^2\left(\beta+\gamma\rho^2\right)\right]\exp\left(-\gamma\rho^2\right)\end{bmatrix}$$

$$=p_c\begin{bmatrix}AT_r+2B\rho+3C\rho^2+6D\rho^5+\\ \frac{c_4\rho^2}{T_r^2}\left[3\beta+5\gamma\rho^2-2\gamma\rho^2\left(\beta+\gamma\rho^2\right)\right]\exp\left(-\gamma\rho^2\right)\end{bmatrix}\tag{2-32}$$

$$=p_c\begin{bmatrix}AT_r+2B\rho+3C\rho^2+6D\rho^5+\\ \frac{c_4\rho^2}{T_r^2}\left[3\beta+\gamma\rho^2\left(5-2\beta-2\gamma\rho^2\right)\right]\exp\left(-\gamma\rho^2\right)\end{bmatrix}$$

很容易验证，式（2-32）与原公式是等效的。转化时注意常数均对临界密度（ρ_c）有转换。

再次对 ρ 求导，可得式（2-33）：

$$\left(\frac{\partial^2 p}{\partial \rho^2}\right)_T=p_c\begin{bmatrix}2B+6C\rho+30D\rho^4+\left(\frac{c_4\rho}{T_r^2}\exp\left(-\gamma\rho^2\right)\right)\\ \left(6\beta+20\gamma\rho^2-14\beta\gamma\rho^2-22\gamma^2\rho^4+4\beta\gamma^2\rho^4+4\gamma^3\rho^6\right)\end{bmatrix}$$

$$=p_c\begin{Bmatrix}2B+6C\rho+30D\rho^4+\frac{2c_4\rho}{T_r^2}\exp\left(-\gamma\rho^2\right)\\ \left[3\beta+\gamma\rho^2\left(10-7\beta-11\gamma\rho^2+2\beta\gamma\rho^2+2\gamma^2\rho^4\right)\right]\end{Bmatrix}\tag{2-33}$$

第 3 章　偏导数和微积分及热力学关系式

在状态方程参数 p、V、T 的求导中，涉及偏导数的求解。本章针对基本数学概念进行讲解和实例推导，让读者能够快速掌握函数的求导。

当具有一个以上独立输入变量的函数由于一个或多个输入变量的变化而变化时，计算函数本身的变化很重要。可以使除一个变量之外的所有变量保持不变，并找到函数相对于一个剩余变量的变化率来进行考查。以上过程称为求偏导数。在本章中将展示如何实现该过程。

3.1　一阶偏导数

对于单变量方程 $y=f(x)$，改变自变量 x 的值，因变量 y 的值也随之改变。y 的值随着 x 的值的变化而变化的速率称为导数，写作 $\frac{\mathrm{d}f}{\mathrm{d}x}$。在实际应用中，会遇到多变量的函数，为了清晰地展示计算过程，这里以双变量方程为例进行讲解。

在方程 $z=f(x,y)$中，x、y 为自变量，z 为因变量。x 和 y 的值可能会同时发生变化导致 z 的值发生变化，但是，我们在求导的时候，首先固定其中一个变量（假设其不变化），然后进行求导。

例 3-1：考虑方程 $f(x,y)=x^3+2x^2y+y^2+2x+1$，假设 y 为常数，x 为变量，计算 f 的值的改变。

解：

假设 y 等于 3，那么 $f(x,3)=x^3+6x^2+9+2x+1=x^3+6x^2+2x+10$。如果我们对该式求导，就可以得到关于 x 的导数表达式：$3x^2+12x+2$。这就是关于 x 的偏导数，可以称为当 y=3 时，f 关于 x 的偏导数为 $\frac{\partial f}{\partial x}=3x^2+12x+2$。

经过上述分析，我们可以得到关于 x 的偏导数的一般表达式：

$$\begin{aligned}\frac{\partial f}{\partial x}&=3x^2+4xy+0+2+0\\&=3x^2+4xy+2\end{aligned}$$

其微分形式为：

$$\begin{aligned}f'(x)&=3x^2+4xy+0+2+0\\&=3x^2+4xy+2\end{aligned}$$

$f'(x)$ 的上标“′”为微分符号。

同样，我们可以得到关于 y 的偏导数的一般表达式：

$$\frac{\partial f}{\partial y}=0+2x^2+2y+0+0$$
$$=2x^2+2y$$

其微分形式为：

$$f'(y)=0+2x^2+2y+0+0$$
$$=2x^2+2y$$

如果方程有两个以上的变量，可以以同样处理方法得到关于每个变量的偏导数。

如对于 $f(x,y,u,v)=x^2+xy^2+y^2u^3-7uv^4$，有：

$$\frac{\partial f}{\partial x}=2x+y^2+0+0=2x+y^2$$

$$\frac{\partial f}{\partial y}=0+2xy+2yu^3-0=2xy+2yu^3$$

$$\frac{\partial f}{\partial u}=0+0+y^2\times 3u^2-7v^4=3y^2u^2-7v^4$$

$$\frac{\partial f}{\partial v}=0+0+0-7u\times 4v^3=-28uv^3$$

例 3-2：对于 1mol 的理想气体，其状态方程为 $pV=RT$。其中，p 为系统压力，T 为绝对温度，V 为摩尔体积，R 为通用气体常数。求解理想气体的等压体积膨胀系数和等温压缩率系数。

解：

（1）求解等压体积膨胀系数 α，其定义见下式：

$$\alpha=\frac{1}{V}\left(\frac{\partial V}{\partial T}\right)_p$$

（2）求解等温压缩率系数 k_T，其定义见下式：

$$k_T=-\frac{1}{V}\left(\frac{\partial V}{\partial p}\right)_T$$

解题过程如下。

首先求解等压体积膨胀系数：

$$V=\frac{RT}{p}\Rightarrow\left(\frac{\partial V}{\partial T}\right)_p=\frac{R}{p}$$

那么，

$$\alpha=\frac{1}{V}\left(\frac{\partial V}{\partial T}\right)_p=\frac{R}{pV}=\frac{1}{T}$$

同样：

$$V=\frac{RT}{p}\Rightarrow\left(\frac{\partial V}{\partial p}\right)_T=-\frac{RT}{p^2}$$

那么，

$$k_T=-\frac{1}{V}\left(\frac{\partial V}{\partial p}\right)_T=\frac{RT}{Vp^2}=\frac{1}{p}$$

3.2 二阶偏导数

求 $z=f(x,y)$的关于 x 的两个连续偏微分 $\frac{\partial^2 f}{\partial x^2}$（或者写为 $f_{xx}(x,y)$），关于 x 的二阶偏导数定义如下：

$$\frac{\partial^2 f}{\partial x^2}=\frac{\partial}{\partial x}\left(\frac{\partial f}{\partial x}\right)$$

同样，关于y的二阶偏导数定义如下：

$$\frac{\partial^2 f}{\partial y^2}=\frac{\partial}{\partial y}\left(\frac{\partial f}{\partial y}\right)$$

多变量方程的二阶偏导数和双变量方程的二阶偏导数的解法一样。下面以双变量方程二阶偏导数为例进行讲解。

例 3-3：考虑方程$f(x,y)=x^3+x^2y^2+2y^3+2x+y$，分别求解关于$x$、$y$的二阶偏导数。

解：

$$\frac{\partial f}{\partial x}=3x^2+2xy^2+0+2+0=3x^2+2xy^2+2$$

$$\frac{\partial^2 f}{\partial x^2}=\frac{\partial}{\partial x}\left(\frac{\partial f}{\partial x}\right)=6x+2y^2+0=6x+2y^2$$

$$\frac{\partial f}{\partial y}=0+x^2\times 2y+6y^2+0+1=2x^2y+6y^2+1$$

$$\frac{\partial^2 f}{\partial y^2}=\frac{\partial}{\partial y}\left(\frac{\partial f}{\partial y}\right)=2x^2+12y$$

例 3-4：考虑方程$f(x,y)=x^3+2x^2y^2+y^3$，求解$\frac{\partial^2 f}{\partial xy}$。

解：

方法 1：先求关于x的偏导数，再求关于y的偏导数。

$$\frac{\partial f}{\partial x}=3x^2+4xy^2+0=3x^2+4xy^2$$

$$\frac{\partial^2 f}{\partial x\partial y}=0+8xy=8xy$$

方法 2：先求关于y的偏导数，再求关于x的偏导数。

$$\frac{\partial f}{\partial y}=0+4x^2y+3y^2=4x^2y+3y^2$$

$$\frac{\partial^2 f}{\partial y\partial x}=8xy+0=8xy$$

由此可见，

$$\frac{\partial^2 f}{\partial x \partial y}=\frac{\partial^2 f}{\partial y \partial x}$$

3.3 理想气体定律和 RK 状态方程的偏导数

理想气体定律（Ideal Gas Law），又称理想气体状态方程、普适气体定律，是描述理想气体在处于平衡状态时，压力、体积、温度间关系的方程，见式（3-1）。这一定律在1934年由法国科学家克拉珀龙在玻意耳-马略特定律（Boyle-Mariotte's Law，1662年）、查理定律（Charle's Law，1787年）、盖-吕萨克定律（Gay-Lussac's Law，1802年）等定律的基础上提出。

$$pV = nRT \tag{3-1}$$

尽管理想气体定律在许多情况下是可以使用的，但是在面对真实气体的时候，往往被真实气体的状态方程所取代。我们以RK状态方程为例介绍真实气体状态方程的偏导数。RK状态方程见式（3-2）。

$$p=\frac{RT}{V-b}-\frac{a}{V(V+b)\sqrt{T}} \tag{3-2}$$

显然，以上两个方程中，温度、压力和体积都是正的。另外，RK状态方程仅对大于参数 b 的体积（即 $V-b>0$）有效，但是实际上，这不是一个限制，因为在达到临界点（$V=b$）之前气体会液化。

对于以上两个方程：

（1）当温度为常数时，随着压力减小，体积会逐渐增大；

（2）当体积为常数时，随着压力减小，温度会逐渐降低。

3.3.1 理想气体定律的偏导数

理想气体定律可以写为式（3-3）的形式：

$$p=\frac{nRT}{V} \tag{3-3}$$

下面对其求偏导数。

（1）温度不变（定温）时，压力对体积的偏导数：

$$\frac{\partial p}{\partial V}=-\frac{nRT}{V^2}<0$$

上式中，所有参数均为正值，所以该偏导数的值为负值。

（2）体积不变（定容）时，压力对温度的偏导数：

$$\frac{\partial p}{\partial T}=\frac{nR}{V}>0$$

3.3.2　RK 状态方程的偏导数

RK 状态方程可以转化为式（3-4）的形式：

$$p = RT\left(V-b\right)^{-1} - aT^{-1/2}\left(V^2+Vb\right)^{-1} \tag{3-4}$$

下面对其进行求偏导数。

（1）温度不变（定温）时，压力对体积的偏导数：

$$\frac{\partial p}{\partial V} = -RT\left(V-b\right)^{-2} + aT^{-1/2}\left(V^2+Vb\right)^{-2}\left(2V+b\right)$$

上式中，当 T 足够大时，第二项因带有 $T^{-1/2}$，故可忽略不计，那么：

$$\frac{\partial p}{\partial V} \approx -RT\left(V-b\right)^{-2} < 0$$

上式中，所有参数均为正值，所以该偏导数的值为负值。

（2）体积不变（定容）时，压力对温度的偏导数：

$$\frac{\partial p}{\partial T} = R\left(V-b\right)^{-1} + \frac{1}{2}aT^{-3/2}\left(V^2+Vb\right)^{-1} > 0$$

在实际中，对温度的要求并不严格，$\frac{\partial p}{\partial V} < 0$ 不适用于气体的状态接近液体的情况，此时 RK 状态方程不再适用。

运用本节讲述的方法可以对其他状态方程进行偏导数求解。导数与微分的关系是：微分是指用 dx 表示 dy；用 dx 除之，就可得到导数 dy/dx。

导数与微分的基本公式可参考相关数学图书。

3.4　热力学函数间的微分

令 $Z=f(x,y)$，则微分关系式见式（3-5）：

$$\mathrm{d}Z = \left(\frac{\partial Z}{\partial x}\right)_y \mathrm{d}x + \left(\frac{\partial Z}{\partial y}\right)_x \mathrm{d}y \tag{3-5}$$

根据全微分性质，得到式（3-6）：

$$\left[\frac{\partial}{\partial y}\left(\frac{\partial Z}{\partial x}\right)_y\right]_x = \left[\frac{\partial}{\partial x}\left(\frac{\partial Z}{\partial y}\right)_x\right]_y \text{ 或 } \frac{\partial}{\partial y}\frac{\partial}{\partial x} = \frac{\partial}{\partial x}\frac{\partial}{\partial y} \tag{3-6}$$

式（3-6）称为欧拉关系式，即状态函数的判别式。

（1）倒数关系、循环关系，见式（3-7）：

$$\left.\begin{aligned}\left(\frac{\partial Z}{\partial x}\right)_y &= \frac{1}{\left(\frac{\partial x}{\partial Z}\right)_y}\\ \left(\frac{\partial Z}{\partial x}\right)_y\left(\frac{\partial x}{\partial y}\right)_Z\left(\frac{\partial y}{\partial Z}\right)_x &= -1\end{aligned}\right\} \tag{3-7}$$

（2）链式关系，见式（3-8）：

$$\left(\frac{\partial x}{\partial y}\right)_Z = \left(\frac{\partial x}{\partial T}\right)_Z\left(\frac{\partial T}{\partial y}\right)_Z \tag{3-8}$$

（3）复合函数的偏微分。

令 $F=F[x,Z(x,y)]$，则可得到式（3-9）：

$$\left(\frac{\partial F}{\partial x}\right)_y = \left(\frac{\partial F}{\partial x}\right)_Z + \left(\frac{\partial F}{\partial Z}\right)_x\left(\frac{\partial Z}{\partial x}\right)_y \tag{3-9}$$

状态函数的微分是全微分。如令 $V=f(T,p)$，则可得到式（3-10）：

$$\mathrm{d}V = \left(\frac{\partial V}{\partial T}\right)_p \mathrm{d}T + \left(\frac{\partial V}{\partial p}\right)_T \mathrm{d}p \tag{3-10}$$

3.4.1 热力学函数间的关系

在热力学第一定律和热力学第二定律中，共介绍了热力学能（内能）U、焓 H、熵 S、亥姆霍兹自由能 F、吉布斯自由能 G 这 5 个热力学函数，这 5 个函数之间的关系可由式（3-11）表示：

$$\left.\begin{aligned}H &= U + pV\\ F &= U - TS\\ G &= H - TS = F + pV = U - TS + pV\end{aligned}\right\} \tag{3-11}$$

热力学函数间的关系如图 3-1 所示。

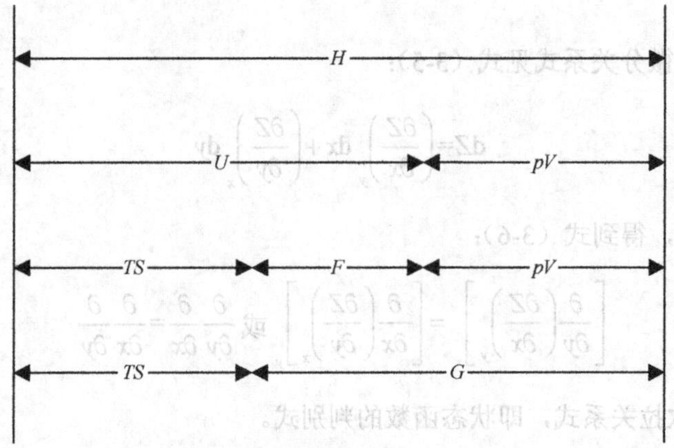

图 3-1

3.4.2 热力学基本方程

根据热力学第一定律和热力学第二定律，对于组成固定不变的均相封闭系统，可写出4个基本方程，见式（3-12）。可以由其中任一个推导出其他3个。

$$\left.\begin{aligned}dU&=TdS-pdV\\dH&=TdS+Vdp\\dF&=-SdT-pdV\\dG&=-SdT+Vdp\end{aligned}\right\}\tag{3-12}$$

内能 U、焓 H、亥姆霍兹自由能 F、吉布斯自由能 G 均为状态函数，在始态、终态一定的任意变化中，它们的变化量只取决于始态、终态而与路径无关。只要始态、终态相同，不论是可逆过程还是不可逆过程，其变化量均应相同。

由式（3-12）可以推导出式（3-13）：

$$\left.\begin{aligned}&\left(\frac{\partial U}{\partial S}\right)_V=\left(\frac{\partial H}{\partial S}\right)_p=T,\left(\frac{\partial G}{\partial p}\right)_T=\left(\frac{\partial H}{\partial p}\right)_S=V\\&\left(\frac{\partial G}{\partial T}\right)_p=\left(\frac{\partial F}{\partial T}\right)_V=-S,\left(\frac{\partial U}{\partial V}\right)_S=\left(\frac{\partial F}{\partial V}\right)_T=-p\end{aligned}\right\}\tag{3-13}$$

式（3-13）反映了热力学函数随变量的偏导数与状态性质在数值上相等的关系，它在验证和推导其他热力学关系式时将会被用到。

3.4.3 麦克斯韦关系式

设 Z 代表一个状态性质，它是 x、y 这两个变量的函数，因为 dZ 是全微分，所以可得到式（3-14）：

$$dZ=\left(\frac{\partial Z}{\partial x}\right)_y dx+\left(\frac{\partial Z}{\partial y}\right)_x dy=Mdx+Ndy\tag{3-14}$$

式中：$M=\left(\frac{\partial Z}{\partial x}\right)_y$，$N=\left(\frac{\partial Z}{\partial y}\right)_x$，它们都是 Z 的一阶偏导数。如果求 Z 的二阶偏导数，可得到式（3-15）：

$$\left.\begin{aligned}\left(\frac{\partial M}{\partial y}\right)_x&=\frac{\partial^2 Z}{\partial y\partial x}\\\left(\frac{\partial N}{\partial x}\right)_y&=\frac{\partial^2 Z}{\partial x\partial y}\end{aligned}\right\}\tag{3-15}$$

由于 Z 是状态性质，具有二阶偏导数与求导次序无关的性质，因此可得到式（3-16）：

$$\left(\frac{\partial M}{\partial y}\right)_x=\left(\frac{\partial N}{\partial x}\right)_y\tag{3-16}$$

那么式（3-12）可以写成式（3-17）：

$$\left.\begin{aligned}\left(\frac{\partial T}{\partial V}\right)_S &= -\left(\frac{\partial p}{\partial S}\right)_V \\ \left(\frac{\partial T}{\partial p}\right)_S &= \left(\frac{\partial V}{\partial S}\right)_p \\ \left(\frac{\partial S}{\partial V}\right)_T &= \left(\frac{\partial p}{\partial T}\right)_V \\ \left(\frac{\partial S}{\partial p}\right)_T &= -\left(\frac{\partial V}{\partial T}\right)_p\end{aligned}\right\} \tag{3-17}$$

式（3-17）称为麦克斯韦（Maxwell）关系式。它的特点是熵随压力或体积的变化率这些难以由实验测量的数值，可以由一些易于由实验测量的数值来代替，这往往是人们通过数学来推导各种热力学关系式的重要目的。

式（3-18）被称为循环关系式（循环法则），其证明过程如下。

$$\left(\frac{\partial p}{\partial V}\right)_T\left(\frac{\partial V}{\partial T}\right)_p\left(\frac{\partial T}{\partial p}\right)_V = -1 \tag{3-18}$$

对一个双变量系统来说，设 $T=f(p,V)$，则 T 的全微分表达式见式（3-19）：

$$\mathrm{d}T = \left(\frac{\partial T}{\partial p}\right)_V \mathrm{d}p + \left(\frac{\partial T}{\partial V}\right)_p \mathrm{d}V \tag{3-19}$$

在定温条件下，$\mathrm{d}T=0$，式（3-19）变为式（3-20）：

$$\left(\frac{\partial T}{\partial p}\right)_V \mathrm{d}p + \left(\frac{\partial T}{\partial V}\right)_p \mathrm{d}V = 0 \tag{3-20}$$

即式（3-21）：

$$\left(\frac{\partial T}{\partial p}\right)_V\left(\frac{\partial p}{\partial V}\right)_T = -\left(\frac{\partial T}{\partial V}\right)_p \tag{3-21}$$

由式（3-22）：

$$\left(\frac{\partial T}{\partial V}\right)_p = \frac{1}{\left(\frac{\partial V}{\partial T}\right)_p} \tag{3-22}$$

可得到式（3-23）：

$$\left(\frac{\partial p}{\partial V}\right)_T\left(\frac{\partial V}{\partial T}\right)_p\left(\frac{\partial T}{\partial p}\right)_V = -1 \tag{3-23}$$

3.5 比熵、比焓的普遍关系式

3.5.1 熵

热力学中，用 S 表示熵（Entropy），单位是 J/(kmol·K)。当热力学温度为 TK 的系统吸收微

小热量 ΔQ 时，如果系统内没有发生不可逆变化，则系统的熵增为 $\Delta Q/T$。

热力学研究的是大量质点集合的宏观系统，内能、焓和熵都是系统的宏观物理量。熵是系统的状态函数，当系统的状态一定时，系统有确定的熵值，当系统状态发生改变时，熵值也会发生改变。

热力学第二定律指出，凡是自发过程都是热力学上的不可逆过程，而且一切不可逆过程都归结为热功交换的不可逆性。从微观角度来看，热是分子混乱运动的一种表现，而功是分子有秩序的一种规则运动。功转变为热的过程是规则运动转变为无规则运动的过程，向系统无序性增强的方向进行。因此，规则运动会自发地变为无规则运动，而无规则运动却不会自发地变为规则运动。

例如，低压下的晶体恒压加热变成高温的气体。该过程需要吸热，系统的熵值不断增大。从微观角度来看，晶体中的分子按一定方向、距离有规则地排列，分子只能在平衡位置附近振动。当晶体受热熔化时，分子离开原来的平衡位置，晶体变为液体，系统的无序性增强。当液体继续受热时，分子完全摆脱其他分子对它的束缚，可以在空间自由运动，系统的无序性进一步增强。

因此，熵是系统无序程度的一种度量，这就是熵的物理意义。

熵变是可逆过程的热温商，熵变与过程无关，不论过程是否可逆，都要按照可逆过程的热温商来计算。如果过程是可逆的，按照其热温商计算即可；如果过程是不可逆的，要设计为可逆过程后再计算可逆过程的热温商。

熵是一个重要的基本热力学函数，它不能直接测定，只能由可直接测定的 p、V、T 和已获得的比热容计算。熵的普遍关系式就是熵与这些已选定的独立参数之间的关系式。在 p、V、T 这 3 个独立参数中任选两个作为熵的独立变量，可获得 3 个以上的普遍关系式。它们都是利用基本微分方程和麦克斯韦关系式推导出来的。

3.5.2 焓

在热力学上把$(U+pV)$定义为焓（Enthalpy），用符号 H 表示，其定义见式（3-24）：

$$H \overset{\text{def}}{=} U + pV \tag{3-24}$$

焓为复合状态函数，具有能量的量纲，没有非常明晰的物理意义。定义新的状态函数 H，是为了更方便地进行热力学问题的处理。焓的微分在数学上是全微分。

由于无法确定内能 U 的绝对值，因而也不能确定焓的绝对值。但是在一定条件下，可以通过系统和环境间热量的传递来衡量系统的内能与焓的变化值。在没有其他功的条件下，系统在等容过程中所吸收的热，全部用于增加内能；系统在等压过程中所吸收的热，全部用于增加焓。

在化学反应过程中所释放或吸收的能量都可用热量（或换成相应的热量）来表示，称为反应热，又称为焓变。焓是一个状态量，焓变是一个过程量。

单位质量或者单位摩尔的工质的熵就是比熵，单位质量或者单位摩尔的工质的焓就是比焓。下面介绍比熵 S 和比焓 H 的普遍关系式。

3.5.3 比熵 S 的 3 种普遍关系式

1. *以 T、V 为独立变量*

以 T、V 为独立变量的比熵的基本方程见式（3-25）：

$$dS=\left(\frac{\partial S}{\partial T}\right)_V dT+\left(\frac{\partial S}{\partial V}\right)_T dV \tag{3-25}$$

根据 C_V 的定义式 $\left(\frac{\partial S}{\partial T}\right)_V=\frac{C_V}{T}$ 和麦克斯韦关系式中的 $\left(\frac{\partial S}{\partial V}\right)_T=\left(\frac{\partial p}{\partial T}\right)_V$，得到以 T 和 V 为独立变量的第 1 dS 方程，见式（3-26）：

$$dS=\frac{C_V}{T}dT+\left(\frac{\partial p}{\partial T}\right)_V dV \tag{3-26}$$

2. 以 T、p 为独立变量

以 T、p 为独立变量的比熵的基本方程见式（3-27）：

$$dS=\left(\frac{\partial S}{\partial T}\right)_p dT+\left(\frac{\partial S}{\partial p}\right)_T dp \tag{3-27}$$

根据 C_p 的定义式 $\left(\frac{\partial S}{\partial T}\right)_p=\frac{C_p}{T}$ 和麦克斯韦关系式中的 $\left(\frac{\partial S}{\partial p}\right)_T=-\left(\frac{\partial V}{\partial T}\right)_p$，得到以 T 和 p 为独立变量的第 2 dS 方程，见式（3-28）：

$$dS=\frac{C_p}{T}dT-\left(\frac{\partial V}{\partial T}\right)_p dp \tag{3-28}$$

3. 以 p、V 为独立变量

以 p、V 为独立变量的比熵的基本方程推导过程见式（3-29）：

$$\begin{aligned}dS&=\left(\frac{\partial S}{\partial p}\right)_V dp+\left(\frac{\partial S}{\partial V}\right)_p dV\\&=\left(\frac{\partial S}{\partial T}\right)_V\left(\frac{\partial T}{\partial p}\right)_V dp+\left(\frac{\partial S}{\partial T}\right)_p\left(\frac{\partial T}{\partial V}\right)_p dV\end{aligned} \tag{3-29}$$

于是得到以 p、V 为独立变量的第 3 dS 方程，见式（3-30）：

$$dS=\frac{C_V}{T}\left(\frac{\partial T}{\partial p}\right)_V dp+\frac{C_p}{T}\left(\frac{\partial T}{\partial V}\right)_p dV \tag{3-30}$$

3.5.4 比焓 *H* 的 3 种普遍关系式

1. 以 T、V 为独立变量

以 T、V 为独立变量的比焓的基本方程见式（3-31）：

$$dH=TdS+Vdp \tag{3-31}$$

把 dS、dp 都表示为以 T、V 为独立变量的全微分方程代入式（3-31），即可得到以 T 和 V 为独立变量的第 1 dH 方程。

由于：

$$\left.\begin{aligned}dS&=\frac{C_V}{T}dT+\left(\frac{\partial p}{\partial T}\right)_V dV\\dp&=\left(\frac{\partial p}{\partial T}\right)_V dT+\left(\frac{\partial p}{\partial V}\right)_T dV\end{aligned}\right\} \tag{3-32}$$

故得到式（3-33）：

$$\begin{aligned}\mathrm{d}H &= C_V\mathrm{d}T + T\left(\frac{\partial p}{\partial T}\right)_V \mathrm{d}V + V\left(\frac{\partial p}{\partial T}\right)_V \mathrm{d}T + V\left(\frac{\partial p}{\partial V}\right)_T \mathrm{d}V \\ &= \left[C_V + V\left(\frac{\partial p}{\partial T}\right)_V\right]\mathrm{d}T + \left[T\left(\frac{\partial p}{\partial T}\right)_V + V\left(\frac{\partial p}{\partial V}\right)_T\right]\mathrm{d}V\end{aligned} \tag{3-33}$$

2. *以 T、p 为独立变量*

将 dH 的基本方程中的 dS 用以 T、p 为独立变量的第 2 dS 方程代替，得到以 T 和 p 为独立变量的第 2 dH 方程。

由于：

$$\mathrm{d}S = \frac{C_p}{T}\mathrm{d}T - \left(\frac{\partial V}{\partial T}\right)_p \mathrm{d}p \tag{3-34}$$

故得到式（3-35）：

$$\begin{aligned}\mathrm{d}H &= T\mathrm{d}S + V\mathrm{d}p \\ &= C_p\mathrm{d}T - T\left(\frac{\partial V}{\partial T}\right)_p \mathrm{d}p + V\mathrm{d}p \\ &= C_p\mathrm{d}T + \left[V - T\left(\frac{\partial V}{\partial T}\right)_p\right]\mathrm{d}p\end{aligned} \tag{3-35}$$

3. *以 p、V 为独立变量*

将 dH 的基本方程中的 dS 用以 p、V 为独立变量的第 3 dS 方程代替，得到以 p 和 V 为独立变量的第 3 dH 方程。

由于：

$$\mathrm{d}S = \frac{C_V}{T}\left(\frac{\partial T}{\partial p}\right)_V \mathrm{d}p + \frac{C_p}{T}\left(\frac{\partial T}{\partial V}\right)_p \mathrm{d}V \tag{3-36}$$

故得到式（3-37）：

$$\begin{aligned}\mathrm{d}H &= T\mathrm{d}S + V\mathrm{d}p \\ &= C_V\left(\frac{\partial T}{\partial p}\right)_V \mathrm{d}p + C_p\left(\frac{\partial T}{\partial V}\right)_p \mathrm{d}V + V\mathrm{d}p \\ &= \left[V + C_V\left(\frac{\partial T}{\partial p}\right)_V\right]\mathrm{d}p + C_p\left(\frac{\partial T}{\partial V}\right)_p \mathrm{d}V\end{aligned} \tag{3-37}$$

3.6　含熵偏导数的变化法则

为便于记忆，下面给出含熵偏导数的变化法则。

含熵偏导数指关于 T、p、V 的偏导数中含“S”的偏导数，其变化法则如下。

法则 1：含 S 在上又含“T”，见式（3-38）。

$$\left.\begin{aligned}\left(\frac{\partial S}{\partial V}\right)_T=\left(\frac{\partial p}{\partial T}\right)_V,\left(\frac{\partial S}{\partial p}\right)_T=-\left(\frac{\partial V}{\partial T}\right)_p\\ \left(\frac{\partial S}{\partial T}\right)_V=\frac{C_V}{T},\left(\frac{\partial S}{\partial T}\right)_p=\frac{C_p}{T}\end{aligned}\right\}\tag{3-38}$$

法则 2：含 S 在上不含“T”，用链式关系打入“T”，再用法则 1 处理，见式（3-39）。

$$\left.\begin{aligned}\left(\frac{\partial S}{\partial p}\right)_V=\left(\frac{\partial S}{\partial T}\right)_V\left(\frac{\partial T}{\partial p}\right)_V=\frac{C_V}{T}\left(\frac{\partial T}{\partial p}\right)_V\\ \left(\frac{\partial S}{\partial V}\right)_p=\left(\frac{\partial S}{\partial T}\right)_p\left(\frac{\partial T}{\partial V}\right)_p=\frac{C_p}{T}\left(\frac{\partial T}{\partial V}\right)_p\end{aligned}\right\}\tag{3-39}$$

法则 3：含 S 在下倒过来，再用法则 1 或者法则 2 处理，见式（3-40）。

$$\left(\frac{\partial p}{\partial S}\right)_V=\frac{1}{\left(\frac{\partial S}{\partial p}\right)_V}=\frac{1}{\left(\frac{\partial S}{\partial T}\right)_V\left(\frac{\partial T}{\partial p}\right)_V}=\frac{T}{C_V}\left(\frac{\partial p}{\partial T}\right)_V\tag{3-40}$$

法则 4：含 S 在外利用循环关系搬上去，再利用法则 1、法则 2 或法则 3 处理，见式（3-41）。

$$\left(\frac{\partial p}{\partial V}\right)_S=-\frac{\left(\frac{\partial S}{\partial V}\right)_p}{\left(\frac{\partial S}{\partial p}\right)_V}=-\frac{\left(\frac{\partial S}{\partial T}\right)_p\left(\frac{\partial T}{\partial V}\right)_p}{\left(\frac{\partial S}{\partial T}\right)_V\left(\frac{\partial T}{\partial p}\right)_V}=-\frac{C_p}{C_V}\frac{\left(\frac{\partial T}{\partial V}\right)_p}{\left(\frac{\partial T}{\partial p}\right)_V}=k\left(\frac{\partial p}{\partial V}\right)_T\tag{3-41}$$

3.7 各种衍生的热力学关系式

下面将衍生的部分热力学关系式列出，以便读者研究和使用，见表 3-1、表 3-2。

表 3-1　　内能、焓、熵有关的热力学关系式

内能、焓、熵有关的热力学关系式	内能、焓、熵有关的热力学关系式	内能、焓、熵有关的热力学关系式
$\left(\frac{\partial U}{\partial V}\right)_p=C_p\left(\frac{\partial T}{\partial V}\right)_p-p$	$\left(\frac{\partial V}{\partial T}\right)_S=-\frac{C_V}{T}\left(\frac{\partial T}{\partial p}\right)_V=\left(\frac{\partial V}{\partial T}\right)_p-\frac{C_p}{T}\left(\frac{\partial T}{\partial p}\right)_V$	$\left(\frac{\partial S}{\partial V}\right)_p=\left(\frac{\partial p}{\partial T}\right)_S$
$\left(\frac{\partial U}{\partial V}\right)_T=T\left(\frac{\partial p}{\partial T}\right)_V-p$	$\left(\frac{\partial V}{\partial S}\right)_p=\left(\frac{\partial T}{\partial p}\right)_S$	$\left(\frac{\partial S}{\partial V}\right)_p=\frac{C_p}{T}\left(\frac{\partial T}{\partial V}\right)_p$
$\left(\frac{\partial U}{\partial V}\right)_T=T\left(\frac{\partial S}{\partial T}\right)_V-C_V$	$\left(\frac{\partial V}{\partial T}\right)_S=-\left(\frac{\partial S}{\partial p}\right)_V$	$\left(\frac{\partial S}{\partial p}\right)_V=\frac{C_V}{T}\left(\frac{\partial T}{\partial p}\right)_V$
$\left(\frac{\partial U}{\partial T}\right)_p=T\left(\frac{\partial S}{\partial T}\right)_p-C_p$	$\left(\frac{\partial V}{\partial T}\right)_p=-\left(\frac{\partial S}{\partial p}\right)_T$	$\left(\frac{\partial p}{\partial V}\right)_S=\left(\frac{\partial p}{\partial T}\right)_S\left(\frac{\partial T}{\partial V}\right)_S$

续表

内能、焓、熵有关的热力学关系式	内能、焓、熵有关的热力学关系式	内能、焓、熵有关的热力学关系式
$\left(\frac{\partial U}{\partial p}\right)_V = C_V\left(\frac{\partial T}{\partial p}\right)_V$	$\left(\frac{\partial V}{\partial S}\right)_T = \left(\frac{\partial T}{\partial p}\right)_V$	$\left(\frac{\partial p}{\partial V}\right)_S = \frac{-\left(\frac{\partial S}{\partial T}\right)_p\left(\frac{\partial T}{\partial V}\right)_S}{\left(\frac{\partial S}{\partial p}\right)_T}$
$C_V = \left(\frac{\partial U}{\partial T}\right)_V = T\left(\frac{\partial S}{\partial T}\right)_V$	$\left(\frac{\partial V}{\partial S}\right)_p = \left(\frac{\partial T}{\partial p}\right)_S$	$\left(\frac{\partial p}{\partial V}\right)_S = -\frac{C_p}{C_V}\left(\frac{\partial p}{\partial V}\right)_T$
$C_p = \left(\frac{\partial H}{\partial T}\right)_p = T\left(\frac{\partial S}{\partial T}\right)_p$	$\left(\frac{\partial S}{\partial V}\right)_T = \left(\frac{\partial p}{\partial T}\right)_V$	$\left(\frac{\partial p}{\partial V}\right)_S = 1\Big/\left(\frac{\partial V}{\partial p}\right)_S$
$\left(\frac{\partial T}{\partial V}\right)_U = \frac{p - T\left(\frac{\partial p}{\partial T}\right)_V}{C_V}$	$\left(\frac{\partial S}{\partial V}\right)_T = 1\Big/\left(\frac{\partial V}{\partial S}\right)_T$	$\left(\frac{\partial p}{\partial S}\right)_V = 1\Big/\left(\frac{\partial S}{\partial p}\right)_V$
$\left(\frac{\partial U}{\partial S}\right)_V = \left(\frac{\partial H}{\partial S}\right)_p = T$	$\left(\frac{\partial S}{\partial p}\right)_T = -\left(\frac{\partial V}{\partial T}\right)_p$	$\left(\frac{\partial p}{\partial S}\right)_V = -\left(\frac{\partial T}{\partial V}\right)_S$
$\left(\frac{\partial H}{\partial p}\right)_S = V$	$\left(\frac{\partial S}{\partial p}\right)_T = 1\Big/\left(\frac{\partial p}{\partial S}\right)_T$	$\left(\frac{\partial p}{\partial S}\right)_T = -\left(\frac{\partial T}{\partial V}\right)_p$
$\left(\frac{\partial H}{\partial p}\right)_T = T\left(\frac{\partial S}{\partial p}\right)_T + V$	$\left(\frac{\partial S}{\partial p}\right)_T = \frac{C_p}{C_V}\left(\frac{\partial p}{\partial V}\right)_T$	$\left(\frac{\partial p}{\partial T}\right)_S = \left(\frac{\partial S}{\partial V}\right)_p$
$\left(\frac{\partial H}{\partial p}\right)_T = V - T\left(\frac{\partial V}{\partial T}\right)_p$	$\left(\frac{\partial T}{\partial p}\right)_S = -\left(\frac{\partial S}{\partial p}\right)_T\Big/\left(\frac{\partial S}{\partial T}\right)_p$	$\left(\frac{\partial p}{\partial T}\right)_V = \left(\frac{\partial S}{\partial V}\right)_T$
$\left(\frac{\partial H}{\partial V}\right)_T = T\left(\frac{\partial p}{\partial T}\right)_V + V\left(\frac{\partial p}{\partial V}\right)_T$	$\left(\frac{\partial T}{\partial p}\right)_S = 1\Big/\left(\frac{\partial p}{\partial T}\right)_S$	$\left(\frac{\partial S}{\partial T}\right)_p = \frac{C_p}{T}$
$\mu_J = \left(\frac{\partial T}{\partial p}\right)_H = -\frac{\left(\frac{\partial H}{\partial p}\right)_T}{\left(\frac{\partial H}{\partial T}\right)_p}$	$\left(\frac{\partial T}{\partial p}\right)_S = \left(\frac{\partial V}{\partial S}\right)_p$	$\left(\frac{\partial S}{\partial T}\right)_p = \frac{1}{\left(\frac{\partial p}{\partial S}\right)_T\left(\frac{\partial T}{\partial p}\right)_S}$
$\left(\frac{\partial T}{\partial V}\right)_S = -\frac{\left(\frac{\partial S}{\partial V}\right)_T}{\left(\frac{\partial S}{\partial T}\right)_V} = -\frac{T\left(\frac{\partial S}{\partial V}\right)_T}{C_V}$	$\left(\frac{\partial T}{\partial p}\right)_S = \frac{T}{C_p}\left(\frac{\partial V}{\partial T}\right)_p$	$\left(\frac{\partial S}{\partial T}\right)_V = \frac{C_V}{T}$
$\left(\frac{\partial T}{\partial V}\right)_S = -\left(\frac{\partial p}{\partial S}\right)_V$	$\left(\frac{\partial V}{\partial p}\right)_T = \left(\frac{\partial V}{\partial S}\right)_T\left(\frac{\partial S}{\partial p}\right)_T$	$\left(\frac{\partial S}{\partial T}\right)_V = \frac{1}{\left(\frac{\partial V}{\partial S}\right)_T\left(\frac{\partial T}{\partial V}\right)_S}$
	$\left(\frac{\partial V}{\partial T}\right)_S\left(\frac{\partial T}{\partial S}\right)_V\left(\frac{\partial S}{\partial V}\right)_T = -1$	$\left(\frac{\partial S}{\partial T}\right)_V\left(\frac{\partial T}{\partial V}\right)_S\left(\frac{\partial V}{\partial S}\right)_T = 1$

表 3-2　　p、V、T 及比热容有关的热力学关系式

p、V、T 有关的热力学关系式	比热容有关的热力学关系式	比热容有关的热力学关系式
$\left(\frac{\partial T}{\partial p}\right)_V = 1\Big/\left(\frac{\partial p}{\partial T}\right)_V$	$C_p - C_V = T\left(\frac{\partial p}{\partial T}\right)_V\left(\frac{\partial V}{\partial T}\right)_p$	$C_p - C_V = -T\left(\frac{\partial V}{\partial T}\right)_p^2\Big/\left(\frac{\partial V}{\partial p}\right)_T$
$\left(\frac{\partial p}{\partial V}\right)_T = 1\Big/\left(\frac{\partial V}{\partial p}\right)_T$	$C_p - C_V = -T\left(\frac{\partial p}{\partial T}\right)_V^2\Big/\left(\frac{\partial p}{\partial V}\right)_T$	$C_p - C_V = \frac{T}{\rho^2}\frac{\left(\frac{\partial p}{\partial T}\right)_\rho^2}{\left(\frac{\partial p}{\partial \rho}\right)_T}$
$\left(\frac{\partial T}{\partial V}\right)_p = 1\Big/\left(\frac{\partial V}{\partial T}\right)_p$	$C_p - C_V = -T\left(\frac{\partial V}{\partial T}\right)_p^2\left(\frac{\partial p}{\partial V}\right)_T$	$C_p = T\left(\frac{\partial V}{\partial T}\right)_p\left(\frac{\partial p}{\partial T}\right)_S$
$\left(\frac{\partial p}{\partial T}\right)_V\left(\frac{\partial T}{\partial V}\right)_p\left(\frac{\partial V}{\partial p}\right)_T = -1$	$\left(\frac{\partial C_V}{\partial V}\right)_T = T\left(\frac{\partial^2 p}{\partial T^2}\right)_V$	$C_V = -T\left(\frac{\partial p}{\partial T}\right)_V\left(\frac{\partial V}{\partial T}\right)_S$
$\left(\frac{\partial V}{\partial T}\right)_p\left(\frac{\partial T}{\partial p}\right)_V\left(\frac{\partial p}{\partial V}\right)_T = -1$	$\left(\frac{\partial C_V}{\partial \rho}\right)_T = -\frac{T}{\rho^2}\left(\frac{\partial^2 p}{\partial T^2}\right)_\rho$	$\left(\frac{\partial C_p}{\partial p}\right)_T = -T\left(\frac{\partial^2 V}{\partial T^2}\right)_p$
$\left(\frac{\partial V}{\partial T}\right)_p = -\left(\frac{\partial p}{\partial T}\right)_V\Big/\left(\frac{\partial p}{\partial V}\right)_T$	$\left(\frac{\partial V}{\partial T}\right)_p = -\left(\frac{\partial V}{\partial p}\right)_T\left(\frac{\partial p}{\partial T}\right)_V$	

3.8　积分

在进行焓、熵、比热容和焦耳-汤姆孙系数的求解过程中，需要用到积分的知识。

3.8.1　不定积分

在区间 I 上，带有任意常数项的原函数称为 $f(x)$（或 $f(x)\mathrm{d}x$），其在区间 I 上的不定积分记作 $\int f(x)\mathrm{d}x$，其中 $f(x)$ 是被积函数，x 是积分变量。

例 3-5：求 $\int x^2\mathrm{d}x$。

解：

由于积分是微分或者求导的逆操作，先找到被积函数的原函数即可求得不定积分。由于 $\left(\frac{x^3}{3}\right)' = x^2$，所以 $\frac{x^3}{3}$ 是 x^2 的一个原函数，因此：

$$\int x^2\mathrm{d}x = \frac{x^3}{3} + C$$

3.8.2　定积分

不定积分 $\int f(x)\mathrm{d}x$ 加上积分上下限，就变成定积分 $\int_a^b f(x)\mathrm{d}x$，其中 a 叫作积分下限，b 叫

作积分上限，[a,b]叫作积分区间。积分结果与积分路径无关。这里讨论的被积函数连续且存在原函数。详细的数学知识请参考高等数学相关图书。

例 3-6：求 $\int_{-2}^{1} x^2 \mathrm{d}x$。

解：

被积函数 $f(x)=x^2$ 在积分区间[−2,1]上连续，故可以进行积分，积分路径不影响积分结果。

方法 1：取积分区间[−2,0]、[0,2]、[2,1]分别进行积分后求和。

$$
\begin{aligned}
\int_{-2}^{1} x^2 \mathrm{d}x &= \int_{-2}^{0} x^2 \mathrm{d}x + \int_{0}^{2} x^2 \mathrm{d}x + \int_{2}^{1} x^2 \mathrm{d}x \\
&= \left[\frac{x^3}{3}\right]_{-2}^{0} + \left[\frac{x^3}{3}\right]_{0}^{2} + \left[\frac{x^3}{3}\right]_{2}^{1} \\
&= \left(\frac{0^3}{3} - \frac{-2^3}{3}\right) + \left(\frac{2^3}{3} - \frac{0^3}{3}\right) + \left(\frac{1^3}{3} - \frac{2^3}{3}\right) \\
&= \frac{8}{3} + \frac{8}{3} - \frac{7}{3} \\
&= 3
\end{aligned}
$$

方法 2：直接在积分区间[−2,1]上积分。

$$
\begin{aligned}
\int_{-2}^{1} x^2 \mathrm{d}x &= \int_{-2}^{1} x^2 \mathrm{d}x \\
&= \left[\frac{x^3}{3}\right]_{-2}^{1} \\
&= \frac{1^3}{3} - \frac{-2^3}{3} \\
&= \frac{1}{3} + \frac{8}{3} \\
&= 3
\end{aligned}
$$

3.9 剩余焓表达式中各显函数的转化

将等温状态下关于体积 V、温度 T 为显函数的剩余焓表达式，转化成关于压力 p、温度 T 为显函数的剩余焓表达式。等温状态下关于体积 V 为显函数的剩余焓表达式见式（3-42）：

$$
H^{\mathrm{R}} = \int_0^p \left[V - T\left(\frac{\partial V}{\partial T}\right)_p\right] \mathrm{d}p \tag{3-42}
$$

将式（3-42）展开得到式（3-43）：

$$
H^{\mathrm{R}} = \int_0^p V \mathrm{d}p - \int_0^p T\left(\frac{\partial V}{\partial T}\right)_p \mathrm{d}p \tag{3-43}
$$

推导过程如下所示：

$$\left.\begin{aligned}\left(\frac{\partial p}{\partial V}\right)_T\left(\frac{\partial V}{\partial T}\right)_p\left(\frac{\partial T}{\partial p}\right)_V=-1\Rightarrow\left[\left(\frac{\partial V}{\partial T}\right)_p \mathrm{d}p\right]_T=-\left[\left(\frac{\partial p}{\partial T}\right)_V \mathrm{d}V\right]_T\\ V\mathrm{d}p=\mathrm{d}(pV)-p\mathrm{d}V\\ H^{\mathrm{R}}=\int_0^p V\mathrm{d}p-\int_0^p T\left(\frac{\partial V}{\partial T}\right)_p \mathrm{d}p\end{aligned}\right\}\Rightarrow$$

$$\left.\begin{aligned}H^{\mathrm{R}}&=\int_{\infty}^{V}\mathrm{d}(pV)-\int_{\infty}^{V}p\mathrm{d}V+\int_{\infty}^{V}T\left(\frac{\partial p}{\partial T}\right)_V \mathrm{d}V\\ &=\int_{\infty}^{V}\mathrm{d}(pV)+\int_{\infty}^{V}\left[T\left(\frac{\partial p}{\partial T}\right)_V-p\right]\mathrm{d}V\\ \int_{\infty}^{V}\mathrm{d}(pV)&=pV-pV_{\infty}=pV-RT\end{aligned}\right\}\Rightarrow H^{\mathrm{R}}=pV-RT+\int_{\infty}^{V}\left[T\left(\frac{\partial p}{\partial T}\right)_V-p\right]\mathrm{d}V$$

上述推导过程综合运用了理想气体定律、定积分、热力学关系式等知识，在后面章节介绍的公式推导中将会继续应用积分的一些知识。

第 4 章　状态方程中 p、V、T、Z 之间的导数

状态方程涉及压力对温度的导数、摩尔体积（密度）对温度的导数、压力对摩尔体积的导数、压缩因子对温度的导数、压缩因子对压力的导数等，这些导数在文献中通常只给出一部分，也没有集中介绍，并且没有推导的过程，不容易理解。本章将对 RK、SRK、PR、BWRS、LKP 状态方程中 p、V、T、Z 之间的导数进行逐一推导，一是方便读者理解和使用，二是使读者在研究其他状态方程时候可以作为参考。前面章节中已经出现过的内容，在这里将作为引用或者推导。

4.1　RK 状态方程中 p、V、T、Z 之间的导数

4.1.1　压力对温度的导数

RK 状态方程的表达式见式（4-1）：

$$p = RT\left(V-b\right)^{-1} - aT^{-1/2}\left(V^2+Vb\right)^{-1} \tag{4-1}$$

在定容（V）情况下，通过压力（p）对温度（T）求导，于是得到式（4-2）：

$$\begin{aligned}\left(\frac{\partial p}{\partial T}\right)_V &= R\left(V-b\right)^{-1} - \left(-\frac{1}{2}\right)aT^{-3/2}\left(V^2+Vb\right)^{-1} \\ &= \frac{R}{V-b} + \frac{a}{2}\frac{1}{V\left(V+b\right)T^{3/2}}\end{aligned} \tag{4-2}$$

再次对 T 求导可得式（4-3）：

$$\left(\frac{\partial^2 p}{\partial T^2}\right)_V = -\frac{3a}{4}\frac{1}{V\left(V+b\right)T^{5/2}} \tag{4-3}$$

4.1.2　压力对摩尔体积的导数

在定温（T）情况下，通过压力（p）对摩尔体积（V）求导，于是得到式（4-4）：

$$\begin{aligned}\left(\frac{\partial p}{\partial V}\right)_T &= -RT\left(V-b\right)^{-2} + aT^{-1/2}\left(V^2+Vb\right)^{-2}\left(2V+b\right) \\ &= \frac{a\left(2V+b\right)}{T^{1/2}V^2\left(V+b\right)^2} - \frac{RT}{\left(V-b\right)^2}\end{aligned} \tag{4-4}$$

再次对 V 求导可得式（4-5）：

$$\left(\frac{\partial^2 p}{\partial V^2}\right)_T=\frac{2RT}{(V-b)^3}+\frac{2a}{\left[b(V-b)+V(V+b)\right]^2}-\frac{2a(2V+2b)^2}{\left[b(V-b)+V(V+b)\right]^3} \tag{4-5}$$

4.1.3 摩尔体积对温度的导数

由式（4-6）：

$$\left.\begin{aligned}&\left(\frac{\partial p}{\partial V}\right)_T\left(\frac{\partial V}{\partial T}\right)_p\left(\frac{\partial T}{\partial p}\right)_V=-1\\&\left(\frac{\partial T}{\partial p}\right)_V=\frac{1}{\left(\frac{\partial p}{\partial T}\right)_V}\end{aligned}\right\} \tag{4-6}$$

可以推导出式（4-7）：

$$\left(\frac{\partial V}{\partial T}\right)_p=-\frac{1}{\left(\frac{\partial T}{\partial p}\right)_V\left(\frac{\partial p}{\partial V}\right)_T}=-\frac{\left(\frac{\partial p}{\partial T}\right)_V}{\left(\frac{\partial p}{\partial V}\right)_T} \tag{4-7}$$

因此，得到摩尔体积对温度的导数，见式（4-8）：

$$\left(\frac{\partial V}{\partial T}\right)_p=-\frac{\left(\frac{\partial p}{\partial T}\right)_V}{\left(\frac{\partial p}{\partial V}\right)_T}=-\frac{\frac{R}{V-b}+\frac{a}{2}\frac{1}{V(V+b)T^{3/2}}}{\frac{a(2V+b)}{T^{1/2}V^2(V+b)^2}-\frac{RT}{(V-b)^2}} \tag{4-8}$$

由

$$\left(\frac{\partial T}{\partial V}\right)_p=\frac{1}{\left(\frac{\partial V}{\partial T}\right)_p} \tag{4-9}$$

进一步可得到定压情况下温度对摩尔体积的导数。

4.1.4 压缩因子对温度的导数

RK 状态方程压缩因子的表达式见式（4-10）：

$$Z^3-Z^2+\left(A-B-B^2\right)Z-AB=0 \tag{4-10}$$

根据求导法则，见式（4-11）：

$$\left.\begin{aligned}&\left[u(x)\pm v(x)\right]'=u'(x)\pm v'(x)\\&\left[u(x)v(x)\right]'=u'(x)v(x)+u(x)v'(x)\\&\left[\frac{u(x)}{v(x)}\right]'=\frac{u'(x)v(x)-u(x)v'(x)}{v^2(x)},v(x)\neq 0\end{aligned}\right\} \tag{4-11}$$

对压缩因子进行求导，得到式（4-12）：

$$3Z^2\frac{\partial Z}{\partial T}-2Z\frac{\partial Z}{\partial T}+\left(A-B-B^2\right)\frac{\partial Z}{\partial T}+Z\left(\frac{\partial A}{\partial T}-\frac{\partial B}{\partial T}-2B\frac{\partial B}{\partial T}\right)-\frac{\partial A}{\partial T}B-A\frac{\partial B}{\partial T}=0 \tag{4-12}$$

整理后可得式（4-13）：

$$\left(3Z^2-2Z+A-B-B^2\right)\frac{\partial Z}{\partial T}+\left(Z-B\right)\frac{\partial A}{\partial T}-\left(Z+2BZ+A\right)\frac{\partial B}{\partial T}=0 \tag{4-13}$$

对于 RK 状态方程见式（4-14）：

$$\left.\begin{aligned}A&=\frac{ap}{R^2T^{2.5}}\\B&=\frac{bp}{RT}\end{aligned}\right\} \tag{4-14}$$

分别求导，可得式（4-15）：

$$\left.\begin{aligned}\frac{\partial A}{\partial T}&=-2.5\frac{ap}{R^2T^{3.5}}=-\frac{5}{2}\frac{A}{T}\\\frac{\partial B}{\partial T}&=-\frac{bp}{RT^2}=-\frac{B}{T}\end{aligned}\right\} \tag{4-15}$$

将式（4-15）代入式（4-13），可得到压缩因子对温度的导数，推导过程见式（4-16）：

$$\left.\begin{aligned}&\left(3Z^2-2Z+A-B-B^2\right)\frac{\partial Z}{\partial T}+\left(Z-B\right)\left(-\frac{5}{2}\frac{A}{T}\right)-\left(Z+2BZ+A\right)\left(-\frac{B}{T}\right)=0\\&\Downarrow\\&\left(3Z^2-2Z+A-B-B^2\right)\frac{\partial Z}{\partial T}-\frac{5}{2}\frac{1}{T}AZ+\frac{5}{2}\frac{1}{T}AB+\frac{1}{T}BZ+2B^2Z\frac{1}{T}+AB\frac{1}{T}=0\\&\Downarrow\\&\left(3Z^2-2Z+A-B-B^2\right)\frac{\partial Z}{\partial T}+\left(-\frac{5}{2}AZ+\frac{5}{2}AB+BZ+2B^2Z+AB\right)\frac{1}{T}=0\\&\Downarrow\\&\frac{\partial Z}{\partial T}=\frac{2.5AZ-3.5AB-BZ-2B^2Z}{\left(3Z^2-2Z+A-B-B^2\right)T}\end{aligned}\right\} \tag{4-16}$$

4.1.5　压缩因子对压力的导数

对压缩因子进行求导，得到式（4-17）：

$$\left.\begin{aligned}&3Z^2\frac{\partial Z}{\partial p}-2Z\frac{\partial Z}{\partial p}+\left(A-B-B^2\right)\frac{\partial Z}{\partial p}+Z\left(\frac{\partial A}{\partial p}-\frac{\partial B}{\partial p}-2B\frac{\partial B}{\partial p}\right)-\frac{\partial A}{\partial p}B-A\frac{\partial B}{\partial p}=0\\&\Downarrow\\&\left(3Z^2-2Z+A-B-B^2\right)\frac{\partial Z}{\partial p}+\left(Z-B\right)\frac{\partial A}{\partial p}-\left(Z+2BZ+A\right)\frac{\partial B}{\partial p}=0\end{aligned}\right\} \tag{4-17}$$

对于 RK 状态方程见式（4-18）：

$$\left.\begin{aligned} A&=\frac{ap}{R^2T^{2.5}} \\ B&=\frac{bp}{RT} \end{aligned}\right\} \Rightarrow \left.\begin{aligned} \frac{\partial A}{\partial p}&=\frac{a}{R^2T^{2.5}}=\frac{A}{p} \\ \frac{\partial B}{\partial p}&=\frac{b}{RT}=\frac{B}{p} \end{aligned}\right\} \tag{4-18}$$

将式（4-18）代入式（4-17），可得到压缩因子对压力的导数，推导过程见式（4-19）：

$$\left.\begin{aligned} &\left(3Z^2-2Z+A-B-B^2\right)\frac{\partial Z}{\partial p}+\left(Z-B\right)\frac{A}{p}-\left(Z+2BZ+A\right)\frac{B}{p}=0 \\ &\Downarrow \\ &\left(3Z^2-2Z+A-B-B^2\right)\frac{\partial Z}{\partial p}+\left(AZ-AB-ZB-2B^2Z-AB\right)\frac{1}{p}=0 \\ &\Downarrow \\ &\frac{\partial Z}{\partial p}=\frac{-AZ+2AB+ZB+2B^2Z}{\left(3Z^2-2Z+A-B-B^2\right)p} \end{aligned}\right\} \tag{4-19}$$

4.1.6 压力对质量密度的导数

在定温（T）情况下，通过压力（p）对质量密度（ρ）进行求导，得到式（4-20）：

$$\left(\frac{\partial p}{\partial \rho}\right)_T=\frac{RT}{M-bx}+\frac{RTbx}{\left(M-bx\right)^2}-\frac{2ax}{M\sqrt{T}\left(M+bx\right)}+\frac{abx^2}{M\sqrt{T}\left(M+bx\right)^2} \tag{4-20}$$

4.2 SRK 状态方程中 p、V、T、Z 之间的导数

4.2.1 压力对温度的导数

SRK 状态方程的表达式见式（4-21）：

$$\begin{aligned} p&=\frac{RT}{V-b}-\frac{a\left(T\right)}{V\left(V+b\right)} \\ &=RT\left(V-b\right)^{-1}-a\left(V^2+Vb\right)^{-1} \end{aligned} \tag{4-21}$$

在定容（V）情况下，通过压力（p）对温度（T）求导，得到压力对温度的导数，推导过程见式（4-22）：

$$\begin{aligned} \left(\frac{\partial p}{\partial T}\right)_V&=R\left(V-b\right)^{-1}-\frac{\mathrm{d}a}{\mathrm{d}T}\left(V^2+Vb\right)^{-1} \\ &=\frac{R}{V-b}-\frac{1}{V\left(V+b\right)}\frac{\mathrm{d}a}{\mathrm{d}T} \end{aligned} \tag{4-22}$$

再次对 T 求导可得压力对温度的二次导数，见式（4-23）：

$$\left(\frac{\partial^2 p}{\partial T^2}\right)_V=-\frac{1}{V\left(V+b\right)}\frac{\mathrm{d}^2a}{\mathrm{d}T^2} \tag{4-23}$$

4.2.2 压力对摩尔体积的导数

SRK 状态方程的表达式见式（4-21），在定温（T）情况下，通过压力（p）对摩尔体积（V）求导，得到压力对摩尔体积的导数，推导过程见式（4-24）：

$$\begin{aligned}\left(\frac{\partial p}{\partial V}\right)_T &= -RT\left(V-b\right)^{-2}+a\left(V^2+Vb\right)^{-2}\left(2V+b\right)\\ &=\frac{a\left(2V+b\right)}{V^2\left(V+b\right)^2}-\frac{RT}{\left(V-b\right)^2}\end{aligned} \tag{4-24}$$

再次对 V 求导可得式（4-25）：

$$\left(\frac{\partial^2 p}{\partial V^2}\right)_T=\frac{2RT}{\left(V-b\right)^3}-\frac{2a}{V\left(V+b\right)^3}-\frac{2a}{V^2\left(V+b\right)^2}-\frac{2a}{V^3\left(V+b\right)} \tag{4-25}$$

4.2.3 摩尔体积对温度的导数

在定压（p）情况下，通过摩尔体积（V）对温度（T）求导，得到摩尔体积对温度的导数，见式（4-26）：

$$\left(\frac{\partial V}{\partial T}\right)_p=-\frac{\left(\dfrac{\partial p}{\partial T}\right)_V}{\left(\dfrac{\partial p}{\partial V}\right)_T}=-\frac{\dfrac{R}{V-b}-\dfrac{1}{V\left(V+b\right)}\dfrac{\mathrm{d}a}{\mathrm{d}T}}{\dfrac{a\left(2V+b\right)}{V^2\left(V+b\right)^2}-\dfrac{RT}{\left(V-b\right)^2}} \tag{4-26}$$

由

$$\left(\frac{\partial T}{\partial V}\right)_p=\frac{1}{\left(\dfrac{\partial V}{\partial T}\right)_p} \tag{4-27}$$

进一步可得到定压情况下温度对摩尔体积的导数。

4.2.4 压缩因子对温度的导数

SRK 状态方程压缩因子的表达式见式（4-28）：

$$Z^3-Z^2+Z\left(A-B-B^2\right)-AB=0 \tag{4-28}$$

在定压（p）情况下，通过压缩因子（Z）对温度（T）进行求导，得到式（4-29）：

$$\left(3Z^2-2Z+A-B-B^2\right)\frac{\partial Z}{\partial T}+\left(\frac{\partial A}{\partial T}-\frac{\partial B}{\partial T}-2B\frac{\partial B}{\partial T}\right)Z-\frac{\partial A}{\partial T}B-A\frac{\partial B}{\partial T}=0 \tag{4-29}$$

对于 SRK 状态方程见式（4-30）：

$$\left.\begin{aligned}\frac{\partial A}{\partial T}&=\frac{p}{R^2T^2}\frac{\mathrm{d}a}{\mathrm{d}T}-\frac{2ap}{R^2T^3}=\frac{A}{a}\frac{\mathrm{d}a}{\mathrm{d}T}-\frac{2A}{T}\\ \frac{\partial B}{\partial T}&=-\frac{bp}{RT^2}=-\frac{B}{T}\end{aligned}\right\} \tag{4-30}$$

于是得到式（4-31）：

$$\left(3Z^2-2Z+A-B-B^2\right)\frac{\partial Z}{\partial T}+\left[\left(\frac{A}{a}\frac{\mathrm{d}a}{\mathrm{d}T}-\frac{2A}{T}\right)-\left(-\frac{B}{T}\right)-2B\left(-\frac{B}{T}\right)\right]Z-\left(\frac{A}{a}\frac{\mathrm{d}a}{\mathrm{d}T}-\frac{2A}{T}\right)B-A\left(-\frac{B}{T}\right)=0 \tag{4-31}$$

整理后可得压缩因子对温度的导数，见式（4-32）：

$$\left(\frac{\partial Z}{\partial T}\right)_p=-\frac{\left(2B^2+B-2A+\frac{TA}{a}\frac{\mathrm{d}a}{\mathrm{d}T}\right)Z+3AB-\frac{TAB}{a}\frac{\mathrm{d}a}{\mathrm{d}T}}{T\left(3Z^2-2Z+A-B-B^2\right)} \tag{4-32}$$

4.2.5 压缩因子对压力的导数

在定温（T）情况下，通过压缩因子（Z）对压力（p）进行求导，得到式（4-33）：

$$\left(3Z^2-2Z+A-B-B^2\right)\frac{\partial Z}{\partial p}+\left(\frac{\partial A}{\partial p}-\frac{\partial B}{\partial p}-2B\frac{\partial B}{\partial p}\right)Z-\frac{\partial A}{\partial p}B-A\frac{\partial B}{\partial p}=0 \tag{4-33}$$

对于 SRK 状态方程见式（4-34）：

$$\left.\begin{aligned}\frac{\partial A}{\partial p}&=\frac{a}{R^2T^2}=\frac{A}{p}\\ \frac{\partial B}{\partial p}&=\frac{b}{RT}=\frac{B}{p}\end{aligned}\right\} \tag{4-34}$$

于是得到压缩因子对压力的导数，见式（4-35）：

$$\left.\begin{aligned}&\left(3Z^2-2Z+A-B-B^2\right)\frac{\partial Z}{\partial p}+\left(\frac{A}{p}-\frac{B}{p}-2B\frac{B}{p}\right)Z-\frac{A}{p}B-A\frac{B}{p}=0\\ &\Rightarrow\left(\frac{\partial Z}{\partial p}\right)_T=-\frac{\left(A-B-2B^2\right)Z-2AB}{p\left(3Z^2-2Z+A-B-B^2\right)}\end{aligned}\right\} \tag{4-35}$$

4.2.6 压力对质量密度的导数

在定温（T）情况下，通过压力（p）对质量密度（ρ）进行求导，得到式（4-36）：

$$\left(\frac{\partial p}{\partial \rho}\right)_T=\frac{RT}{M-bx}-\frac{2ax}{M^2+bxM}+\frac{RTbx}{\left(M-bx\right)^2}+\frac{Mabx^2}{\left(M^2+bxM\right)^2} \tag{4-36}$$

4.3 PR 状态方程中 p、V、T、Z 之间的导数

4.3.1 压力对温度的导数

PR 状态方程的表达式见式（4-37）：

$$\begin{aligned}p&=\frac{RT}{V-b}-\frac{a(T)}{V(V+b)+b(V-b)}\\ &=RT(V-b)^{-1}-a\left(V^2+2Vb-b^2\right)^{-1}\end{aligned} \tag{4-37}$$

在定容（V）情况下，通过压力（p）对温度（T）求导，得到压力对温度的导数，推导过程见式（4-38）：

$$\begin{aligned}\left(\frac{\partial p}{\partial T}\right)_V &= R\left(V-b\right)^{-1}-\left(V^2+2Vb-b^2\right)^{-1}\frac{\mathrm{d}a}{\mathrm{d}T}\\ &=\frac{R}{V-b}-\frac{1}{\left(V^2+2Vb-b^2\right)}\frac{\mathrm{d}a}{\mathrm{d}T}\end{aligned} \tag{4-38}$$

再次对 T 求导可得压力对温度的二次导数，见式（4-39）：

$$\left(\frac{\partial^2 p}{\partial T^2}\right)_V=-\frac{1}{\left(V^2+2Vb-b^2\right)}\frac{\mathrm{d}^2 a}{\mathrm{d}T^2} \tag{4-39}$$

4.3.2 压力对摩尔体积的导数

PR 状态方程的表达式见式（4-40）：

$$\begin{aligned}p&=\frac{RT}{V-b}-\frac{a\left(T\right)}{V\left(V+b\right)+b\left(V-b\right)}\\ &=RT\left(V-b\right)^{-1}-a\left(V^2+2Vb-b^2\right)^{-1}\end{aligned} \tag{4-40}$$

在定温（T）情况下，通过压力（p）对摩尔体积（V）求导，得到压力对摩尔体积的导数，推导过程见式（4-41）：

$$\begin{aligned}\left(\frac{\partial p}{\partial V}\right)_T&=-RT\left(V-b\right)^{-2}-\left(-1\right)a\left(V^2+2Vb-b^2\right)^{-2}\left(2V+2b\right)\\ &=-\frac{RT}{\left(V-b\right)^2}+\frac{2a\left(V+b\right)}{\left(V^2+2Vb-b^2\right)^2}\end{aligned} \tag{4-41}$$

再次对 V 求导可得压力对摩尔体积的二次导数，见式（4-42）：

$$\left(\frac{\partial^2 p}{\partial V^2}\right)_T=\frac{2RT}{\left(V-b\right)^3}+\frac{2a}{\left(V^2+2Vb-b^2\right)^2}-\frac{2a\left(2V+2b\right)^2}{\left(V^2+2Vb-b^2\right)^3} \tag{4-42}$$

4.3.3 摩尔体积对温度的导数

在定压（p）情况下，通过摩尔体积（V）对温度（T）求导，得到摩尔体积对温度的导数，见式（4-43）：

$$\begin{aligned}\left(\frac{\partial V}{\partial T}\right)_p&=-\frac{\left(\frac{\partial p}{\partial T}\right)_V}{\left(\frac{\partial p}{\partial V}\right)_T}=-\frac{\frac{R}{V-b}-\frac{1}{\left(V^2+2Vb-b^2\right)}\frac{\mathrm{d}a}{\mathrm{d}T}}{-\frac{RT}{\left(V-b\right)^2}+\frac{2a\left(V+b\right)}{\left(V^2+2Vb-b^2\right)^2}}\\ &=\frac{\frac{R}{V-b}-\frac{1}{\left(V^2+2Vb-b^2\right)}\frac{\mathrm{d}a}{\mathrm{d}T}}{\frac{RT}{\left(V-b\right)^2}-\frac{2a\left(V+b\right)}{\left(V^2+2Vb-b^2\right)^2}}\end{aligned} \tag{4-43}$$

由

$$\left(\frac{\partial T}{\partial V}\right)_p=\frac{1}{\left(\frac{\partial V}{\partial T}\right)_p} \tag{4-44}$$

进一步可得到定压情况下温度对摩尔体积的导数。

4.3.4 压缩因子对温度的导数

PR 状态方程压缩因子的表达式见式（4-45）：

$$Z^3-(1-B)Z^2+\left(A-3B^2-2B\right)Z-\left(AB-B^2-B^3\right)=0 \tag{4-45}$$

在定压（p）情况下，通过压缩因子（Z）对温度（T）进行求导，得到式（4-46）：

$$\begin{aligned}&\left[3Z^2-2Z(1-B)+A-3B^2-2B\right]\frac{\partial Z}{\partial T}+Z^2\frac{\partial B}{\partial T}+\left(\frac{\partial A}{\partial T}-6B\frac{\partial B}{\partial T}-2\frac{\partial B}{\partial T}\right)Z-\\&\left(\frac{\partial A}{\partial T}B+A\frac{\partial B}{\partial T}-2B\frac{\partial B}{\partial T}-3B^2\frac{\partial B}{\partial T}\right)=0\end{aligned} \tag{4-46}$$

对于 PR 状态方程见式（4-47）：

$$\left.\begin{aligned}&\frac{\partial A}{\partial T}=\frac{p}{R^2T^2}\frac{\mathrm{d}a}{\mathrm{d}T}-\frac{2ap}{R^2T^3}=\frac{A}{a}\frac{\mathrm{d}a}{\mathrm{d}T}-\frac{2A}{T}\\&\frac{\partial B}{\partial T}=-\frac{bp}{RT^2}=-\frac{B}{T}\end{aligned}\right\} \tag{4-47}$$

于是得到式（4-48）：

$$\begin{aligned}&\left[3Z^2-2Z(1-B)+A-3B^2-2B\right]\frac{\partial Z}{\partial T}+Z^2\left(-\frac{B}{T}\right)+\left[\left(\frac{A}{a}\frac{\mathrm{d}a}{\mathrm{d}T}-\frac{2A}{T}\right)-6B\left(-\frac{B}{T}\right)-2\left(-\frac{B}{T}\right)\right]Z-\\&\left(\frac{A}{a}\frac{\mathrm{d}a}{\mathrm{d}T}-\frac{2A}{T}\right)B-A\left(-\frac{B}{T}\right)+2B\left(-\frac{B}{T}\right)+3B^2\left(-\frac{B}{T}\right)=0\end{aligned} \tag{4-48}$$

整理后可得压缩因子对温度的导数，见式（4-49）：

$$\left(\frac{\partial Z}{\partial T}\right)_p=\frac{-BZ^2+\left(6B^2+2B-2A+\frac{TA}{a}\frac{\mathrm{d}a}{\mathrm{d}T}\right)Z+3AB-2B^2-3B^3-\frac{TAB}{a}\frac{\mathrm{d}a}{\mathrm{d}T}}{-T\left[3Z^2+2(B-1)Z+A-2B-3B^2\right]} \tag{4-49}$$

4.3.5 压缩因子对压力的导数

在定温（T）情况下，通过压缩因子（Z）对压力（p）进行求导，得到式（4-50）：

$$\begin{aligned}&\left[3Z^2-2Z(1-B)+A-3B^2-2B\right]\frac{\partial Z}{\partial p}+Z^2\frac{\partial B}{\partial p}+\left(\frac{\partial A}{\partial p}-6B\frac{\partial B}{\partial p}-2\frac{\partial B}{\partial p}\right)Z-\\&\left(\frac{\partial A}{\partial p}B+A\frac{\partial B}{\partial p}-2B\frac{\partial B}{\partial p}-3B^2\frac{\partial B}{\partial p}\right)=0\end{aligned} \tag{4-50}$$

对于 PR 状态方程见式（4-51）：

$$\left.\begin{aligned}\frac{\partial A}{\partial p}&=\frac{a}{R^2T^2}=\frac{A}{p}\\ \frac{\partial B}{\partial p}&=\frac{b}{RT}=\frac{B}{p}\end{aligned}\right\}\tag{4-51}$$

于是得到压缩因子对压力的导数，见式（4-52）：

$$\left.\begin{aligned}&\left[3Z^2-2Z(1-B)+A-3B^2-2B\right]\frac{\partial Z}{\partial p}+Z^2\frac{B}{p}+\left(\frac{A}{p}-6B\frac{B}{p}-2\frac{B}{p}\right)Z-\\&\left(\frac{A}{p}B+A\frac{B}{p}-2B\frac{B}{p}-3B^2\frac{B}{p}\right)=0\\&\Rightarrow\left(\frac{\partial Z}{\partial p}\right)_T=\frac{BZ^2+\left(A-2B-6B^2\right)Z+3B^3+2B^2-2AB}{-p\left[3Z^2+2(B-1)Z+A-2B-3B^2\right]}\end{aligned}\right\}\tag{4-52}$$

4.3.6　压力对质量密度的导数

在定温（T）情况下，通过压力（p）对质量密度（ρ）进行求导，得到式（4-53）：

$$\left.\begin{aligned}&\left(\frac{\partial p}{\partial \rho}\right)_T=\frac{RT}{M-b\rho}-\frac{2a\rho}{\sigma_1}+\frac{a\rho^2\left(Mb-b^2\right)}{\sigma_1^{\ 2}}+\frac{RTb\rho}{(M-b\rho)^2}\\&\sigma_1=Mb-b^2\rho+M^2+Mb\rho\end{aligned}\right\}\tag{4-53}$$

4.4　BWRS 状态方程中 p、V、T、Z 之间的导数

4.4.1　压力对温度的导数

BWRS 状态方程的表达式见式（4-54）：

$$\begin{aligned}p=\rho RT&+\left(B_0RT-A_0-\frac{C_0}{T^2}+\frac{D_0}{T^3}-\frac{E_0}{T^4}\right)\rho^2+\left(bRT-a-\frac{d}{T}\right)\rho^3+\\&\alpha\left(a+\frac{d}{T}\right)\rho^6+\frac{c\rho^3}{T^2}\left(1+\gamma\rho^2\right)\exp\left(-\gamma\rho^2\right)\end{aligned}\tag{4-54}$$

在定容（ρ）情况下，通过压力（p）对温度（T）求导，于是得到式（4-55）：

$$\begin{aligned}\left(\frac{\partial p}{\partial T}\right)_\rho=\rho R&+\left(B_0R+\frac{2C_0}{T^3}-\frac{3D_0}{T^4}+\frac{4E_0}{T^5}\right)\rho^2+\left(bR+\frac{d}{T^2}\right)\rho^3-\\&\frac{\alpha d}{T^2}\rho^6-\frac{2c\rho^3}{T^3}\left(1+\gamma\rho^2\right)\exp\left(-\gamma\rho^2\right)\end{aligned}\tag{4-55}$$

再次对 T 求导可得式（4-56）：

$$\left(\frac{\partial^2 p}{\partial T^2}\right)_\rho=\left(-\frac{6C_0}{T^4}+\frac{12D_0}{T^5}-\frac{20E_0}{T^6}\right)\rho^2-\frac{2d}{T^3}\rho^3+\frac{2\alpha d}{T^3}\rho^6+\frac{6c\rho^3}{T^4}\left(1+\gamma\rho^2\right)\exp\left(-\gamma\rho^2\right) \tag{4-56}$$

4.4.2 压力对摩尔密度的导数

在定温（T）情况下，通过压力（p）对摩尔密度（ρ）求导，于是得到式（4-57）：

$$\left(\frac{\partial p}{\partial \rho}\right)_T=RT+2\left(B_0RT-A_0-\frac{C_0}{T^2}+\frac{D_0}{T^3}-\frac{E_0}{T^4}\right)\rho+3\left(bRT-a-\frac{d}{T}\right)\rho^2+6\alpha\left(a+\frac{d}{T}\right)\rho^5+\frac{3c\rho^2}{T^2}\left(1+\gamma\rho^2-\left(\frac{2}{3}\right)\gamma^2\rho^4\right)\exp\left(-\gamma\rho^2\right) \tag{4-57}$$

再次对 ρ 求导可得式（4-58）：

$$\left(\frac{\partial^2 p}{\partial \rho^2}\right)_T=2\left(B_0RT-A_0-\frac{C_0}{T^2}+\frac{D_0}{T^3}-\frac{E_0}{T^4}\right)+6\left(bRT-a-\frac{d}{T}\right)\rho+30\alpha\left(a+\frac{d}{T}\right)\rho^4+\frac{2c\rho}{T^2}\left[\gamma^2\rho^4\left(2\gamma\rho^2-1\right)+3\left(1+\gamma\rho^2\right)\right]\exp\left(-\gamma\rho^2\right) \tag{4-58}$$

4.4.3 摩尔密度对温度的导数

在定压（p）情况下，通过摩尔密度（ρ）对温度（T）求导，可以得到摩尔密度对温度的导数，见式（4-59）：

$$\left(\frac{\partial \rho}{\partial T}\right)_p=-\frac{\left(\frac{\partial p}{\partial T}\right)_\rho}{\left(\frac{\partial p}{\partial \rho}\right)_T} \tag{4-59}$$

由

$$\left(\frac{\partial T}{\partial \rho}\right)_p=\frac{1}{\left(\frac{\partial \rho}{\partial T}\right)_p} \tag{4-60}$$

进一步可得到定压情况下温度对摩尔密度的导数。

4.4.4 压缩因子对温度的导数

BWRS 状态方程压缩因子的表达式见式（4-61）：

$$p=Z\rho RT \tag{4-61}$$

在定压（p）情况下，通过压缩因子（Z）对温度（T）进行求导得到式（4-62）：

$$\left.\begin{aligned}&0=\left(\frac{\partial Z}{\partial T}\right)_p\rho RT+Z\left(\frac{\partial \rho}{\partial T}\right)_p RT+Z\rho R\\&\Rightarrow\left(\frac{\partial Z}{\partial T}\right)_p=-\frac{\left(\frac{\partial \rho}{\partial T}\right)_p ZT+Z\rho}{\rho T}\end{aligned}\right\} \tag{4-62}$$

将$\left(\dfrac{\partial\rho}{\partial T}\right)_p$代入式（4-62）即可求得压缩因子对温度的导数。

4.4.5 压缩因子对压力的导数

在定温（T）情况下，通过压缩因子（Z）对压力（p）进行求导，得到式（4-63）：

$$\left.\begin{aligned}1=\left(\frac{\partial Z}{\partial p}\right)_T\rho RT+Z\left(\frac{\partial\rho}{\partial p}\right)_T RT+0\\ \Rightarrow\left(\frac{\partial Z}{\partial p}\right)_T=\frac{1-\left(\frac{\partial\rho}{\partial p}\right)_T ZRT}{\rho RT}\end{aligned}\right\}\tag{4-63}$$

由于：

$$\left(\frac{\partial\rho}{\partial p}\right)_T=\frac{1}{\left(\frac{\partial p}{\partial\rho}\right)_T}\tag{4-64}$$

将式（4-64）代入式（4-63）即可求得压缩因子对压力的导数。

4.5 LKP 状态方程中 p、V、T、Z 之间的导数

4.5.1 压力对温度的导数

LKP 状态方程的表达式见式（4-65）：

$$Z=\left(\frac{p_{\mathrm{r}}V_{\mathrm{r}}}{T_{\mathrm{r}}}\right)=1+\frac{B}{V_{\mathrm{r}}}+\frac{C}{V_{\mathrm{r}}^2}+\frac{D}{V_{\mathrm{r}}^5}+\frac{c_4}{T_{\mathrm{r}}^3V_{\mathrm{r}}^2}\left(\beta+\frac{\gamma}{V_{\mathrm{r}}^2}\right)\exp\left(-\frac{\gamma}{V_{\mathrm{r}}^2}\right)\tag{4-65}$$

在定容（V_{r}）情况下，通过压力（p_{r}）对温度（T_{r}）求导，于是得到式（4-66）：

$$\left(\frac{\partial p_{\mathrm{r}}}{\partial T_{\mathrm{r}}}\right)_{V_{\mathrm{r}}}=\frac{1}{V_{\mathrm{r}}}\left\{\begin{aligned}&1+\frac{b_1+b_3/T_{\mathrm{r}}^2+2b_4/T_{\mathrm{r}}^3}{V_{\mathrm{r}}}+\frac{c_1-2c_3/T_{\mathrm{r}}^3}{V_{\mathrm{r}}^2}+\\&\frac{d_1}{V_{\mathrm{r}}^5}-\frac{2c_4/T_{\mathrm{r}}^3}{V_{\mathrm{r}}^2}\left[\left(\beta+\frac{\gamma}{V_{\mathrm{r}}^2}\right)\exp\left(-\frac{\gamma}{V_{\mathrm{r}}^2}\right)\right]\end{aligned}\right\}\tag{4-66}$$

利用式（2-27）再次对 T_{r} 求导可得式（4-67）：

$$\left(\frac{\partial^2 p_{\mathrm{r}}}{\partial T_{\mathrm{r}}^2}\right)_{V_{\mathrm{r}}}=\frac{1}{V_{\mathrm{r}}}\left\{\frac{-2b_3/T_{\mathrm{r}}^3-6b_4/T_{\mathrm{r}}^4}{V_{\mathrm{r}}}+\frac{6c_3/T_{\mathrm{r}}^4}{V_{\mathrm{r}}^2}+\frac{6c_4/T_{\mathrm{r}}^4}{V_{\mathrm{r}}^2}\left[\left(\beta+\frac{\gamma}{V_{\mathrm{r}}^2}\right)\exp\left(-\frac{\gamma}{V_{\mathrm{r}}^2}\right)\right]\right\}\tag{4-67}$$

4.5.2 压力对摩尔体积的导数

在定温（T）情况下，通过压力（p_r）对摩尔体积（V_r）求导，于是得到式（4-68）：

$$\begin{aligned}\left(\frac{\partial p_r}{\partial V_r}\right)_{T_r} &= -\frac{T_r}{V_r^2}\left\{1+\frac{2B}{V_r}+\frac{3C}{V_r^2}+\frac{6D}{V_r^5}+\frac{c_4}{T_r^3V_r^2}\left[3\beta+\left\{5-2\left(\beta+\frac{\gamma}{V_r^2}\right)\right\}\frac{\gamma}{V_r^2}\right]\exp\left(-\frac{\gamma}{V_r^2}\right)\right\} \\ &= -\frac{T_r}{V_r^2}\left\{1+\frac{2B}{V_r}+\frac{3C}{V_r^2}+\frac{6D}{V_r^5}+\frac{c_4\exp\left(-\frac{\gamma}{V_r^2}\right)}{T_r^3V_r^2}\left[3\beta+\frac{\gamma}{V_r^2}\left(5-2\beta-\frac{2\gamma}{V_r^2}\right)\right]\right\}\end{aligned} \tag{4-68}$$

利用式（2-19）、式（2-28）及式（2-29）再次对 V_r 求导可得到式（4-69）：

$$\begin{aligned}\left(\frac{\partial p_r^2}{\partial V_r^2}\right)_{T_r} &= \frac{2T_r}{V_r^3}+\frac{6BT_r}{V_r^4}+\frac{12CT_r}{V_r^5}+\frac{42DT_r}{V_r^8}+ \\ &\left(\frac{12\beta c_4}{T_r^2V_r^5}+\frac{30\gamma c_4}{T_r^2V_r^7}-\frac{18\beta\gamma c_4}{T_r^2V_r^7}+\frac{4\beta\gamma^2c_4}{T_r^2V_r^9}-\frac{26\gamma^2c_4}{T_r^2V_r^9}+\frac{4\gamma^3c_4}{T_r^2V_r^{11}}\right)\exp\left(-\frac{\gamma}{V_r^2}\right) \\ &= \frac{2T_r}{V_r^3}+\frac{6BT_r}{V_r^4}+\frac{12CT_r}{V_r^5}+\frac{42DT_r}{V_r^8}+ \\ &\frac{2c_4}{T_r^2V_r^5}\left[6\beta+\frac{\gamma}{V_r^2}\left(15-9\beta+\frac{2\beta\gamma}{V_r^2}-\frac{13\gamma}{V_r^2}+\frac{2\gamma^2}{V_r^4}\right)\right]\exp\left(-\frac{\gamma}{V_r^2}\right)\end{aligned} \tag{4-69}$$

4.5.3 摩尔体积对温度的导数

在定压（p_r）情况下，通过摩尔体积（V_r）对温度（T_r）求导，于是得到式（4-70）：

$$\left(\frac{\partial V_r}{\partial T_r}\right)_{p_r} = -\frac{\left(\frac{\partial p_r}{\partial T_r}\right)_{V_r}}{\left(\frac{\partial p_r}{\partial V_r}\right)_{T_r}} \tag{4-70}$$

由

$$\left(\frac{\partial T_r}{\partial V_r}\right)_{p_r} = \frac{1}{\left(\frac{\partial V_r}{\partial T_r}\right)_{p_r}} \tag{4-71}$$

进一步可得到定压情况下温度对摩尔体积的导数。

4.5.4 压缩因子对温度的导数

对比态状态方程的表达式见式（4-72）：

$$p_rV_r = ZT_r \tag{4-72}$$

在定压（p_r）情况下，通过压缩因子（Z）对温度（T_r）进行求导，得到式（4-73）：

$$\left.\begin{aligned} p_r\left(\frac{\partial V_r}{\partial T_r}\right)_{p_r} &= \left(\frac{\partial Z}{\partial T_r}\right)_{p_r} T_r + Z \\ \Rightarrow \left(\frac{\partial Z}{\partial T_r}\right)_{p_r} &= \frac{p_r\left(\frac{\partial V_r}{\partial T_r}\right)_{p_r} - Z}{T_r} \end{aligned}\right\} \tag{4-73}$$

将 $\left(\frac{\partial V_r}{\partial T_r}\right)_{p_r}$ 代入式（4-73）即可求得压缩因子对温度的导数。

4.5.5 压缩因子对压力的导数

在定温（T_r）情况下，通过压缩因子（Z）对压力（p_r）进行求导，推导过程见式（4-74）：

$$\left.\begin{aligned} & p_r V_r = Z T_r \Rightarrow V_r + p_r\left(\frac{\partial V_r}{\partial p_r}\right)_{T_r} = \left(\frac{\partial Z}{\partial p_r}\right)_{T_r} T_r + 0 \\ & \Rightarrow \left(\frac{\partial Z}{\partial p_r}\right)_{T_r} = \frac{V_r + p_r\left(\frac{\partial V_r}{\partial p_r}\right)_{T_r}}{T_r} \end{aligned}\right\} \tag{4-74}$$

由

$$\left(\frac{\partial V_r}{\partial p_r}\right)_{T_r} = \frac{1}{\left(\frac{\partial p_r}{\partial V_r}\right)_{T_r}} \tag{4-75}$$

即可求得压缩因子对压力的导数。

4.5.6 压缩因子对摩尔密度的导数

在定温（T）情况下，通过压缩因子（Z）对摩尔密度（ρ）进行求导，推导过程见式（4-76）：

$$\left.\begin{aligned} & Z = \frac{pV}{RT} \Rightarrow \\ & \left(\frac{\partial Z}{\partial V}\right)_T = \left(\frac{\partial p}{\partial V}\right)_T \frac{V}{RT} + \frac{p}{RT} = \frac{1}{RT}\left[\left(\frac{\partial p}{\partial V}\right)_T V + p\right] \\ & Z = \frac{p}{\rho RT} \Rightarrow \\ & \left(\frac{\partial Z}{\partial \rho}\right)_T = \left(\frac{\partial p}{\partial \rho}\right)_T \frac{1}{\rho RT} + \frac{p}{RT}\left(-\rho^{-2}\right) = \frac{1}{\rho^2 RT}\left[\left(\frac{\partial p}{\partial \rho}\right)_T \rho - p\right] \end{aligned}\right\} \tag{4-76}$$

由于：

$$\frac{\partial p}{\partial V}=\frac{\partial p}{\partial \rho}\frac{\mathrm{d}\rho}{\mathrm{d}V}=-\rho^2\frac{\partial p}{\partial \rho}=-\frac{1}{V^2}\frac{\partial p}{\partial \rho} \tag{4-77}$$

可以推导出式（4-78）：

$$\begin{aligned}\left(\frac{\partial Z}{\partial V}\right)_T&=\frac{1}{RT}\left[\left(\frac{\partial p}{\partial V}\right)_T V+p\right]=\frac{1}{RT}\left[-\rho^2\left(\frac{\partial p}{\partial \rho}\right)_T\frac{1}{\rho}+p\right]\\&=-\frac{1}{RT}\left[\left(\frac{\partial p}{\partial \rho}\right)_T\rho-p\right]=-\rho^2\left(\frac{\partial Z}{\partial \rho}\right)_T=-\frac{1}{V^2}\left(\frac{\partial Z}{\partial \rho}\right)_T\end{aligned} \tag{4-78}$$

4.6 SRK 状态方程和 PR 状态方程涉及的温度导数

利用 SRK 状态方程、PR 状态方程求解比热容、偏离函数的计算公式涉及的温度导数形式一致，如果采用不同的参数变换会得到不同形式的公式，但其求解结果一样。下面进行整理、归类，逐一推导、验证。

4.6.1 单组分一阶温度导数项 $\frac{\mathrm{d}a}{\mathrm{d}T}$ 推导

使用 MATLAB 软件求出 $\frac{\mathrm{d}a}{\mathrm{d}T}$ 的表达式，见式（4-79）：

$$a_i'=\frac{\mathrm{d}a_i}{\mathrm{d}T}=\frac{a_{\mathrm{c}i}m_i\left[m_i\left(\sqrt{T_{\mathrm{r}i}}-1\right)-1\right]}{T_{\mathrm{c}i}\sqrt{T_{\mathrm{r}i}}} \tag{4-79}$$

由于 $\sqrt{\alpha_i}=1+m_i\left(1-\sqrt{T_{\mathrm{r}i}}\right)$，可得到式（4-80）：

$$\frac{\mathrm{d}a_i}{\mathrm{d}T}=-\frac{a_{\mathrm{c}i}m_i\sqrt{\alpha_i}}{T_{\mathrm{c}i}\sqrt{T_{\mathrm{r}i}}} \tag{4-80}$$

对式（4-80）等号右边乘 $\frac{\sqrt{T_{\mathrm{r}i}}}{\sqrt{T_{\mathrm{r}i}}}$，同时注意到 $T_{\mathrm{c}i}T_{\mathrm{r}i}=T$，可得到式（4-81）、式（4-82）：

$$\frac{\mathrm{d}a_i}{\mathrm{d}T}=-\frac{a_{\mathrm{c}i}m_i\sqrt{\alpha_i T_{\mathrm{r}i}}}{T} \tag{4-81}$$

$$\frac{\mathrm{d}a_i}{\mathrm{d}T}=-\frac{a_{\mathrm{c}i}m_i\sqrt{\alpha_i}}{\sqrt{TT_{\mathrm{c}i}}} \tag{4-82}$$

由于 $\sqrt{\alpha_i}=\sqrt{\frac{a_i}{a_{\mathrm{c}i}}}$，将其代入式（4-81）和式（4-82），约分，可得到式（4-83）、式（4-84）：

$$\frac{\mathrm{d}a_i}{\mathrm{d}T}=-\frac{m_i\sqrt{a_{\mathrm{c}i}a_iT_{\mathrm{r}i}}}{T} \tag{4-83}$$

$$\frac{\mathrm{d}a_i}{\mathrm{d}T}=-\frac{m_i\sqrt{a_{\mathrm{c}i}a_i}}{\sqrt{TT_{\mathrm{c}i}}} \tag{4-84}$$

将 $a_{ci}=\dfrac{a_i}{\alpha_i}$ 代入式（4-81），简化，可得式（4-85）：

$$\frac{\mathrm{d}a_i}{\mathrm{d}T}=-\frac{a_i m_i\sqrt{T_{ri}}}{T\sqrt{\alpha_i}} \tag{4-85}$$

4.6.2 多组分一阶温度导数项 $\dfrac{\mathrm{d}a}{\mathrm{d}T}$ 推导

由于 $a=\sum_i^n\sum_j^n y_i y_j\left(a_i a_j\right)^{0.5}\left(1-K_{ij}\right)$，可直接对 a 求导，得到式（4-86）：

$$a'=\frac{\mathrm{d}a}{\mathrm{d}T}=\sum_{i=1}^n\sum_{j=1}^n y_i y_j\frac{1-K_{ij}}{2}\left(\sqrt{\frac{a_i}{a_j}}\frac{\mathrm{d}a_j}{\mathrm{d}T}+\sqrt{\frac{a_j}{a_i}}\frac{\mathrm{d}a_i}{\mathrm{d}T}\right) \tag{4-86}$$

将式（4-79）～式（4-85）分别代入式（4-86），可得不同形式的混合物的 $\dfrac{\mathrm{d}a}{\mathrm{d}T}$ 表达式，其计算结果相同，见式（4-87）～式（4-92）：

$$\frac{\mathrm{d}a}{\mathrm{d}T}=\sum_{i=1}^n\sum_{j=1}^n y_i y_j\frac{1-K_{ij}}{2}\left\{\sqrt{\frac{a_i}{a_j}}\frac{a_{cj}m_j\left[m_j\left(\sqrt{T_{rj}}-1\right)-1\right]}{T_{cj}\sqrt{T_{rj}}}+\sqrt{\frac{a_j}{a_i}}\frac{a_{ci}m_i\left[m_i\left(\sqrt{T_{ri}}-1\right)-1\right]}{T_{ci}\sqrt{T_{ri}}}\right\} \tag{4-87}$$

$$\frac{\mathrm{d}a}{\mathrm{d}T}=-\sum_{i=1}^n\sum_{j=1}^n y_i y_j\frac{1-K_{ij}}{2}\left(\sqrt{\frac{a_i}{a_j}}\frac{a_{cj}m_j\sqrt{\alpha_j}}{T_{cj}\sqrt{T_{rj}}}+\sqrt{\frac{a_j}{a_i}}\frac{a_{ci}m_i\sqrt{\alpha_i}}{T_{ci}\sqrt{T_{ri}}}\right) \tag{4-88}$$

$$\frac{\mathrm{d}a}{\mathrm{d}T}=-\sum_{i=1}^n\sum_{j=1}^n y_i y_j\frac{1-K_{ij}}{2}\left(\sqrt{\frac{a_i}{a_j}}\frac{a_{cj}m_j\sqrt{\alpha_j T_{rj}}}{T}+\sqrt{\frac{a_j}{a_i}}\frac{a_{ci}m_i\sqrt{\alpha_i T_{ri}}}{T}\right) \tag{4-89}$$

$$\begin{aligned}\frac{\mathrm{d}a}{\mathrm{d}T}&=-\sum_{i=1}^n\sum_{j=1}^n y_i y_j\frac{1-K_{ij}}{2}\left(\sqrt{\frac{a_i}{a_j}}\frac{m_j\sqrt{a_{cj}a_j T_{rj}}}{T}+\sqrt{\frac{a_j}{a_i}}\frac{m_i\sqrt{a_{ci}a_i T_{ri}}}{T}\right)\\&=-\sum_{i=1}^n\sum_{j=1}^n y_i y_j\frac{1-K_{ij}}{2T}\left(m_j\sqrt{a_i a_{cj}T_{rj}}+m_i\sqrt{a_j a_{ci}T_{ri}}\right)\end{aligned} \tag{4-90}$$

$$\frac{\mathrm{d}a}{\mathrm{d}T}=-\sum_{i=1}^n\sum_{j=1}^n y_i y_j\frac{1-K_{ij}}{2}\left(\frac{m_j\sqrt{a_i a_{cj}}}{\sqrt{TT_{cj}}}+\frac{m_i\sqrt{a_j a_{ci}}}{\sqrt{TT_{ci}}}\right) \tag{4-91}$$

$$\begin{aligned}\frac{\mathrm{d}a}{\mathrm{d}T}&=-\sum_{i=1}^n\sum_{j=1}^n y_i y_j\frac{1-K_{ij}}{2}\left(\sqrt{\frac{a_i}{a_j}}\frac{a_j m_j\sqrt{T_{rj}}}{T\sqrt{\alpha_j}}+\sqrt{\frac{a_j}{a_i}}\frac{a_i m_i\sqrt{T_{ri}}}{T\sqrt{\alpha_i}}\right)\\&=-\sum_{i=1}^n\sum_{j=1}^n y_i y_j\frac{1-K_{ij}}{2}\left(\frac{\sqrt{a_i a_j}m_j\sqrt{T_{rj}}}{T\sqrt{\alpha_j}}+\frac{\sqrt{a_j a_i}m_i\sqrt{T_{ri}}}{T\sqrt{\alpha_i}}\right)\\&=-\sum_{i=1}^n\sum_{j=1}^n y_i y_j\sqrt{a_i a_j}\frac{1-K_{ij}}{2T}\left(\frac{m_j\sqrt{T_{rj}}}{\sqrt{\alpha_j}}+\frac{m_i\sqrt{T_{ri}}}{\sqrt{\alpha_i}}\right)\end{aligned} \tag{4-92}$$

经分析，由于 a 的混合规则，使得上述混合物的 $\frac{da}{dT}$ 表达式在计算上可以进行简化，即将式中的 $\frac{1}{2}$ 以及花/圆括号内的两项可以认为是花/圆括号中两项的算数平均值。由于花/圆括号中两项的形式一致，那么式（4-87）～式（4-92）可以简化为式（4-93）～式（4-98）：

$$\frac{da}{dT}=\sum_{i=1}^{n}\sum_{j=1}^{n}y_iy_j\left(1-K_{ij}\right)\sqrt{\frac{a_i}{a_j}}\frac{a_{cj}m_j\left[m_j\left(\sqrt{T_{rj}}-1\right)-1\right]}{T_{cj}\sqrt{T_{rj}}} \tag{4-93}$$

$$\frac{da}{dT}=-\sum_{i=1}^{n}\sum_{j=1}^{n}y_iy_j\left(1-K_{ij}\right)\sqrt{\frac{a_i}{a_j}}\frac{a_{cj}m_j\sqrt{\alpha_j}}{T_{cj}\sqrt{T_{rj}}} \tag{4-94}$$

$$\frac{da}{dT}=-\sum_{i=1}^{n}\sum_{j=1}^{n}y_iy_j\left(1-K_{ij}\right)\sqrt{\frac{a_i}{a_j}}\frac{a_{cj}m_j\sqrt{\alpha_jT_{rj}}}{T} \tag{4-95}$$

$$\frac{da}{dT}=-\sum_{i=1}^{n}\sum_{j=1}^{n}y_iy_j\left(1-K_{ij}\right)\frac{m_j\sqrt{a_ia_{cj}T_{rj}}}{T} \tag{4-96}$$

$$\frac{da}{dT}=-\sum_{i=1}^{n}\sum_{j=1}^{n}y_iy_j\left(1-K_{ij}\right)\frac{m_j\sqrt{a_ia_{cj}}}{\sqrt{TT_{cj}}} \tag{4-97}$$

$$\frac{da}{dT}=-\sum_{i=1}^{n}\sum_{j=1}^{n}y_iy_j\left(1-K_{ij}\right)\frac{\sqrt{a_ia_j}\,m_j\sqrt{T_{rj}}}{T\sqrt{\alpha_j}} \tag{4-98}$$

式（4-87）～式（4-92）与式（4-93）～式（4-98）的计算结果相同。

4.6.3 多组分一阶温度导数项 $T\frac{da}{dT}$ 推导

同理，可推导出 $T\frac{da}{dT}$ 简化后的公式，见式（4-99）：

$$T\frac{da}{dT}=-\sum_{i=1}^{n}\sum_{j=1}^{n}y_iy_j\left(1-K_{ij}\right)m_j\sqrt{a_ia_{cj}T_{rj}} \tag{4-99}$$

4.6.4 多组分一阶温度导数项 $\left(a-T\frac{da}{dT}\right)$ 推导

由式（4-92）推导得到式（4-100），简化后见式（4-101）：

$$\begin{aligned}a-T\frac{da}{dT}&=\sum_{i}^{n}\sum_{j}^{n}y_iy_j\sqrt{a_ia_j}\left(1-K_{ij}\right)+T\sum_{i=1}^{n}\sum_{j=1}^{n}y_iy_j\sqrt{a_ia_j}\left(1-K_{ij}\right)\left(\frac{m_j\sqrt{T_{rj}}}{2T\sqrt{\alpha_j}}+\frac{m_i\sqrt{T_{ri}}}{2T\sqrt{\alpha_i}}\right)\\&=\sum_{i}^{n}\sum_{j}^{n}y_iy_j\sqrt{a_ia_j}\left(1-K_{ij}\right)+\sum_{i=1}^{n}\sum_{j=1}^{n}y_iy_j\sqrt{a_ia_j}\left(1-K_{ij}\right)\left(\frac{m_j\sqrt{T_{rj}}}{2\sqrt{\alpha_j}}+\frac{m_i\sqrt{T_{ri}}}{2\sqrt{\alpha_i}}\right)\\&=\sum_{i}^{n}\sum_{j}^{n}y_iy_j\sqrt{a_ia_j}\left(1-K_{ij}\right)\left(1+\frac{m_j\sqrt{T_{rj}}}{2\sqrt{\alpha_j}}+\frac{m_i\sqrt{T_{ri}}}{2\sqrt{\alpha_i}}\right)\end{aligned} \tag{4-100}$$

$$a-T\frac{\mathrm{d}a}{\mathrm{d}T}=\sum_{i}^{n}\sum_{j}^{n}y_iy_j\sqrt{a_ia_j}\left(1-K_{ij}\right)\left(1+\frac{m_j\sqrt{T_{rj}}}{\sqrt{\alpha_j}}\right) \tag{4-101}$$

4.6.5 单组分二阶温度导数项 $\frac{\mathrm{d}^2a}{\mathrm{d}T^2}$ 推导

为简化推导，在式（4-82）的基础上进行求导，推导过程见式（4-102）：

$$\begin{aligned}
a'&=\frac{\mathrm{d}a_i}{\mathrm{d}T}=-\frac{a_{ci}m_i\sqrt{\alpha_i}}{\sqrt{TT_{ci}}}\\
&=-\frac{a_{ci}m_i}{\sqrt{T_{ci}}}T^{-1/2}\left[1+m_i\left(1-\frac{T^{1/2}}{\sqrt{T_{ci}}}\right)\right]\\
&=-\frac{a_{ci}m_i}{\sqrt{T_{ci}}}T^{-1/2}-\frac{a_{ci}m_i}{\sqrt{T_{ci}}}T^{-1/2}m_i+\frac{a_{ci}m_i}{\sqrt{T_{ci}}}T^{-1/2}\frac{m_iT^{1/2}}{\sqrt{T_{ci}}}\\
&=-\frac{a_{ci}m_i}{\sqrt{T_{ci}}}T^{-1/2}-\frac{a_{ci}m_i}{\sqrt{T_{ci}}}T^{-1/2}m_i+\frac{a_{ci}m_i}{\sqrt{T_{ci}}}\frac{m_i}{\sqrt{T_{ci}}}
\end{aligned} \tag{4-102}$$

推导结果见式（4-103）：

$$\begin{aligned}
\frac{\mathrm{d}^2a_i}{\mathrm{d}T^2}&=\frac{1}{2}\frac{a_{ci}m_i}{\sqrt{T_{ci}}}T^{-3/2}+\frac{1}{2}\frac{a_{ci}m_i}{\sqrt{T_{ci}}}T^{-3/2}m_i\\
&=\frac{1}{2}\frac{a_{ci}m_i}{\sqrt{T_{ci}}}T^{-3/2}\left(1+m_i\right)\\
&=\frac{a_{ci}m_i}{2TT_{ci}\sqrt{T_{ri}}}\left(1+m_i\right)\\
&=\frac{a_{ci}m_i}{2T\sqrt{T_{ci}T}}\left(1+m_i\right)
\end{aligned} \tag{4-103}$$

其他形式的变换不一一列出。

4.6.6 多组分二阶温度导数项 $\frac{\mathrm{d}^2a}{\mathrm{d}T^2}$ 推导

为方便上下文推导对照，将式（4-86）重复列出：

$$a'=\frac{\mathrm{d}a}{\mathrm{d}T}=\sum_{i=1}^{n}\sum_{j=1}^{n}y_iy_j\frac{1-K_{ij}}{2}\left(\sqrt{\frac{a_i}{a_j}}\frac{\mathrm{d}a_j}{\mathrm{d}T}+\sqrt{\frac{a_j}{a_i}}\frac{\mathrm{d}a_i}{\mathrm{d}T}\right)$$

再次求导、整理，可得式（4-104）：

$$\left.\begin{aligned}
a''&=\frac{\mathrm{d}^2a}{\mathrm{d}T^2}=\sum_{i=1}^{n}\sum_{j=1}^{n}y_iy_j\frac{1-K_{ij}}{2}\left[\frac{a_i'a_j'}{\sqrt{a_ia_j}}+\frac{a_i''\sqrt{a_j}}{\sqrt{a_i}}+\frac{a_j''\sqrt{a_i}}{\sqrt{a_j}}-\frac{1}{2}\left(\frac{a_i'^2\sqrt{a_j}}{\sqrt{a_i^3}}+\frac{a_j'^2\sqrt{a_i}}{\sqrt{a_j^3}}\right)\right]\\
a_i''&=\frac{\mathrm{d}^2a_i}{\mathrm{d}T^2}=\frac{\mathrm{d}a_i'}{\mathrm{d}T}=\frac{a_{ci}m_i}{2TT_{ci}\sqrt{T_{ri}}}\left(1+m_i\right)
\end{aligned}\right\} \tag{4-104}$$

式（4-104）经过简化后可以转化为式（4-105）、式（4-106）：

$$\frac{d^2a}{dT^2}=\frac{1}{2}\sum_{i=1}^{n}\sum_{j=1}^{n}y_iy_j\left(1-K_{ij}\right)\frac{m_i\sqrt{a_{ci}}}{\sqrt{TT_{ci}}}\left(\frac{m_j\sqrt{a_{cj}}}{\sqrt{TT_{cj}}}+\frac{\sqrt{a_j}}{T}\right) \tag{4-105}$$

$$\begin{aligned}\frac{d^2a}{dT^2}&=-\frac{1}{2}\sum_{i=1}^{n}\sum_{j=1}^{n}y_iy_j\left(1-K_{ij}\right)\frac{m_j\sqrt{a_{cj}}}{\sqrt{T_{cj}}}\left(\frac{1}{\sqrt{Ta_i}}\frac{da_i}{dT}-\frac{\sqrt{a_i}}{T\sqrt{T}}\right)\\&=-\frac{1}{2}\sum_{i=1}^{n}\sum_{j=1}^{n}y_iy_j\left(1-K_{ij}\right)\frac{m_j\sqrt{a_{cj}}}{\sqrt{TT_{cj}}}\left(\frac{1}{\sqrt{a_i}}\frac{da_i}{dT}-\frac{\sqrt{a_i}}{T}\right)\end{aligned} \tag{4-106}$$

4.6.7 推荐的公式

苑伟民等人推荐使用以下各式，其形式较为简单，便于计算。

1. 温度的一阶导数

对于单组分，温度的一阶导数见式（4-107）、式（4-108）：

$$\frac{da_i}{dT}=-\frac{m_i\sqrt{a_ia_{ci}}}{\sqrt{TT_{ci}}} \tag{4-107}$$

$$T\frac{da_i}{dT}=-m_i\sqrt{a_ia_{ci}T_{ri}} \tag{4-108}$$

对于多组分，温度的一阶导数见式（4-109）、式（4-110）：

$$\frac{da}{dT}=-\sum_{i=1}^{n}\sum_{j=1}^{n}y_iy_j\left(1-K_{ij}\right)\frac{m_j\sqrt{a_ia_{cj}}}{\sqrt{TT_{cj}}} \tag{4-109}$$

$$T\frac{da}{dT}=-\sum_{i=1}^{n}\sum_{j=1}^{n}y_iy_j\left(1-K_{ij}\right)m_j\sqrt{a_ia_{cj}T_{rj}} \tag{4-110}$$

2. 温度的二阶导数

对于单组分，温度的二阶导数见式（4-111）、式（4-112）：

$$\frac{d^2a_i}{dT^2}=\frac{m_ia_{ci}\left(1+m_i\right)}{2T\sqrt{T_{ci}T}} \tag{4-111}$$

$$T\frac{d^2a_i}{dT^2}=\frac{m_ia_{ci}\left(1+m_i\right)}{2T_{ci}\sqrt{T_{ri}}} \tag{4-112}$$

对于多组分，温度的二阶导数见式（4-113）、式（4-114）：

$$\frac{d^2a}{dT^2}=\frac{1}{2}\sum_{i=1}^{n}\sum_{j=1}^{n}y_iy_j\left(1-K_{ij}\right)\frac{m_i\sqrt{a_{ci}}}{\sqrt{TT_{ci}}}\left(\frac{m_j\sqrt{a_{cj}}}{\sqrt{TT_{cj}}}+\frac{\sqrt{a_j}}{T}\right) \tag{4-113}$$

$$T\frac{d^2a}{dT^2}=\frac{1}{2}\sum_{i=1}^{n}\sum_{j=1}^{n}y_iy_j\left(1-K_{ij}\right)\frac{m_i\sqrt{a_{ci}}}{\sqrt{T_{ci}}}\left(\frac{m_j\sqrt{a_{cj}}}{\sqrt{T_{cj}}}+\frac{\sqrt{a_j}}{\sqrt{T}}\right) \tag{4-114}$$

第 5 章　剩余性质与偏离函数

理想气体比热容本身只是温度的单值函数，但真实气体的定压热容是温度和压力的函数，不易获得，导致难以应用定压热容计算实际气体的熵变和焓变，因此需要寻找一种更为普遍的用于计算熵变和焓变的函数。剩余性质应运而生，该函数利用状态函数与过程无关的特点，将真实气体虚拟为理想气体，然后在虚拟的理想气体状态下，计算温度和压力的变化引起的焓变或熵变，再计算真实气体与理想气体间性质的差值来加以修正。

5.1　剩余性质的基本概念

剩余性质（Residual Property）又称残余性质、残余函数，表示气体在相同的温度、压力下处于真实状态和理想状态的热力学性质之间的差值，用符号 M^R 表示，见式（5-1）：

$$M^R(T,p)=M(T,p)-M^{ig}(T,p) \tag{5-1}$$

式中：M 为气体处于真实状态的某一热力学性质（任意容量性质）；M^{ig} 为气体在相同的温度、压力条件下处于理想状态的同一热力学性质。

由定义可知，剩余性质是一个假想的概念，但是可以利用这一概念求出气体处于真实状态与理想状态的热力学性质之间的差值，从而求出真实状态下气体的热力学性质，这是热力学中处理问题的一种方法。

为了计算热力学性质 M（如焓 H 和熵 S），将式（5-1）写成式（5-2）：

$$M=M^{ig}+M^R \tag{5-2}$$

M^{ig} 为理想气体的热力学性质，可以用适合理想气体的简单方程来计算；M^R 为剩余性质，是校正理想气体热力学性质的项，与真实气体的 p、V、T 相关。理想气体的热力学性质容易求得，因此计算 M 的关键在于计算剩余性质 M^R。

下面推导以 T、p 为独立变量的剩余性质公式。根据式（5-1），在等温条件下对压力 p 求偏导数：

$$\left(\frac{\partial M^R}{\partial p}\right)_T=\left(\frac{\partial M}{\partial p}\right)_T-\left(\frac{\partial M^{ig}}{\partial p}\right)_T$$

经整理得到 M^R 相应于 $\mathrm{d}p$ 的微分，见式（5-3）：

$$\mathrm{d}M^R=\left[\left(\frac{\partial M}{\partial p}\right)_T-\left(\frac{\partial M^{ig}}{\partial p}\right)_T\right]\mathrm{d}p \tag{5-3}$$

由 p_0 到 p 积分，然后移项，得到式（5-4）：

$$M^{\mathrm{R}} = M_0^{\mathrm{R}} + \int_{p_0}^{p} \left[\left(\frac{\partial M}{\partial p} \right)_T - \left(\frac{\partial M^{\mathrm{ig}}}{\partial p} \right)_T \right] \mathrm{d}p \tag{5-4}$$

式中：M_0^{R} 是压力为 p_0 时剩余性质的值。实际上，当 $p_0 \to 0$ 时，某些热力学性质的值趋近于理想状态下的热力学性质的值，如焓和熵，即 $M_0^{\mathrm{R}}=0$，于是得到式（5-5）。

$$M^{\mathrm{R}} = \int_{p_0}^{p} \left[\left(\frac{\partial M}{\partial p} \right)_T - \left(\frac{\partial M^{\mathrm{ig}}}{\partial p} \right)_T \right] \mathrm{d}p \tag{5-5}$$

当剩余性质为熵时，等温状态下剩余熵推导如下：

$$\left. \begin{aligned} \left(\frac{\partial S}{\partial p} \right)_T &= -\left(\frac{\partial V}{\partial T} \right)_p \\ \left(\frac{\partial S^{\mathrm{ig}}}{\partial p} \right)_T &= -\left(\frac{\partial V^{\mathrm{ig}}}{\partial T} \right)_p = -\frac{R}{p} \end{aligned} \right\} \Rightarrow S^{\mathrm{R}} = \int_0^p \left[\left(\frac{\partial S}{\partial p} \right)_T - \left(\frac{\partial S^{\mathrm{ig}}}{\partial p} \right)_T \right] \mathrm{d}p$$

经整理后得到式（5-6）：

$$S^{\mathrm{R}} = \int_0^p \left(\frac{R}{p} - \left(\frac{\partial V}{\partial T} \right)_p \right) \mathrm{d}p \tag{5-6}$$

当剩余性质为焓时，等温状态下剩余焓推导如下：

$$\left. \begin{aligned} \left(\frac{\partial H}{\partial p} \right)_T &= V - T\left(\frac{\partial V}{\partial T} \right)_p \\ \left(\frac{\partial H^{\mathrm{ig}}}{\partial p} \right)_T &= \frac{RT}{p} - T\frac{R}{p} = 0 \end{aligned} \right\} \Rightarrow H^{\mathrm{R}} = \int_0^p \left[\left(\frac{\partial H}{\partial p} \right)_T - \left(\frac{\partial H^{\mathrm{ig}}}{\partial p} \right)_T \right] \mathrm{d}p$$

经整理后得到式（5-7）：

$$H^{\mathrm{R}} = \int_0^p \left[V - T\left(\frac{\partial V}{\partial T} \right)_p \right] \mathrm{d}p \tag{5-7}$$

式（5-6）和式（5-7）是根据 p、V、T 数据计算剩余熵和剩余焓的基本公式，这些式子的积分都是在恒温条件下进行的。只要有 p、V、T 数据或者合适的状态方程，就能求出剩余性质。

5.2 利用剩余性质推导真实气体的熵变和焓变

真实气体的熵变 ΔS 与焓变 ΔH 可以通过图 5-1 所示的路径来实现。

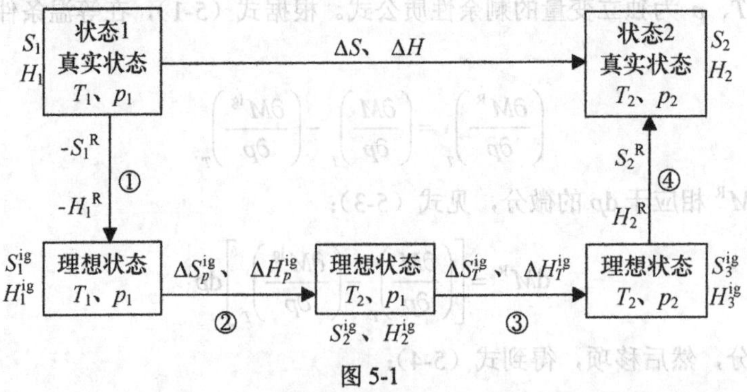

图 5-1

（1）由状态 1 到达温度和压力相同的理想状态（既然气体处于真实状态下，那么在相同的温度和压力下是不可能处于理想状态的，所以剩余性质只是一个假想的概念），其焓变和熵变过程分别为：

$$S_1 - S_1^{\mathrm{R}} = S_1^{\mathrm{ig}}$$
$$H_1 - H_1^{\mathrm{R}} = H_1^{\mathrm{ig}}$$

（2）在理想状态下，压力 p_1 不变，温度改变至 T_2，其熵变和焓变过程分别为：

$$S_1^{\mathrm{ig}} + \Delta S_p^{\mathrm{ig}} = S_2^{\mathrm{ig}}$$
$$H_1^{\mathrm{ig}} + \Delta H_p^{\mathrm{ig}} = H_2^{\mathrm{ig}}$$

（3）在理想状态下，温度 T_2 不变，压力改变至 p_2，理想气体等温熵变和等温焓变（$\Delta H_T^{\mathrm{ig}} = 0$）过程分别为：

$$S_2^{\mathrm{ig}} + \Delta S_T^{\mathrm{ig}} = S_3^{\mathrm{ig}}$$
$$H_2^{\mathrm{ig}} + 0 = H_3^{\mathrm{ig}}$$

（4）理想状态到状态 2，其等温熵变和等温焓变过程分别为：

$$S_3^{\mathrm{ig}} + S_2^{\mathrm{R}} = S_2$$
$$H_3^{\mathrm{ig}} + H_2^{\mathrm{R}} = H_2$$

需要说明的是：理想状态下的等温焓变为 0，理想状态下的等温熵变不为 0，由理想状态到真实状态的等温焓变一般不为 0。

由以上分析可以得出熵变的推导过程：

$$S_1 - S_1^{\mathrm{R}} + S_1^{\mathrm{ig}} + \Delta S_{\mathrm{p}}^{\mathrm{ig}} + S_2^{\mathrm{ig}} + \Delta S_{\mathrm{T}}^{\mathrm{ig}} + S_3^{\mathrm{ig}} + S_2^{\mathrm{R}} = S_1^{\mathrm{ig}} + S_2^{\mathrm{ig}} + S_3^{\mathrm{ig}} + S_2$$
$$\Rightarrow S_1 - S_1^{\mathrm{R}} + \Delta S_{\mathrm{p}}^{\mathrm{ig}} + \Delta S_{\mathrm{T}}^{\mathrm{ig}} + S_2^{\mathrm{R}} = S_2$$
$$\Rightarrow \Delta S_{\mathrm{p}}^{\mathrm{ig}} + \Delta S_{\mathrm{T}}^{\mathrm{ig}} + S_2^{\mathrm{R}} - S_1^{\mathrm{R}} = S_2 - S_1$$
$$\Rightarrow \Delta S = S_2 - S_1$$

同样可以得出焓变的推导过程：

$$H_1 - H_1^{\mathrm{R}} + H_1^{\mathrm{ig}} + \Delta H_{\mathrm{p}}^{\mathrm{ig}} + H_2^{\mathrm{ig}} + 0 + H_3^{\mathrm{ig}} + H_2^{\mathrm{R}} = H_1^{\mathrm{ig}} + H_2^{\mathrm{ig}} + H_3^{\mathrm{ig}} + H_2$$
$$\Rightarrow H_1 - H_1^{\mathrm{R}} + \Delta H_{\mathrm{p}}^{\mathrm{ig}} + H_2^{\mathrm{R}} = H_2$$
$$\Rightarrow H_2^{\mathrm{R}} - H_1^{\mathrm{R}} + \Delta H_{\mathrm{p}}^{\mathrm{ig}} = H_2 - H_1$$
$$\Rightarrow \Delta H = H_2 - H_1$$

其中：

$$\Delta H_p^{\mathrm{ig}} = \int_{T_1}^{T_2} C_p^{\mathrm{ig}} \mathrm{d}T$$

由于：

$$\left.\begin{aligned} \Delta S_p^{\mathrm{ig}} &= \int_{T_1}^{T_2} \frac{C_{\mathrm{p}}^{\mathrm{ig}}}{T} \mathrm{d}T \\ \Delta S_T^{\mathrm{ig}} &= R \ln \frac{p_1}{p_2} \\ \Delta S^{\mathrm{ig}} &= \Delta S_p^{\mathrm{ig}} + \Delta S_T^{\mathrm{ig}} \end{aligned}\right\} \tag{5-8}$$

可以推导出：

$$\Delta S^{\text{ig}} = \int_{T_1}^{T_2} \frac{C_p}{T} \mathrm{d}T - \ln \frac{p_2}{p_1} \tag{5-9}$$

于是可以推导出式（5-10）：

$$\left.\begin{aligned} \Delta H &= H_2^{\mathrm{R}} - H_1^{\mathrm{R}} + \int_{T_1}^{T_2} C_p^{\text{ig}} \mathrm{d}T \\ \Delta S &= S_2^{\mathrm{R}} - S_1^{\mathrm{R}} + \int_{T_1}^{T_2} \frac{C_p^{\text{ig}}}{T} \mathrm{d}T + R \ln \frac{p_2}{p_1} \end{aligned}\right\} \tag{5-10}$$

只要计算剩余性质，就可以根据式（5-10）计算出真实气体的焓变和熵变。真实气体的其他热力学性质的计算可以按照图 5-1 所示的计算路径进行。工程上使用较多的是计算状态 1 到状态 2 的焓变和熵变，不经常使用某一状态下的焓值和熵值。如果要求某一状态下的焓值和熵值，必须要确定作为计算的起始点的参考态（基准态），参考温度 T_0 和参考压力 p_0 的焓 H_0^{ig} 和熵 S_0^{ig} 是计算焓值 H 和熵值 S 的基准。参考温度 T_0 和参考压力 p_0 是根据计算是否简便选择和确定的，同样焓 H_0^{ig} 和熵 S_0^{ig} 也是任意指定的使计算简便的值（可以是 0，也可以是其他数值），但是不管参考温度 T_0 如何选择，参考压力 p_0 应足够小。

参考态选定后，任意温度 T 和压力 p 下体系的焓值、熵值就等于由参考态（始态）至终态的焓变和熵变，见式（5-11）：

$$\left.\begin{aligned} H &= H_0^{\text{ig}} + \Delta H = H_0^{\text{ig}} + H_2^{\mathrm{R}} - H_1^{\mathrm{R}} + \int_{T_1}^{T_2} C_p^{\text{ig}} \mathrm{d}T = H_0^{\text{ig}} + H^{\mathrm{R}} + \int_{T_1}^{T_2} C_p^{\text{ig}} \mathrm{d}T \\ S &= S_0^{\text{ig}} + \Delta S = S_0^{\text{ig}} + S_2^{\mathrm{R}} - S_1^{\mathrm{R}} + \int_{T_1}^{T_2} \frac{C_p^{\text{ig}}}{T} \mathrm{d}T + R \ln \frac{p_2}{p_1} = S_0^{\text{ig}} + S^{\mathrm{R}} + \int_{T_1}^{T_2} \frac{C_p^{\text{ig}}}{T} \mathrm{d}T + R \ln \frac{p_2}{p_1} \end{aligned}\right\} \tag{5-11}$$

式（5-11）中 H^{R} 和 S^{R} 为在相同温度和压力下真实气体与理想气体的焓差与熵差。

5.3 剩余性质 H^{R} 和 S^{R} 的推导

利用剩余性质的概念可以找出气体在真实状态与理想状态的热力学性质之间的差值，从而计算出真实状态下气体的热力学性质。可以采用状态方程或普适化关系式计算剩余性质。

5.3.1 剩余熵与 p、V、T 关系

根据剩余性质的定义式 $M^{\mathrm{R}}(T,p) = M(T,p) - M^{\text{ig}}(T,p_0)$，剩余熵可以表示为式（5-12）：

$$S^{\mathrm{R}} = S(T,p) - S^{\text{ig}}(T,p) \tag{5-12}$$

在恒温条件下，将式（5-12）两边分别对 p 求偏导数，得到 S^{R} 相应于 $\mathrm{d}p$ 的微分，见如下推导：

$$\left(\frac{\partial S^{\mathrm{R}}}{\partial p}\right)_T = \left(\frac{\partial S}{\partial p}\right)_T - \left(\frac{\partial S^{\text{ig}}}{\partial p}\right)_T$$

经过整理后得到式（5-13）：

$$\mathrm{d}S^{\mathrm{R}} = \left[\left(\frac{\partial S}{\partial p}\right)_T - \left(\frac{\partial S^{\text{ig}}}{\partial p}\right)_T\right] \mathrm{d}p \tag{5-13}$$

由 p_0 到 p 积分，得到式（5-14）：

$$\int_{S_0^{\mathrm{R}}}^{S^{\mathrm{R}}} \mathrm{d}S^{\mathrm{R}} = \int_{p_0}^{p}\left[\left(\frac{\partial S}{\partial p}\right)_T - \left(\frac{\partial S^{\mathrm{ig}}}{\partial p}\right)_T\right]\mathrm{d}p \tag{5-14}$$

当 p 趋近于 0 时，真实气体可近似为理想气体，此时 $S_0^{\mathrm{R}} = 0$ 。

（1）利用以 V 为显函数的状态方程推导剩余熵表达式。

根据式（5-14）可得：

$$S^{\mathrm{R}} = \int_{0}^{p}\left[\left(\frac{\partial S}{\partial p}\right)_T - \left(\frac{\partial S^{\mathrm{ig}}}{\partial p}\right)_T\right]\mathrm{d}p$$

由于：

$$\left.\begin{aligned}\left(\frac{\partial S}{\partial p}\right)_T &= -\left(\frac{\partial V}{\partial T}\right)_p \\ \left(\frac{\partial S^{\mathrm{ig}}}{\partial p}\right)_T &= -\frac{R}{p}\end{aligned}\right\}$$

可以推导出式（5-15）：

$$S^{\mathrm{R}} = \int_{0}^{p}\left[\frac{R}{p} - \left(\frac{\partial V}{\partial T}\right)_p\right]\mathrm{d}p \tag{5-15}$$

（2）利用以 p 为显函数的状态方程推导剩余熵表达式。

当状态方程是以 V 为显函数的形式时宜采用式（5-15）计算剩余熵，但是状态方程大多是以 p 为显函数的形式。下面推导以 p 为显函数的状态方程的剩余熵表达式。

由于：

$$\left.\begin{aligned}S^{\mathrm{R}} &= \int_{0}^{p}\left[\left(\frac{\partial S}{\partial p}\right)_T - \left(\frac{\partial S^{\mathrm{ig}}}{\partial p}\right)_T\right]\mathrm{d}p \\ \left(\frac{\partial S}{\partial p}\right)_T &= -\left(\frac{\partial V}{\partial T}\right)_p \\ \left(\frac{\partial S^{\mathrm{ig}}}{\partial p}\right)_T &= -\left(\frac{\partial V^{\mathrm{ig}}}{\partial T}\right)_p\end{aligned}\right\}$$

可以推导出式（5-16）：

$$S^{\mathrm{R}} = \int_{0}^{p}\left[\left(\frac{\partial V^{\mathrm{ig}}}{\partial T}\right)_p - \left(\frac{\partial V}{\partial T}\right)_p\right]\mathrm{d}p \tag{5-16}$$

由 Maxwell 关系式 $\left(\frac{\partial p}{\partial V}\right)_T\left(\frac{\partial V}{\partial T}\right)_p\left(\frac{\partial T}{\partial p}\right)_V = -1$，可以得到：

$$\left(\frac{\partial V}{\partial T}\right)_p \mathrm{d}p = -\left(\frac{\partial p}{\partial T}\right)_V \mathrm{d}V$$

由于：

$$\left.\begin{aligned}&\left(\frac{\partial p^{\text{ig}}}{\partial T}\right)_p\frac{\mathrm{d}p}{\mathrm{d}V}=\frac{R}{V}\\&S^{\text{R}}=\int_0^p\left[\left(\frac{\partial V^{\text{ig}}}{\partial T}\right)_p-\left(\frac{\partial V}{\partial T}\right)_p\right]\mathrm{d}p\end{aligned}\right\}$$

可以推导出式（5-17）：

$$S^{\text{R}}=\int_\infty^V\left[\left(\frac{\partial p}{\partial T}\right)_V-\frac{R}{V}+\right]\mathrm{d}V \tag{5-17}$$

5.3.2 剩余焓与 p、V、T 关系

根据剩余性质的定义式 $M^{\text{R}}(T,p)=M(T,p)-M^{\text{ig}}(T,p_0)$，剩余焓可以表示为式（5-18）：

$$H^{\text{R}}=H(T,p)-H^{\text{ig}}(T,p) \tag{5-18}$$

在恒温条件下，将式（5-18）两边分别对 p 求偏导数，得到 H^{R} 相应于 $\mathrm{d}p$ 的微分，见如下推导：

$$\left(\frac{\partial H^{\text{R}}}{\partial p}\right)_T=\left(\frac{\partial H}{\partial p}\right)_T-\left(\frac{\partial H^{\text{ig}}}{\partial p}\right)_T$$

经过整理后得到式（5-19）：

$$\mathrm{d}H^{\text{R}}=\left[\left(\frac{\partial H}{\partial p}\right)_T-\left(\frac{\partial H^{\text{ig}}}{\partial p}\right)_T\right]\mathrm{d}p \tag{5-19}$$

由 p_0 到 p 积分，得到式（5-20）：

$$\int_{H_0^{\text{R}}}^{H^{\text{R}}}\mathrm{d}H^{\text{R}}=\int_{p_0}^p\left[\left(\frac{\partial H}{\partial p}\right)_T-\left(\frac{\partial H^{\text{ig}}}{\partial p}\right)_T\right]\mathrm{d}p \tag{5-20}$$

当 p 趋近于 0 时，真实气体可近似为理想气体，此时 $H_0^{\text{R}}=0$。

利用以 V 为显函数的状态方程推导剩余焓表达式。

根据式（5-20）可得：

$$H^{\text{R}}=\int_0^p\left[\left(\frac{\partial H}{\partial p}\right)_T-\left(\frac{\partial H^{\text{ig}}}{\partial p}\right)_T\right]\mathrm{d}p$$

由于：

$$\left.\begin{aligned}&\left(\frac{\partial H}{\partial p}\right)_T=V-T\left(\frac{\partial V}{\partial T}\right)_p\\&\left(\frac{\partial H^{\text{ig}}}{\partial p}\right)_T=0\end{aligned}\right\}$$

可以推导出式（5-21）：

$$H^{\text{R}}=\int_0^p\left[V-T\left(\frac{\partial V}{\partial T}\right)_p\right]\mathrm{d}p \tag{5-21}$$

以 p 为显函数的状态方程的剩余熵表达式推导过程如下：

$$\left.\begin{array}{l}\left(\dfrac{\partial V}{\partial T}\right)_p \mathrm{d}p=-\left(\dfrac{\partial p}{\partial T}\right)_V \mathrm{d}V \\ \mathrm{d}(pV)=V\mathrm{d}p+p\mathrm{d}V \\ H^{\mathrm{R}}=\displaystyle\int_0^p\left[V-T\left(\dfrac{\partial V}{\partial T}\right)_p\right]\mathrm{d}p\end{array}\right\}\Rightarrow H^{\mathrm{R}}=\int_{\infty}^{V}\mathrm{d}(pV)+\int_{\infty}^{V}\left[T\left(\frac{\partial p}{\partial T}\right)_V-p\right]\mathrm{d}V$$

由于：

$$\int_{\infty}^{V}\mathrm{d}(pV)=pV-pV_{\infty}=pV-RT$$

可以推导出式（5-22）：

$$H^{\mathrm{R}}=pV-RT+\int_{\infty}^{V}\left[T\left(\frac{\partial p}{\partial T}\right)_V-p\right]\mathrm{d}V \tag{5-22}$$

提示　任何真实气体，当压力趋于 0 或者体积趋于无穷大时，可以认为该气体处于理想状态，1mol 理想气体的状态方程为 $pV_{\infty}=RT$。

5.4　利用 RK 状态方程计算 H^{R} 和 S^{R}

下面以 RK 状态方程为例进行剩余焓和剩余熵的推导。

5.4.1　基于 RK 状态方程的 H^{R}

基于 RK 状态方程的等温状态下剩余焓 H^{R} 公式推导如下。

对于 RK 方程有：

$$p=\frac{RT}{V-b}-\frac{a}{V(V+b)T^{1/2}} \tag{5-23}$$

由于：

$$T\left(\frac{\partial p}{\partial T}\right)_V=\frac{RT}{V-b}+\frac{1}{2}\frac{a}{V(V+b)T^{1/2}}$$

可以推导出式（5-24）：

$$T\left(\frac{\partial p}{\partial T}\right)_V-p=\frac{3a}{2T^{1/2}}\frac{1}{V(V+b)} \tag{5-24}$$

又由于：

$$\left.\begin{array}{l}\displaystyle\int\frac{\mathrm{d}x}{x(ax+b)}=-\frac{1}{b}\ln\left|\frac{ax+b}{x}\right|+C \\ \ln\dfrac{\infty+b}{\infty}\rightarrow\ln 1=0\end{array}\right\} \tag{5-25}$$

可以得到以下推导过程：

$$\int_{\infty}^{V}\left[T\left(\frac{\partial p}{\partial T}\right)_V-p\right]\mathrm{d}V=\int_{\infty}^{V}\frac{3a}{2T^{1/2}}\frac{1}{V(V+b)}\mathrm{d}V$$
$$=\frac{3a}{2T^{1/2}}\left(-\frac{1}{b}\ln\frac{V+b}{V}\right)-\frac{3a}{2T^{1/2}}\left(-\frac{1}{b}\ln\frac{\infty+b}{\infty}\right)$$

于是可以得到式（5-26）：

$$\int_{\infty}^{V}\left[T\left(\frac{\partial p}{\partial T}\right)_V-p\right]\mathrm{d}V=-\frac{3a}{2bT^{1/2}}\ln\frac{V+b}{V} \tag{5-26}$$

那么可以推出式（5-27）：

$$\begin{aligned}H^{\mathrm{R}}&=pV-RT+\int_{\infty}^{V}\left[T\left(\frac{\partial p}{\partial T}\right)_V-p\right]\mathrm{d}V\\&=pV-RT-\frac{3a}{2bT^{1/2}}\ln\left(1+\frac{b}{V}\right)\\&=pV-RT-\frac{3a}{2bT^{1/2}}\ln\frac{V+b}{V}\end{aligned} \tag{5-27}$$

RK 状态方程如下：

$$p=\frac{RT}{V-b}-\frac{a}{V(V+b)T^{1/2}}$$

RK 状态方程等号两边同时乘以 V，减去 RT，经过整理可以得到式（5-28）：

$$pV-RT=\frac{bRT}{V-b}-\frac{a}{(V+b)T^{1/2}} \tag{5-28}$$

故可以推出式（5-29）：

$$\begin{aligned}H^{\mathrm{R}}&=\frac{bRT}{V-b}-\frac{a}{(V+b)T^{1/2}}-\frac{3a}{2bT^{1/2}}\ln\left(1+\frac{b}{V}\right)\\&=\frac{bRT}{V-b}-\frac{a}{(V+b)T^{1/2}}-\frac{3a}{2bT^{1/2}}\ln\frac{V+b}{V}\end{aligned} \tag{5-29}$$

提示　上面将 $\left[T\left(\frac{\partial p}{\partial T}\right)_V-p\right]$ 先行简化是关键。

此外，根据对数运算法则及其他法则还可以将式（5-27）和式（5-29）转化为其他形式。对数运算法则见式（5-30）：

$$\log_a\left(\frac{M}{N}\right)=\log_a M-\log_a N=-\log_a\left(\frac{N}{M}\right) \tag{5-30}$$

剩余焓可以转化为式（5-31）：

$$\begin{aligned}H^{\mathrm{R}}&=pV-RT+\frac{3a}{2bT^{1/2}}\ln\frac{V}{V+b}\\&=\frac{bRT}{V-b}-\frac{a}{(V+b)T^{1/2}}+\frac{3a}{2bT^{1/2}}\ln\frac{V}{V+b}\end{aligned} \tag{5-31}$$

5.4.2 基于 RK 状态方程的 S^R

剩余熵的推导类似剩余焓的推导，下面直接给出推导过程。

$$\left.\begin{aligned} &p=\frac{RT}{V-b}-\frac{a}{V(V+b)T^{1/2}} \\ &\left(\frac{\partial p}{\partial T}\right)_V=\frac{R}{V-b}+\frac{1}{2}\frac{a}{V(V+b)T^{3/2}} \\ &S^R=\int_\infty^V\left[\left(\frac{\partial p}{\partial T}\right)_V-\frac{R}{V}\right]dV \end{aligned}\right\}\Rightarrow S^R=\int_\infty^V\left[\frac{R}{V-b}+\frac{1}{2}\frac{a}{V(V+b)T^{3/2}}-\frac{R}{V}\right]dV$$

$$\left.\begin{aligned} &\Rightarrow S^R=\int_\infty^V\left[\frac{bR}{V(V-b)}+\frac{1}{2}\frac{a}{V(V+b)T^{3/2}}\right]dV \\ &\int\frac{dx}{x(ax+b)}=-\frac{1}{b}\ln\left|\frac{ax+b}{x}\right|+C \end{aligned}\right\}$$

$$\left.\begin{aligned} &\Rightarrow S^R=\left[R\ln\frac{V-b}{V}-\frac{a}{2bT^{3/2}}\ln\frac{V+b}{V}\right]_\infty^V \\ &\ln\frac{V_\infty-b}{V_\infty}=\ln 1=0 \\ &\ln\frac{V_\infty+b}{V_\infty}=\ln 1=0 \end{aligned}\right\}\Rightarrow S^R=R\ln\frac{V-b}{V}-\frac{a}{2bT^{3/2}}\ln\frac{V+b}{V}$$

经整理后得到式（5-32）：

$$S^R=R\ln\frac{V-b}{V}-\frac{a}{2bT^{3/2}}\ln\left(1+\frac{b}{V}\right) \tag{5-32}$$

从以上推导 RK 状态方程的剩余焓和剩余熵的过程来看，主要涉及对积分公式等数学知识的应用。数学作为基础学科，无论是在热力学公式的研究中，还是在使用实际气体状态方程求解热物性参数中都要用到。在理工科的科学研究中，有着坚实的数学基础是必备的能力。此外，计算机编程已经从辅助计算和科学研究的工具变为实现复杂计算的主要工具和科学研究的利器。本书尽可能地对用到的数学知识都进行讲解，有不详细的地方请自行查阅相关数学图书。本书应用的数学、热力学知识不超过理工科本科知识范围，部分内容可能深化到研究生阶段内容，但是书中所介绍的知识，经过耐心和仔细研究都可以理解。如果说起本书的渊源，大约在 2006 年的时候，编者在研究生阶段疯狂弥补专业基础学科知识、数学知识、计算机知识，毕业后利用 5000 多个晚上的时间持续学习，不断发表论文，待知识累积到一定程度后本书自然成稿。希望读到本书的各位处于大学阶段和研究生阶段的、工作后仍在坚持学习的和想进一步提升能力的读者，一定要耐得住寂寞、单调、枯燥的学习和研究过程，这样才能享受到每一阶段目标实现的喜悦、激动、充实的美好。如果你有一个愿景，坚持、毅力、耐心是实现这个愿景的必备素质。书山有路勤为径，学海无涯苦作舟；秉烛夜读长不懈，勇攀高峰终登顶。

5.5 偏离函数的基本概念

在介绍本节内容之前先说明几个参数的含义，U、H、S、G、C_p、F 分别代表系统的内能、焓、熵、吉布斯函数（自由焓）、定压热容、自由能，其称呼和前面章节可能不一致，但其含义是一样的。

为了计算真实气体的内能、焓等，除了提出了剩余性质以外，还提出了偏离函数（也叫偏差函数）。偏离函数利用理想气体作为参考对象，并借用辅助函数——亥姆霍兹函数和吉布斯函数在等温状态下易于获得的特点，通过亥姆霍兹函数和吉布斯函数与其他函数之间的数学关系来计算内能、熵、焓、热容等。

偏离函数的定义是：处于 p、V、T 状态的实际气体的某热力学函数（U、H、S、F、G、C_p、C_V）与同温度 T、参考压力 p_0 下的理想气体所对应的热力学函数之差，见式（5-33）。

$$M-M_0^{\mathrm{ig}}=M\left(T,p\right)-M_0^{\mathrm{ig}}\left(T,p_0\right) \tag{5-33}$$

式中：M 为气体处于真实状态的某一热力学性质（任意容量性质）；M_0^{ig} 为气体处于同温度 T、参考压力 p_0 的理想状态的同一热力学性质。参考压力 p_0 可以选取系统压力 p 或者单位压力 1，其单位与系统压力 p 的单位相同。$p_0=p$ 是真实状态压力，此压力下偏离函数也叫剩余性质 M^{R}。参考态理想气体的体积 $V=RT/p_0$。

关于偏离函数，需要注意：当 M 为 U、H、C_p、C_V 时，偏离函数与 p_0 无关，因为理想气体的这些性质与压力 p 无关，这时偏离函数可表示为 $M-M^{\mathrm{ig}}$，即可以省略参考压力的下标；当 M 为 V、S、F、G 等其他的性质时，偏离函数与 p_0 有关，偏离函数可表示为 $M-M_0^{\mathrm{ig}}$，即参考压力的下标不可以省略。

式（5-33）表示以 T、p 为独立变量的偏离函数，同样可以定义以 T、V 为独立变量的偏离函数，其本质与以 T、p 为独立变量的偏离函数一样。

对于以压力 p 为显函数的状态方程推导偏离函数，只要对亥姆霍兹自由能 F 求出偏离函数，则其余偏离函数也就随着它们之间的关系式可以推导出来。在温度 T 和组成不变的情况下，F 随摩尔体积 V 的变化见式（5-34）：

$$\mathrm{d}F=-p\mathrm{d}V \tag{5-34}$$

在恒温和恒组成下，从参考体积 V_0 到系统体积 V 积分，可得式（5-35）：

$$F-F_0=-\int_{V_0}^{V}p\mathrm{d}V \tag{5-35}$$

因为积分上限 V 代表真实状态，积分下限 V_0 代表理想状态，因此式（5-35）计算不方便，为此把积分分成两部分，见式（5-36）：

$$F-F_0=-\int_{\infty}^{V}p\mathrm{d}V-\int_{V_0}^{\infty}p\mathrm{d}V \tag{5-36}$$

式（5-36）右边第一项积分需要真实气体性质，即恒温下真实气体压力 p 和体积 V 的函数关系式，而第二项积分是针对理想气体的（$p_0=RT/V_0$），可以直接求积分。在求积分之前，为避免无穷大积分，我们在公式右边配置一项 $\int_{\infty}^{V}\frac{RT}{V}\mathrm{d}V$，这在求积分中也经常用到，在加减该项后便于求积分，推导过程见式（5-37）：

$$
\begin{aligned}
F-F_0 &= -\int_{\infty}^{V}\left(p-\frac{RT}{V}\right)\mathrm{d}V-\int_{\infty}^{V}\frac{RT}{V}\mathrm{d}V-\int_{V_0}^{\infty}\frac{RT}{V}\mathrm{d}V \\
&= -\int_{\infty}^{V}\left(p-\frac{RT}{V}\right)\mathrm{d}V-\int_{V_0}^{V}\frac{RT}{V}\mathrm{d}V \\
&= -\int_{\infty}^{V}\left(p-\frac{RT}{V}\right)\mathrm{d}V-RT\ln\frac{V}{V_0}
\end{aligned} \tag{5-37}
$$

式（5-37）中 F 的偏离函数与 V_0 的选择有关，除非 $V_0=V$，否则即使对理想气体，$F-F_0$ 也不会为 0。

其他偏离函数容易根据式（5-37）推导，见式（5-38）：

$$
\left.
\begin{aligned}
&S-S_0=-\left[\frac{\partial\left(F-F_0\right)}{\partial T}\right]_V=\int_{\infty}^{V}\left[\left(\frac{\partial p}{\partial T}\right)_V-\frac{R}{V}\right]\mathrm{d}V+R\ln\frac{V}{V_0} \\
&U-U_0=\left(F-F_0\right)+T\left(S-S_0\right) \\
&G-G_0=\left(F-F_0\right)+RT\left(Z-1\right) \\
&H-H_0=\left(F-F_0\right)+T\left(S-S_0\right)+R\ln\frac{V}{V_0}
\end{aligned}
\right\} \tag{5-38}
$$

此外，也可以将逸度-压力比（严格地说，它属于偏离函数）表示为式（5-39）的形式：

$$
\begin{aligned}
\ln\frac{f}{p} &= \frac{F-F_0}{RT}+\ln\frac{V}{V_0}+Z-1-\ln Z \\
&= -\frac{1}{RT}\int_{\infty}^{V}\left(p-\frac{RT}{V}\right)\mathrm{d}V+Z-1-\ln Z
\end{aligned} \tag{5-39}
$$

在本书推导过程中，用到了压缩因子的推导式，即 $Z=\dfrac{pV}{RT}$。

通过一个以压力 p 为显函数的状态方程和规定的参考态（p_0 或 V_0），即可求得所有的偏离函数。

从以上式子可以看出，偏离函数 $H-H_0$、$U-U_0$ 及 $\ln\dfrac{f}{p}$ 与参考压力 p_0（或 V_0）无关；相反，$F-F_0$、$S-S_0$ 及 $G-G_0$ 与 p_0（或 V_0）有关。通常选择的参考态有两种，第一种设 p_0 等于单位压力，如 $p_0=1\text{atm}$，再根据 $p_0V_0=RT$，计算出 $V_0=RT$，式中 R 必须用同一压力单位表示；第二种选择 $p_0=p$，即以体系压力作为参考压力，此时 $V/V_0=Z$。也可以规定其他参考态，例如 $V_0=V$，但是前两种较为常用。

如果针对以体积 V 为显函数的状态方程，或者以压力 p 和温度 T 为独立变量，为了得到偏离函数，采用另外的计算方法较为方便。在此情况下，这里仍然选择与体系的温度和组成相同的理想状态为参考态，参考压力为 p_0，并应用 $V_0=RT/p_0$，采用把积分分成两部分的方法，对自由焓进行推导，推导过程如下：

$$
\begin{aligned}
G-G_0 &= \int_{p_0}^{p}V\mathrm{d}p=\int_{0}^{p}V\mathrm{d}p+\int_{p_0}^{0}V\mathrm{d}p \\
&= \int_{0}^{p}V\mathrm{d}p-\int_{0}^{p}\frac{RT}{p}\mathrm{d}p+\int_{0}^{p}\frac{RT}{p}\mathrm{d}p+\int_{p_0}^{0}\frac{RT}{p}\mathrm{d}p \\
&= \int_{0}^{p}\left(V-\frac{RT}{p}\right)\mathrm{d}p+\int_{p_0}^{p}\frac{RT}{p}\mathrm{d}p
\end{aligned}
$$

经整理后得到式（5-40）：

$$G-G_0=RT\int_0^p(Z-1)\mathrm{d}(\ln p)+RT\ln\frac{p}{p_0} \tag{5-40}$$

对熵，见式（5-41）：

$$S-S_0=-\left[\frac{\partial(G-G_0)}{\partial T}\right]_p=R\int_0^p\left[1-Z-T\left(\frac{\partial Z}{\partial T}\right)_p\right]\mathrm{d}(\ln p)-R\ln\frac{p}{p_0} \tag{5-41}$$

对焓偏离函数、内能偏离函数、自由能偏离函数、逸度-压力比，见式（5-42）：

$$\left.\begin{aligned}H-H_0&=(G-G_0)+T(S-S_0)\\U-U_0&=(G-G_0)+T(S-S_0)-RT(Z-1)\\F-F_0&=(G-G_0)-RT(Z-1)\\\ln\frac{f}{p}&=\frac{G-G_0}{RT}-\ln\frac{p}{p_0}\end{aligned}\right\} \tag{5-42}$$

用简单的代数变换即可证明，偏离函数 $H-H_0$、$U-U_0$ 及 $\ln\dfrac{f}{p}$ 与参考压力 p_0（或 V_0）无关。

5.6 用偏离函数计算 ΔM

用偏离函数求系统性质的变化量 ΔM 时，要用式（5-43）：

$$\begin{aligned}\Delta M&=M(T_2,p_2)-M(T_1,p_1)\\&=\left[M(T_2,p_2)-M^{\mathrm{ig}}(T_2,p_0)\right]-\left[M(T_1,p_1)-M^{\mathrm{ig}}(T_1,p_0)\right]+\\&\quad\left[M^{\mathrm{ig}}(T_2,p_0)-M^{\mathrm{ig}}(T_1,p_0)\right]\end{aligned} \tag{5-43}$$

式中两个性质 $M(T_1,p_1)$和 $M(T_2,p_2)$对应的两个状态可以是相同的相态，也可以是不同的相态，但它们的组成成分必须相同（否则将不是封闭系统），而且与参考态的组成成分也相同。用该式计算 ΔM 时候，需要知道两个状态下的偏离函数才能代入系统的状态方程进行求解。

下面推导以 T、p 和 T、V 为独立变量的各种偏离函数。

5.6.1 以 T、p 为独立变量的偏离函数

先求 $G(T,p)-G_0^{\mathrm{ig}}(T,p_0)$，再由吉布斯函数 G 与熵 S 的关系求 $S(T,p)-S_0^{\mathrm{ig}}(T,p_0)$，其他的偏离函数由定义式结合吉布斯函数和熵的偏离函数进行推导。为此，设计图 5-2 所示的路径。

在定温条件下，由 $\mathrm{d}G=V\mathrm{d}p$ 可以进行如下推导：

$$\begin{aligned}G(T,p)-G_0^{\mathrm{ig}}(T,p_0)&=\int_{p_0}^0V^{\mathrm{ig}}\mathrm{d}p+\int_0^pV\mathrm{d}p\\&=\left[\int_{p_0}^0V^{\mathrm{ig}}\mathrm{d}p+\int_0^pV^{\mathrm{ig}}\mathrm{d}p\right]+\left[\int_0^pV\mathrm{d}p-\int_0^pV^{\mathrm{ig}}\mathrm{d}p\right]\\&=\int_{p_0}^pV^{\mathrm{ig}}\mathrm{d}p+\int_0^p\left(V-V^{\mathrm{ig}}\right)\mathrm{d}p\end{aligned}$$

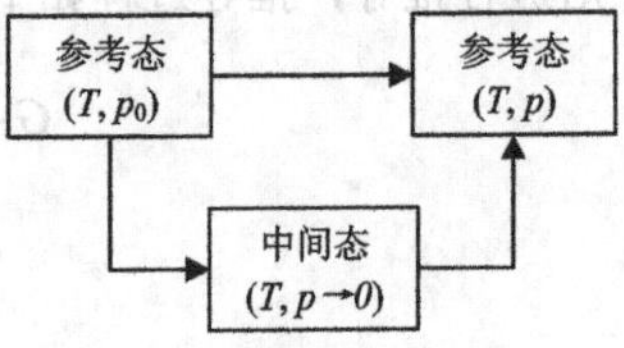

图 5-2

经整理后可得到式（5-44）：

$$G(T,p)-G_0^{\mathrm{ig}}(T,p_0)=RT\ln\frac{p}{p_0}+\int_0^p\left(V-\frac{RT}{p}\right)\mathrm{d}p \tag{5-44}$$

将式（5-44）标准化为式（5-45）：

$$\frac{G-G_0^{\mathrm{ig}}}{RT}-\ln\frac{p}{p_0}=\frac{1}{RT}\int_0^p\left(V-\frac{RT}{p}\right)\mathrm{d}p \tag{5-45}$$

根据吉布斯函数和熵的关系推导熵的偏离函数，见式（5-46）：

$$S-S_0^{\mathrm{ig}}=-\left[\frac{\partial\left(G-G_0^{\mathrm{ig}}\right)}{\partial T}\right]_p=-R\ln\frac{p}{p_0}+\int_0^p\left[\frac{R}{p}-\left(\frac{\partial V}{\partial T}\right)_p\right]\mathrm{d}p \tag{5-46}$$

整理后见式（5-47）：

$$\frac{S-S_0^{\mathrm{ig}}}{R}+\ln\frac{p}{p_0}=\frac{1}{R}\int_0^p\left[\frac{R}{p}-\left(\frac{\partial V}{\partial T}\right)_p\right]\mathrm{d}p \tag{5-47}$$

结合以上推导出的吉布斯函数和熵的偏离函数，以及焓、内能、自由能、定压热容函数的定义式及其关系式（5-48），进行自由能、内能、焓、定压热容的偏离函数推导，推导结果见式（5-49）：

$$\left.\begin{aligned}
&H=U+pV\\
&F=U-TS\\
&G=U+pV-TS=H-TS=F+pV\\
&\Delta H=\Delta G+T\Delta S\\
&\Delta U=\Delta H-\Delta(pV)\\
&\Delta F=\Delta G-\Delta(pV)\\
&\mathrm{d}U=T\mathrm{d}S-p\mathrm{d}V\\
&\mathrm{d}A=-S\mathrm{d}T-p\mathrm{d}V\\
&\mathrm{d}H=T\mathrm{d}S+V\mathrm{d}p\\
&\mathrm{d}G=-S\mathrm{d}T+V\mathrm{d}p
\end{aligned}\right\} \tag{5-48}$$

$$\left.\begin{aligned}
&\frac{F-F_0^{\mathrm{ig}}}{RT}-\ln\frac{p}{p_0}=\frac{1}{RT}\int_0^p\left(V-\frac{RT}{p}\right)\mathrm{d}p+1-Z\\
&\frac{U-U^{\mathrm{ig}}}{RT}=\frac{1}{RT}\int_0^p\left[V-T\left(\frac{\partial V}{\partial T}\right)_p\right]\mathrm{d}p+1-Z\\
&\frac{H-H^{\mathrm{ig}}}{RT}=\frac{1}{RT}\int_0^p\left[V-T\left(\frac{\partial V}{\partial T}\right)_p\right]\mathrm{d}p\\
&\frac{C_p-C_p^{\mathrm{ig}}}{R}=-\frac{T}{R}\int_0^p\left(\frac{\partial^2 V}{\partial T^2}\right)_p\mathrm{d}p
\end{aligned}\right\} \tag{5-49}$$

5.6.2　以 T、V 为独立变量的偏离函数

与推导以 T、p 为独立变量的偏离函数的方法类似，自由能、内能、吉布斯函数、焓、熵、

定容比热容、定压比热容的偏离函数见式（5-50）：

$$\left.\begin{aligned}
&\frac{F-F_0^{\mathrm{ig}}}{RT}-\ln\frac{p}{p_0}=\frac{1}{RT}\int_{\infty}^{V}\left(\frac{RT}{V}-p\right)\mathrm{d}V-\ln Z\\
&\frac{U-U_0^{\mathrm{ig}}}{RT}=\frac{1}{RT}\int_{\infty}^{V}\left[T\left(\frac{\partial p}{\partial T}\right)_V-p\right]\mathrm{d}V\\
&\frac{G-G_0^{\mathrm{ig}}}{RT}-\ln\frac{p}{p_0}=\frac{1}{RT}\int_{\infty}^{V}\left(\frac{RT}{V}-p\right)\mathrm{d}V-\ln Z+Z-1\\
&\frac{H-H_0^{\mathrm{ig}}}{RT}=\frac{1}{RT}\int_{\infty}^{V}\left[T\left(\frac{\partial p}{\partial T}\right)_V-p\right]\mathrm{d}V+Z-1\\
&\frac{S-S_0^{\mathrm{ig}}}{R}+\ln\frac{p}{p_0}=\frac{1}{R}\int_{\infty}^{V}\left[\left(\frac{\partial p}{\partial T}\right)_V-\frac{R}{V}\right]\mathrm{d}V+\ln Z\\
&\frac{C_V-C_V^{\mathrm{ig}}}{R}=\frac{T}{R}\int_{\infty}^{V}\left(\frac{\partial^2 p}{\partial T^2}\right)_V\mathrm{d}V\\
&\frac{C_p-C_p^{\mathrm{ig}}}{R}=\frac{T}{R}\int_{\infty}^{V}\left(\frac{\partial^2 p}{\partial T^2}\right)_V\mathrm{d}V-\frac{T}{R}\frac{\left(\frac{\partial p}{\partial T}\right)_V}{\left(\frac{\partial p}{\partial V}\right)_T}-1
\end{aligned}\right\}\tag{5-50}$$

5.7 利用 RK 状态方程推导偏离函数

为方便上下文推导对照，将 RK 状态方程重复列出：

$$\left.\begin{aligned}
&p=\frac{RT}{V-b}-\frac{a}{V(V+b)T^{1/2}}\\
&Z=\frac{pV}{RT}=\frac{V}{V-b}-\frac{a}{(V+b)RT^{1/2}}
\end{aligned}\right\}$$

将其代入偏离函数之间的关系式（5-51）：

$$\left.\begin{aligned}
&F-F_0=-\int_{\infty}^{V}\left(p-\frac{RT}{V}\right)\mathrm{d}V-RT\ln\frac{V}{V_0}\\
&S-S_0=\int_{\infty}^{V}\left[\left(\frac{\partial p}{\partial T}\right)_V-\frac{R}{V}\right]\mathrm{d}V+R\ln\frac{V}{V_0}\\
&U-U_0=(F-F_0)+T(S-S_0)\\
&G-G_0=(F-F_0)+RT(Z-1)\\
&H-H_0=(F-F_0)+T(S-S_0)+RT(Z-1)\\
&\ln\frac{f}{p}=-\frac{1}{RT}\int_{\infty}^{V}\left(p-\frac{RT}{V}\right)\mathrm{d}V+Z-1-\ln Z
\end{aligned}\right\}\tag{5-51}$$

得到自由能的偏离函数，见式（5-52）：

$$F-F_0=-\int_{\infty}^{V}\left[\frac{RT}{V-b}-\frac{a}{V(V+b)T^{1/2}}-\frac{RT}{V}\right]\mathrm{d}V-RT\ln\frac{V}{V_0}$$
$$=-RT\ln\frac{V-b}{V}-\frac{a}{bT^{1/2}}\ln\frac{V+b}{V}-RT\ln\frac{V}{V_0} \tag{5-52}$$

得到熵的偏离函数，见式（5-53）：

$$S-S_0=-\left[\frac{\partial(F-F_0)}{\partial T}\right]_V=R\ln\frac{V-b}{V}-\frac{a}{2bT^{3/2}}\ln\frac{V+b}{V}+R\ln\frac{V}{V_0} \tag{5-53}$$

得到内能的偏离函数，见式（5-54）：

$$U-U_0=(F-F_0)+T(S-S_0)=-\frac{3a}{2bT^{1/2}}\ln\frac{V+b}{V} \tag{5-54}$$

得到吉布斯函数的偏离函数，见式（5-55）：

$$G-G_0=(F-F_0)+RT(Z-1)$$
$$=-RT\ln\frac{V-b}{V}-\frac{a}{bT^{1/2}}\ln\frac{V+b}{V}-RT\ln\frac{V}{V_0}+RT(Z-1) \tag{5-55}$$
$$=\frac{bRT}{V-b}-\frac{a}{(V+b)T^{1/2}}-RT\ln\frac{V-b}{V}-\frac{a}{bT^{1/2}}\ln\frac{V+b}{V}-RT\ln\frac{V}{V_0}$$

得到焓的偏离函数，见式（5-56）：

$$H-H_0=(F-F_0)+T(S-S_0)+RT(Z-1)$$
$$=pV-RT-\frac{3a}{2bT^{1/2}}\ln\frac{V+b}{V} \tag{5-56}$$
$$=\frac{bRT}{V-b}-\frac{a}{(V+b)T^{1/2}}-\frac{3a}{2bT^{1/2}}\ln\frac{V+b}{V}$$

得到逸度-压力比，见式（5-57）：

$$\ln\frac{f}{p}=\frac{F-F_0}{RT}+\ln\frac{V}{V_0}+Z-1-\ln Z$$
$$=-\ln\frac{V-b}{V}-\frac{a}{bRT^{3/2}}\ln\frac{V+b}{V}+Z-1-\ln Z$$
$$=-\ln\frac{V-b}{V}-\frac{a}{bRT^{3/2}}\ln\frac{V+b}{V}+\frac{b}{V-b}-\frac{a}{(V+b)RT^{3/2}}-\ln\left(\frac{V}{V-b}-\frac{a}{(V+b)RT^{3/2}}\right) \tag{5-57}$$

5.8 比热容的表达式

根据麦克斯韦关系式可以得到以下比热容相关的基本公式，见式（5-58）～式（5-73）：

$$C_p=\left(\frac{\partial H}{\partial T}\right)_p=T\left(\frac{\partial S}{\partial T}\right)_p=T\left(\frac{\partial V}{\partial T}\right)_p\left(\frac{\partial p}{\partial T}\right)_S \tag{5-58}$$

$$C_V = \left(\frac{\partial U}{\partial T}\right)_V = T\left(\frac{\partial S}{\partial T}\right)_V = -T\left(\frac{\partial p}{\partial T}\right)_V\left(\frac{\partial V}{\partial T}\right)_S \tag{5-59}$$

$$\left(\frac{\partial C_V}{\partial V}\right)_T = T\left(\frac{\partial^2 p}{\partial T^2}\right)_V \tag{5-60}$$

$$\left(\frac{\partial C_V}{\partial \rho}\right)_T = -\frac{T}{\rho^2}\left(\frac{\partial^2 p}{\partial T^2}\right)_\rho \tag{5-61}$$

$$C_V - C_V^0 = -\int_V^\infty T\left(\frac{\partial^2 p}{\partial T^2}\right)_V \mathrm{d}V = \int_\infty^V T\left(\frac{\partial^2 p}{\partial T^2}\right)_V \mathrm{d}V \tag{5-62}$$

$$C_V - C_V^0 = -\int_0^\rho \frac{T}{\rho^2}\left(\frac{\partial^2 p}{\partial T^2}\right)_\rho \mathrm{d}\rho \tag{5-63}$$

$$\left(\frac{\partial C_p}{\partial p}\right)_T = -T\left(\frac{\partial^2 V}{\partial T^2}\right)_p \tag{5-64}$$

$$\left(\frac{\partial V}{\partial T}\right)_p = -\frac{\left(\frac{\partial p}{\partial T}\right)_V}{\left(\frac{\partial p}{\partial V}\right)_T} \tag{5-65}$$

$$\left(\frac{\partial p}{\partial V}\right)_T = \frac{1}{\left(\frac{\partial V}{\partial p}\right)_T} \tag{5-66}$$

$$C_p^0 - C_V^0 = R \tag{5-67}$$

$$C_p - C_V = T\left(\frac{\partial p}{\partial T}\right)_V\left(\frac{\partial V}{\partial T}\right)_p \tag{5-68}$$

$$C_p - C_V = -T\left(\frac{\partial V}{\partial T}\right)_p^2\left(\frac{\partial p}{\partial V}\right)_T \tag{5-69}$$

$$C_p - C_V = -T\left(\frac{\partial p}{\partial T}\right)_V^2 \Big/ \left(\frac{\partial p}{\partial V}\right)_T \tag{5-70}$$

$$C_p - C_V = -T\left(\frac{\partial V}{\partial T}\right)_p^2 \Big/ \left(\frac{\partial V}{\partial p}\right)_T \tag{5-71}$$

$$C_p - C_v = \frac{T}{\rho^2}\left(\frac{\partial p}{\partial T}\right)_\rho^2 \Big/ \left(\frac{\partial p}{\partial \rho}\right)_T \tag{5-72}$$

$$\frac{C_p - C_p^0}{R} = \frac{\left(C_p - C_V\right)}{R} + \frac{\left(C_V - C_V^0\right)}{R} - \frac{\left(C_p^0 - C_V^0\right)}{R}$$
$$= -\frac{T}{R}\left(\frac{\partial p}{\partial T}\right)_V^2 \Bigg/ \left(\frac{\partial p}{\partial V}\right)_T + \frac{T}{R}\int_\infty^V \left(\frac{\partial^2 p}{\partial T^2}\right)_V \mathrm{d}V - 1 \tag{5-73}$$
$$= -\frac{T}{\rho^2 R}\left(\frac{\partial p}{\partial T}\right)_\rho^2 \Bigg/ \left(\frac{\partial p}{\partial \rho}\right)_T - \frac{T}{\rho^2 R}\int_0^\rho \left(\frac{\partial^2 p}{\partial T^2}\right)_\rho \mathrm{d}\rho - 1$$

5.9 微分等熵膨胀效应系数、等温压缩率系数、等熵压缩率系数

在高压下求解绝热过程中的状态参数，需要使用不同状态下的绝热指数，如微分等熵膨胀效应系数（Differential Isentropic Expansion Effect Coefficient）μ_s、等温压缩率（Isothermal Compressibility）k_T、等熵压缩率（Isentropic Compressibility）k_s。$k = C_p/C_V$ 只能称为定压、定容比热容比，而不能称为绝热指数。

高压气体通过膨胀机从高压向低压做绝热膨胀时，对外输出功，同时气体的温度降低。最理想的情况是可逆绝热膨胀，其特点是膨胀前后熵值不变，即等熵膨胀。气体等熵膨胀时，压力的微小变化所引起的温度变化的关系可以用式（5-74）表示：

$$\mu_s = \left(\frac{\partial T}{\partial p}\right)_s \tag{5-74}$$

式中：μ_s 称为微分等熵膨胀效应系数。

工程上，积分节流效应 ΔT_H 值直接利用热力学图求得较为简便，见图5-3。在 T-S 图上根据流体节流膨胀前的状态（p_1、T_1）确定初态点1，由点1作等焓线1→2，与节流膨胀后 p_2 的等压线的相交于点2，点2对应的温度 T_2 即为流体节流膨胀后的温度。

由式（5-75）、式（5-76）的关联关系：

$$\left.\begin{aligned} -\left(\frac{\partial S}{\partial p}\right)_T &= \left(\frac{\partial V}{\partial T}\right)_p \\ \left(\frac{\partial S}{\partial T}\right)_p &= \frac{C_p}{T} \end{aligned}\right\} \tag{5-75}$$

$$\mu_s = \left(\frac{\partial T}{\partial p}\right)_s = -\frac{\left(\frac{\partial S}{\partial p}\right)_T}{\left(\frac{\partial S}{\partial T}\right)_p} = \frac{T\left(\frac{\partial V}{\partial T}\right)_p}{C_p} \tag{5-76}$$

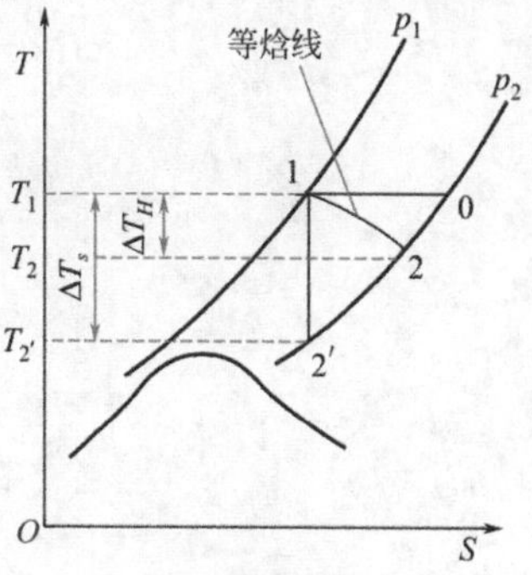

图5-3

可知，对于任何气体，$C_p>0$，$T>0$，$\left(\frac{\partial V}{\partial T}\right)_p>0$，所以 μ_s 必为正值。也就是说，任何气体等熵膨胀时，对外做功，膨胀后气体的温度总是下降，总是产生冷效应。

气体等熵膨胀时，压力变化为一有限值，所引起的温度变化，称为等熵膨胀效应（又称积分等熵膨胀效应，Integral Isentropic Expansion Effect）ΔT_s，可用式（5-77）计算获得：

$$\Delta T_s = T_{2'} - T_1 = \int_{p_1}^{p_2} \mu_s \mathrm{d}p \tag{5-77}$$

式中：T_1、p_1分别为气体等熵膨胀前的温度、压力；$T_{2'}$、p_2分别为气体等熵膨胀后的温度、压力。

比热容比 k 的计算见式（5-78）：

$$k = \frac{C_p}{C_V} = \left(\frac{\partial V}{\partial p}\right)_T \left(\frac{\partial p}{\partial V}\right)_s = \frac{k_T}{k_s} \tag{5-78}$$

等温压缩率系数 k_T 的计算见式（5-79）：

$$k_T = -\frac{1}{V}\left(\frac{\partial V}{\partial p}\right)_T \tag{5-79}$$

绝热压缩率系数、等熵压缩率系数 k_s 的计算见式（5-80）：

$$k_s = -\frac{1}{V}\left(\frac{\partial V}{\partial p}\right)_s \tag{5-80}$$

式（5-78）～式（5-80）中：

$$\left(\frac{\partial V}{\partial p}\right)_T = \frac{1}{\left(\frac{\partial p}{\partial V}\right)_T} \tag{5-81}$$

$$\left(\frac{\partial p}{\partial V}\right)_s = -\frac{C_p}{C_V}\left(\frac{\partial p}{\partial V}\right)_T \tag{5-82}$$

$$\left(\frac{\partial V}{\partial p}\right)_s = 1\Big/\left(\frac{\partial p}{\partial V}\right)_s = -\frac{C_V}{C_p}\left(\frac{\partial V}{\partial p}\right)_T \tag{5-83}$$

故可得到式（5-84）和式（5-85）：

$$\begin{aligned} k_T &= -\frac{1}{V\left(\frac{\partial p}{\partial V}\right)_T} \\ &= \frac{1}{\rho}\left(\frac{\partial p}{\partial \rho}\right)_T \\ &= -\frac{1}{V_r p_c}\left(\frac{\partial V_r}{\partial p_r}\right)_{T_r} \end{aligned} \tag{5-84}$$

$$k_s = \frac{C_V}{C_p}\frac{1}{V\left(\frac{\partial p}{\partial V}\right)_T} = -\frac{C_V}{C_p}k_T \tag{5-85}$$

对于凝聚态物质，见式（5-86）：

$$C_p - C_V = TV\frac{\alpha^2}{k_T} \tag{5-86}$$

式中：α 为等压体积膨胀系数（Coefficient of Volume Expansion），见式（5-87）：

$$\alpha = \frac{1}{V}\left(\frac{\partial V}{\partial T}\right)_p \tag{5-87}$$

式中：

$$\left(\frac{\partial V}{\partial T}\right)_p=-\frac{\left(\frac{\partial p}{\partial T}\right)_V}{\left(\frac{\partial p}{\partial V}\right)_T} \tag{5-88}$$

故可得到式（5-89）：

$$\begin{aligned}\alpha&=-\frac{1}{V}\frac{\left(\frac{\partial p}{\partial T}\right)_V}{\left(\frac{\partial p}{\partial V}\right)_T}=k_T\left(\frac{\partial p}{\partial T}\right)_V\\&=k_T\frac{p_c}{T_c}\left(\frac{\partial p_r}{\partial T_r}\right)_{V_r}\\&=k_T\left(\frac{\partial p}{\partial T}\right)_\rho\end{aligned} \tag{5-89}$$

提示 凝聚态指的是由大量粒子组成，并且粒子间有很强相互作用的系统。自然界中存在着各种各样的凝聚态物质。固态和液态是常见的凝聚态。低温下的超流态、超导态、玻色-爱因斯坦凝聚态，以及磁介质中的铁磁态、反铁磁态等都是凝聚态。

5.10 焦耳-汤姆孙系数及其基本关联式

气体在流道中经过突然缩小的断面（如管道上的针形阀、孔板等），产生强烈的涡流，使压力下降，这种现象称为节流。如果在节流过程中气体与外界没有热交换，就称为绝热节流。

真实气体的焓不但与温度有关，也与压力有关。所以对于真实气体，节流后压力下降，通常也会造成温度下降，这种现象称为节流的正效应。当气体的节流前温度超过最大转变温度（约为临界温度的 4.85～6.2 倍）时，节流后压力下降，造成温度上升，这种现象称为节流的负效应。绝热节流（恒焓）膨胀可近似看作敞开系统稳流过程，并且绝热又无轴功，如略去动能、位能变化，焓差为 0，是恒焓（由于克服摩擦力，属于熵增）过程。节流膨胀时，微小的压力变化引起的温度变化，称为微分节流效应系数或焦耳-汤姆孙（Joule-Thomson）系数，用 μ_J 来表示，见式（5-90）：

$$\mu_J=\lim_{\Delta p\to 0}\left(\frac{\Delta T}{\Delta p}\right)_H=\left(\frac{\partial T}{\partial p}\right)_H \tag{5-90}$$

式中：μ_J 为焦耳-汤姆孙系数，单位为 K/kPa；p 为系统压力，单位为 kPa；T 为系统温度，单位为 K；H 为气体的焓，单位为 J/mol；∂ 表示偏微分。

有热力学关系式，见式（5-91）：

$$\left.\begin{aligned}\left(\frac{\partial H}{\partial p}\right)_T&=V-T\left(\frac{\partial V}{\partial T}\right)_p\\\left(\frac{\partial H}{\partial T}\right)_p&=C_p\end{aligned}\right\} \tag{5-91}$$

式中：V为气体的摩尔体积，单位为 $m^3/kmol$；C_p为气体的定压比热容，单位为 J/(mol·K)。

对于实际气体，见式（5-92）：

$$\left.\begin{aligned} &H = H(T,p) \\ &\mathrm{d}H = \left(\frac{\partial H}{\partial T}\right)_p \mathrm{d}T + \left(\frac{\partial H}{\partial p}\right)_T \mathrm{d}p \end{aligned}\right\} \tag{5-92}$$

当 dH=0，用体积来表达焦耳-汤姆孙系数，推导如下：

$$\mu_J = \left(\frac{\partial T}{\partial p}\right)_H = -\frac{\left(\dfrac{\partial H}{\partial p}\right)_T}{\left(\dfrac{\partial H}{\partial T}\right)_p} = \frac{1}{C_p}\left[T\left(\frac{\partial V}{\partial T}\right)_p - V\right]$$

根据式（5-65），经整理后可得式（5-93）：

$$\mu_J = \frac{1}{C_p}\left[-T\frac{\left(\dfrac{\partial p}{\partial T}\right)_V}{\left(\dfrac{\partial p}{\partial V}\right)_T} - V\right] \tag{5-93}$$

当 dH=0，用密度来表达焦耳-汤姆孙系数，推导如下：

$$\mu_J = \frac{1}{C_p}\left[-\frac{T}{\rho^2}\left(\frac{\partial \rho}{\partial T}\right)_p - \frac{1}{\rho}\right]$$

根据式（4-59），经整理后可得式（5-94）：

$$\mu_J = \frac{1}{C_p}\left[\frac{T}{\rho^2}\frac{\left(\dfrac{\partial p}{\partial T}\right)_\rho}{\left(\dfrac{\partial p}{\partial \rho}\right)_T} - \frac{1}{\rho}\right] \tag{5-94}$$

式中：ρ为气体的摩尔密度，单位为 $kmol/m^3$。

（1）理想气体。

由于 $pV=RT$，$(\partial V/\partial T)_p = R/p$，可得式（5-95）：

$$\mu_J = \left(\frac{\partial T}{\partial p}\right)_H = \frac{T\left(\dfrac{\partial V}{\partial T}\right)_p - V}{C_p} = \frac{T\dfrac{R}{p} - \dfrac{RT}{p}}{C_p} = 0 \tag{5-95}$$

式（5-95）说明，理想气体在节流过程中温度不发生变化，即理想气体节流后温度不变。

（2）真实气体。

根据式（5-93），由于节流膨胀后压力降低，故 $\Delta p = p_2 - p_1 < 0$，且 $C_p > 0$，因此，节流效应可以导致 3 种可能的温度效应。

第一种温度效应：当 $\mu_J > 0$ 时，$\Delta T_H = \int_{p_1}^{p_2} \mu_J = \mu_J(p_2 - p_1) = T_2 - T_1 < 0$，说明节流膨胀后温度降低，可用于制冷。

第二种温度效应：当 $\mu_J=0$ 时，$\Delta T_H=\int_{p_1}^{p_2}\mu_J=\mu_J\left(p_2-p_1\right)=T_2-T_1=0$，说明节流膨胀后温度不变，没有节流效应。

第三种温度效应：当 $\mu_J<0$ 时，$\Delta T_H=\int_{p_1}^{p_2}\mu_J=\mu_J\left(p_2-p_1\right)=T_2-T_1>0$，说明节流膨胀后温度升高。

如果已知真实气体的状态方程，利用式（5-93）、（5-94）可求出 μ_J 的值，准确的 μ_J 值可由实验测定。

第 6 章　流体的热物性参数计算

本章将讨论气体的（比）焓、（比）熵、比热容、焦耳-汤姆孙系数和黏度等热物性参数的计算。

化工工艺设计计算经常涉及焓、内能、熵、逸度等热力学性质，这些性质都是不可直接测量的，被称为“概念性质”。这些性质可以利用其与可测量性质间的热力学关系式和实验数据求出，也可以由状态方程和理想气体的比热容的模型估算出。这些性质除了不可测量外，也不可确定它们的绝对值，只可得到它们的差值。它们的价值在于它们是状态函数，也就是说，与热效应和功效应不同，它们值的变化仅仅与初态和终态有关。例如，在计算一个纯组分的相变热或温度有规则变化时的热值时，焓差仅仅与进、出口的状态有关，而与加热或冷却过程的具体细节无关。这样就使得建立的计算方法，能以最少的参数、最易得到的模型求解变化量。这些状态函数的其他优点是：既可以利用许多数学运算关联，又可以估算得到，特别是可以广泛运用偏导数和积分运算。

热力学中用术语“偏离函数”来表示由分子变化而产生的性质改变。偏离函数广泛用于热力学中概念性质如焓和熵的计算。

设 L 是某个 p 和 T 条件下的纯组分（或具有固定组成的混合物）的某些热力学性质的值。如果 L_0 定义为与 L 在相同温度下、理想状态和参考压力 p_0 下的值（如果是混合物还需要有相同的组成），则偏离函数定义为 $L-L_0$ 或 L_0-L。要完成参考态的定义，必须指定 p_0 或 V_0，它们与方程 $p_0V_0=RT$ 有关。

参考态有 4 种常见的选择，即 p_0 为常数、V_0 为常数、$p_0=p$ 或者 $V_0=V$，在后两种形式中，参考态值不是常数，而是随系统压力或系统特定体积而变化。

偏离函数的计算可以采用两种通用的方法：第一种是用以压力为显函数的流体状态方程来计算，第二种是以温度和压力作为独立变量来表示。一般采用第一种方法计算。本章给出偏离（剩余）焓、比热容、偏离（剩余）熵的不同形式的表达式，并且给出其他文献中很少出现的温度导数的推导，推荐较为简单的偏离焓、偏离熵表达式。本章选取 RK、SRK、PR、BWRS、LKP 状态方程，对流体热力学性质中的等温焓差、等温熵差的偏离函数公式涉及的导数进行推导、验证。本章中偏离函数参考压力 p_0 为一个大气压，V_0 为理想气体在一个大气压下的体积。

6.1　理想气体焓和熵的计算公式

理想气体焓和熵的公式可以通过理想气体定压比热容进行推导，见式（6-1）、式（6-2）：

$$H_0(T,X)=\int_{T_0}^{T}C_0^p\mathrm{d}T+H_{0,\theta} \tag{6-1}$$

$$S_0(\rho,T,X)=\int_{T_0}^{T}\frac{C_0^p}{T}\mathrm{d}T-R\ln\left(\frac{\rho}{\rho_\theta}\right)-R\ln\left(\frac{T}{T_\theta}\right)+S_{0,\theta}-R\sum_{i=1}^{N}x_i\ln x_i \tag{6-2}$$

式中：H_0 为理想气体的（比）焓，S_0 为理想气体的（比）熵，下标 θ 表示参考态（T_θ = 298.15 K，p_θ = 0.101325 MPa），C_0^p 为理想气体的定压比热容，ρ 为密度，T 为系统温度，x_i 为纯组分的摩尔分数。

API Technical Data Book 及相关文献给出了以下（比）焓、（比）熵、比热容的计算公式。

6.1.1 （比）焓的计算公式

API Technical Data Book 中的（比）焓的计算公式见式（6-3）：

$$H_{0i}=k_1\left[A+B\frac{9T}{5}+C\left(\frac{9T}{5}\right)^2+D\left(\frac{9T}{5}\right)^3+E\left(\frac{9T}{5}\right)^4+F\left(\frac{9T}{5}\right)^5\right] \tag{6-3}$$

式中：H_{0i} 为组分 i 在温度为 TK 时的（比）焓，单位为 kJ/kg；k_1 为系数，k_1 = 2.326122；T 为温度，单位为 K；A、B、C、D、E、F 为常数，见表 6-1。

表 6-1　　理想气体（比）焓、（比）熵、比热容的计算公式中的常数

序号	组分	A	B	$C\times10^3$	$D\times10^6$	$E\times10^{10}$	$F\times10^{14}$	G	T_{min} (R)	T_{max} (R)
					非烃					
1	O_2	−0.34466	0.221724	−0.02052	0.030639	−0.10861	0.130606	0.148409	90	2700
2	H_2	12.32674	3.199617	0.392786	−0.29345	1.090069	−1.38787	−3.93825	280	2200
3	H_2O	−1.93001	0.447642	−0.0219	0.030496	−0.05662	0.027722	−0.30025	90	2700
4	NO_2	4.68688	0.14615	0.037653	0.017707	−0.10867	0.162378	0.283892		
5	H_2S	−0.23279	0.237448	−0.02323	0.038812	−0.11329	0.114841	−0.04064	90	2700
6	N_2	−0.65665	0.254098	−0.01662	0.015302	−0.031	0.015167	0.048679	90	2700
7	CO	−0.35591	0.252843	−0.0154	0.016079	−0.03434	0.017573	0.105618	90	2700
8	CO_2	0.09688	0.158843	−0.03371	0.148105	−0.9662	2.073832	0.151147	90	1800
9	SO_2	0.41442	0.118071	0.014712	0.026964	−0.14882	0.230436	0.159456	90	2700
					链烷烃					
10	CH_4	−2.83857	0.538285	−0.21141	0.339276	−1.16432	1.389612	−0.50287	90	2700
11	C_2H_6	−0.01422	0.264612	−0.02457	0.291402	−1.28103	1.813482	0.083346	90	2700
12	C_3H_8	0.68715	0.160304	0.126084	0.18143	−0.91891	1.35485	0.260903	90	2700
13	n-C_4H_{10}	7.22814	0.099687	0.266548	0.054073	−0.42927	0.66958	0.345974	360	2700
14	i-C_4H_{10}	1.45956	0.09907	0.238736	0.091593	−0.59405	0.909645	0.307636	90	2700
15	n-C_5H_{12}	9.04209	0.111829	0.228515	0.086331	−0.54465	0.81845	0.183189	360	2700
16	i-C_5H_{12}	17.69412	0.015946	0.382449	−0.02756	−0.14304	0.295677	0.641619	360	2700

续表

序号	组分	*A*	*B*	$C\times10^3$	$D\times10^6$	$E\times10^{10}$	$F\times10^{14}$	*G*	T_{min}（R）	T_{max}（R）
					链烷烃					
17	n-C_6H_{14}	12.99182	0.089705	0.265348	0.057782	−0.45221	0.702597	0.212408	360	2700
18	n-C_7H_{16}	13.08205	0.089776	0.260917	0.063445	−0.48471	0.755464	0.157764	360	2700
19	n-C_8H_{18}	15.33297	0.077802	0.279364	0.052031	−0.46312	0.750735	0.174173	360	2700
20	n-C_9H_{20}	19.09578	0.061466	0.295738	0.05078	−0.5037	0.84863	0.226279	360	1800
21	n-$C_{10}H_{22}$	−3.02428	0.203437	−0.03538	0.407345	−2.30769	4.2992	−0.45747	360	1800
22	n-$C_{11}H_{24}$	−2.37761	0.199863	−0.02963	0.402826	−2.29145	4.270709	−0.46183	360	1800
					烯烃					
23	C_2H_4	24.77789	0.149526	0.163711	0.081958	−0.47188	0.696487	0.724912	360	2700
24	C_3H_6	13.11935	0.10163	0.233045	0.04016	−0.33668	0.523905	0.614079	360	2700

6.1.2 定压比热容的计算公式

API Technical Data Book 中的定压比热容的计算公式见式（6-4）：

$$C_{pi}^0 = k_2\left[B + 2C\left(\frac{9T}{5}\right) + 3D\left(\frac{9T}{5}\right)^2 + 4E\left(\frac{9T}{5}\right)^3 + 5F\left(\frac{9T}{5}\right)^4\right] \tag{6-4}$$

式中：C_{pi}^0 为组分 i 在温度为 TK 时的定压比热容（单位为 kJ/(kg·K)）；k_2 为系数，$k_2 = 4.187020$。

6.1.3 定容比热容的计算公式

API Technical Data Book 中的定容比热容的计算公式见式（6-5）：

$$C_{Vi}^0 = C_{pi}^0 - R_g \tag{6-5}$$

式中：C_{Vi}^0 为组分 i 在温度为 TK 时的定容比热容（单位为 kJ/(kg·K)）；R_g 为组分 i 气体常数，$R_g = R/M$（单位为 kJ/(kg·K)），其中 M 为摩尔质量（单位为 kg/kmol）。

6.1.4 （比）熵的计算公式

API Technical Data Book 中的（比）熵的计算公式见式（6-6）：

$$S_{0i} = k_2\left[B\ln\left(\frac{9T}{5}\right) + 2C\left(\frac{9T}{5}\right) + \frac{3}{2}D\left(\frac{9T}{5}\right)^2 + \frac{4}{3}E\left(\frac{9T}{5}\right)^3 + \frac{5}{4}F\left(\frac{9T}{5}\right)^4 + G\right] \tag{6-6}$$

式中：S_{0i} 为组分 i 在温度为 TK 时的（比）熵（单位为 kJ/(kg·K)）；G 为常数，见表 6-1。

由于在 0 K 时 H_{0i}=0，那么系数 A 必须为 0。但是这个系数可以不为 0，以便改善方程在高温下的吻合性。同样，在 0 K 和一个大气压时，$S=0$，所以式（6-6）中的系数 B 和 G 必须为 0，但是考虑到当 $T=0$ 时，$\ln(T)=-\infty$，并且在 0 K～1 K 时熵差非常小，所以 *API Technical Data Book* 将一个大气压和 1 K 时的熵值设为 0。简单起见，以 *API Technical Data Book* 为依据，在表 6-1 内列出了 24 种纯组分理想气体（比）焓、（比）熵、比热容的计算公式中的常数，通过式（6-3）～式（6-6）即可得到这些组分的熵、焓和比热容。

6.2 混合理想气体的焓、比热容和熵

对于混合理想气体热力学性质的预测，*API Technical Data Book* 推荐用以下混合规则进行计算。

6.2.1 焓混合规则

API Technical Data Book 推荐的焓混合规则见式（6-7）：

$$H_0=\sum_{i=1}^{n}x_{wi}H_{0i} \tag{6-7}$$

式中：H_0 为混合理想气体的焓（单位为 kJ/kg）；x_{wi} 为组分 i 的质量分数。

6.2.2 定压比热容混合规则

API Technical Data Book 推荐的定压比热容混合规则见式（6-8）：

$$C_p^0=\sum_{i=1}^{n}x_{wi}C_{pi}^0 \tag{6-8}$$

式中：C_p^0 为混合理想气体的定压比热容（单位为 kJ/(kg·K)）。

6.2.3 定容比热容混合规则

API Technical Data Book 推荐的定容比热容混合规则见式（6-9）：

$$C_V^0=\sum_{i=1}^{n}x_{wi}C_{Vi}^0 \tag{6-9}$$

式中：C_V^0 为混合理想气体的定容比热容（单位为 kJ/(kg·K)）。

6.2.4 熵混合规则

API Technical Data Book 推荐的熵混合规则见式（6-10）：

$$S_0=\sum_{i=1}^{n}\left[x_{wi}S_{0i}-\frac{R}{M}\left(x_i\ln x_i\right)\right] \tag{6-10}$$

式中：S_0 为混合理想气体的熵，单位为 kJ/(kg·K)；x_{wi} 为组分 i 的质量分数；x_i 为组分 i 的摩尔分数；S_{0i} 为组分 i 在温度为 T K 时的熵，单位为 kJ/(kg·K)；R 为通用气体常数，$R=8.31451$kJ/(kmol·K)；M 为混合物的摩尔质量，单位为 kg/kmol，$M=\sum_i x_iM_i$。

式（6-10）可以转化为式（6-11）、式（6-12）：

$$S_0 = \sum_{i=1}^{n} \left[x_i S_{0i} - x_i R \ln(x_i) \right] \tag{6-11}$$

式中：S_0 为混合理想气体的熵（单位为 kJ/(kmol·K)）；x_i 为组分 i 的摩尔分数；S_{0i} 为组分 i 在温度为 T 时的熵（单位为 kJ/(kmol·K)）；R 为通用气体常数，$R = 8.31451$kJ/(kmol·K)。

$$S_0 = \sum_{i=1}^{n} \left[x_{wi} S_{0i} - R \left(\frac{x_{wi}}{M_i} \ln x_i \right) \right] \tag{6-12}$$

式中：S_0 为混合理想气体的质量熵（单位为 kJ/(kg·K)）；x_{wi} 为组分 i 的质量分数；S_{0i} 为组分 i 在温度为 T K 时的质量熵（单位为 kJ/(kg·K)）；M_i 为组分 i 的摩尔质量（单位为 kg/kmol）；R 为通用气体常数，$R = 8.31451$kJ/(kmol·K)。

组分 i 的质量分数与摩尔分数的转换关系见式（6-13）和式（6-14）：

$$x_{wi} = \frac{x_i M_i}{M} \tag{6-13}$$

$$x_i = \frac{x_{wi} M}{M_i} \tag{6-14}$$

式中：x_{wi} 为组分 i 的质量分数；x_i 为组分 i 的摩尔分数；M_i 为组分 i 的摩尔质量（单位为 kg/kmol）；M 为混合物的摩尔质量（单位为 kg/kmol）。

纯组分理想气体的焓见图 6-1 和图 6-2，纯组分理想气体的熵见图 6-3。

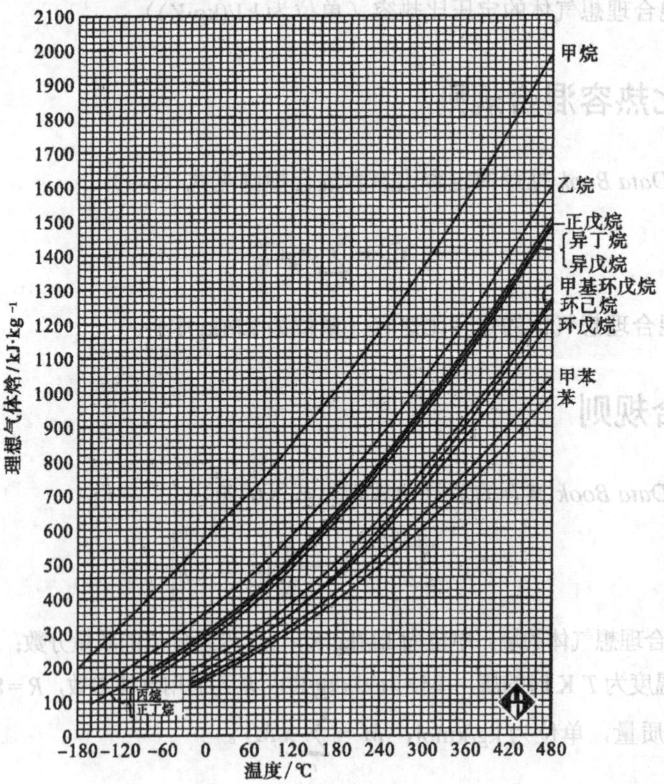

图 6-1

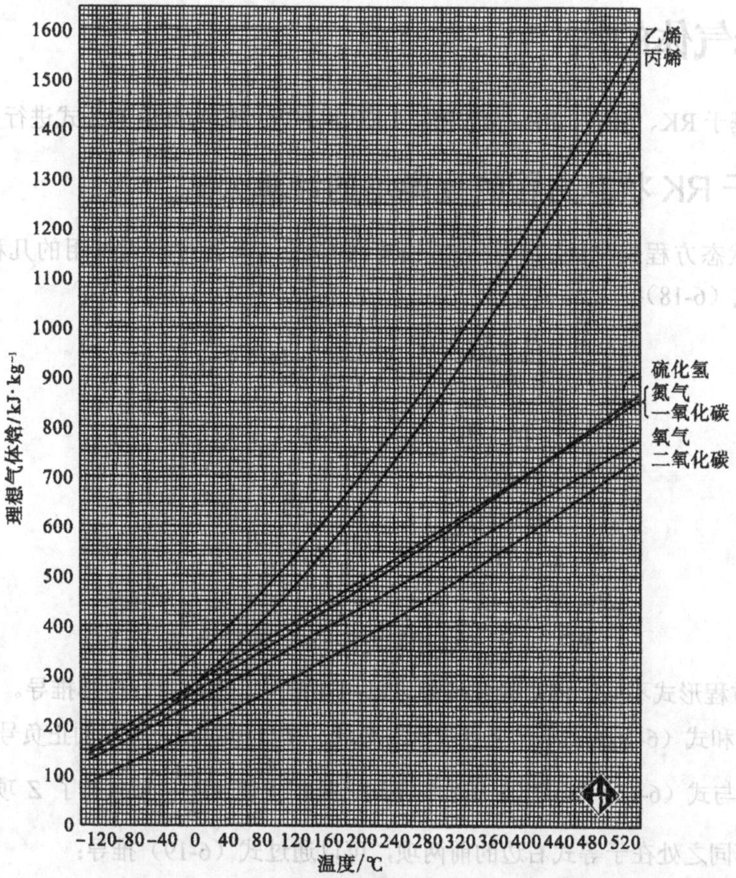

理想气体焓/kJ·kg⁻¹
温度/℃
乙烯
丙烯
硫化氢
氮气
一氧化碳
氧气
二氧化碳

图 6-2

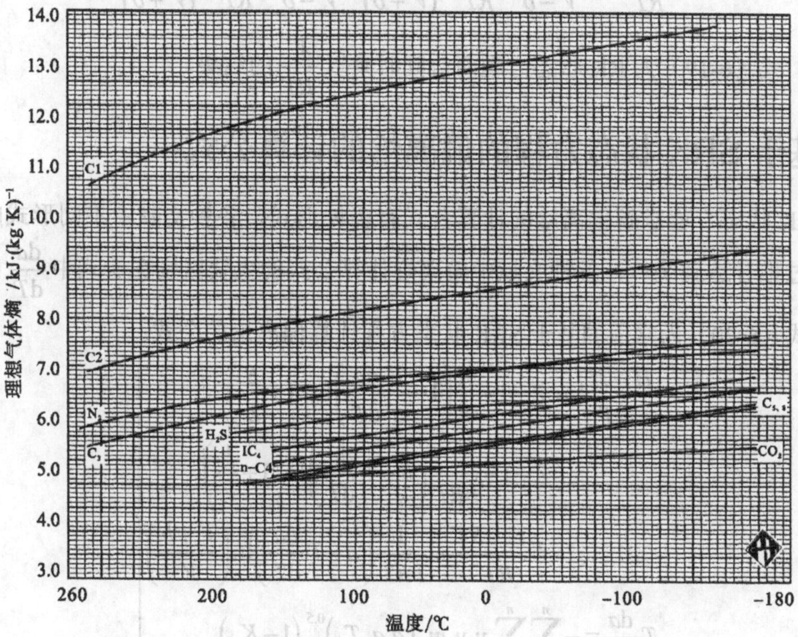

理想气体熵 /kJ·(kg·K)⁻¹
温度/℃
C1
C2
N2
C3
H2S
IC4
n-C4
CO2

图 6-3

6.3 实际气体的焓

本节将对基于 RK、SRK、PR、BWRS、LKP 状态方程的偏离焓的公式进行介绍。

6.3.1 基于 RK 状态方程的偏离焓的计算公式

基于 RK 状态方程偏离焓的计算公式有多种形式，下面对较为常用的几种进行介绍，见式（6-15）～式（6-18）：

$$\frac{H-H_0}{RT}=Z-1-\frac{1.5a}{bRT^{1.5}}\ln\left(1+\frac{b}{V}\right) \tag{6-15}$$

$$\frac{H-H_0}{RT}=Z-1+\frac{1.5a}{bRT^{1.5}}\ln\frac{V}{V+b} \tag{6-16}$$

$$\frac{H-H_0}{RT}=\frac{pV}{RT}-1-\frac{1.5a}{bRT^{1.5}}\ln\frac{V+b}{V} \tag{6-17}$$

$$\frac{H-H_0}{RT}=\frac{b}{V-b}-\frac{a}{RT^{1.5}\left(V+b\right)}-\frac{1.5a}{bRT^{1.5}}\ln\frac{V+b}{V} \tag{6-18}$$

上面 4 个方程形式不同，但是经过推导可以相互转化，下面进行简单推导。

式（6-15）和式（6-16）的不同之处在于对数的分子分母对调，该项的正负号也做了相应的调整；式（6-17）与式（6-15）和式（6-16）的不同之处在于使用 $\frac{pV}{RT}$ 项代替了 Z 项；式（6-18）与式（6-17）的不同之处在于等式右边的前两项，可以通过式（6-19）推导：

$$\frac{pV}{RT}=1+\frac{b}{V-b}-\frac{a}{RT^{1.5}\left(V+b\right)}=\frac{V}{V-b}-\frac{a}{RT^{1.5}\left(V+b\right)} \tag{6-19}$$

很明显，式（6-19）为 RK 状态方程两边同时乘以 $\frac{V}{RT}$ 的结果。

6.3.2 基于 SRK 状态方程的偏离焓的计算公式

基于 SRK 状态方程求解偏离焓的计算公式有多种形式，各种文献中不同形式的偏离焓计算公式均可通过推导达到统一，各种文献中偏离焓计算公式的主要区别在于式中 $\frac{da}{dT}$ 的表达式及其混合规则。式（6-20）为常用的基于 SRK 状态方程计算偏离焓的公式：

$$\left.\begin{aligned}
\frac{H-H_0}{RT}&=Z-1-\frac{A}{B}\left(1-\frac{T}{a}\frac{\mathrm{d}a}{\mathrm{d}T}\right)\ln\left(1+\frac{B}{Z}\right)\\
&=Z-1-\frac{1}{bRT}\left(a-T\frac{\mathrm{d}a}{\mathrm{d}T}\right)\ln\left(1+\frac{b}{V}\right)\\
&=\frac{pV-RT}{RT}-\frac{1}{bRT}\left(a-T\frac{\mathrm{d}a}{\mathrm{d}T}\right)\ln\left(\frac{V+b}{V}\right)\\
T\frac{\mathrm{d}a}{\mathrm{d}T}&=-\sum_{i}^{n}\sum_{j}^{n}y_iy_jm_j\left(a_ia_{cj}T_{rj}\right)^{0.5}\left(1-K_{ij}\right)
\end{aligned}\right\} \tag{6-20}$$

陈钟秀等人所编《化工热力学（第 3 版）》、施云海等人所编《化工热力学（第 2 版）》给出了 $\frac{da}{dT}$ 的单组分的表达式，未给出混合物的表达式，见式（6-21）：

$$\frac{da}{dT}=-m\left(\frac{aa_c}{TT_c}\right)^{0.5} \tag{6-21}$$

类似式（6-21）的单组分表达式，均可通过式（6-22）的方法处理得到混合物的表达式：

$$\frac{da}{dT}=-\sum_i^n\sum_j^n y_i y_j\left(1-K_{ij}\right)m_j\left(\frac{a_i a_{cj}}{TT_{cj}}\right)^{0.5} \tag{6-22}$$

式（6-23）是 *The Properties of Gases and Liquids* 等文献给出的表达式：

$$\left.\begin{aligned}
&A-A_0=\frac{a}{b}\ln\frac{Z}{Z+B}-RT\ln\frac{Z-B}{Z}-RT\ln\frac{V}{V_0}\\
&S-S_0=R\ln\frac{Z-B}{Z}+R\ln\frac{V}{V_0}-\frac{1}{b}\frac{da}{dT}\ln\frac{Z}{Z+B}\\
&H-H_0=\left(A-A_0\right)+T\left(S-S_0\right)+RT\left(Z-1\right)\\
&\frac{H-H_0}{RT}=Z-1-\frac{1}{bRT}\left(a-T\frac{da}{dT}\right)\ln\left(1+\frac{b}{V}\right)\\
&\frac{da}{dT}=-\frac{R}{2}\left(\frac{\Omega_a}{T}\right)^{1/2}\sum_i^n\sum_j^n y_i y_j\left(1-K_{ij}\right)\left[m_i\left(\frac{a_j T_{ci}}{p_{ci}}\right)^{1/2}+m_j\left(\frac{a_i T_{cj}}{p_{cj}}\right)^{1/2}\right]
\end{aligned}\right\} \tag{6-23}$$

R. Krishna 和刘永等人的文献给出的公式及其混合规则见式（6-24）：

$$\left.\begin{aligned}
&\frac{H-H_0}{RT}=Z-1-\frac{1}{B}(FAC)\ln\left(\frac{Z+B}{Z}\right)\\
&FAC=\frac{p}{R^2T^2}\left(a-T\frac{da}{dT}\right)\\
&\quad=\sum_i^n\sum_j^n y_i y_j\left(1-K_{ij}\right)\left(A_iA_j\right)^{0.5}\left(1+\frac{m_iT_{ri}^{0.5}}{2\alpha_i^{0.5}}+\frac{m_jT_{rj}^{0.5}}{2\alpha_j^{0.5}}\right)\\
&A_i=0.42747\alpha_i\frac{p_{ri}}{T_{ri}^2}=\frac{a_ip}{R^2T^2}
\end{aligned}\right\} \tag{6-24}$$

显然，式（6-24）可转化为式（6-25）和式（6-26）：

$$\left.\begin{aligned}
&\frac{H-H_0}{RT}=Z-1-\frac{RT}{bp}\left(a-T\frac{da}{dT}\right)\ln\left(1+\frac{b}{V}\right)\\
&\left(a-T\frac{da}{dT}\right)=\sum_i^n\sum_j^n y_i y_j\left(1-K_{ij}\right)\left(A_iA_j\right)^{0.5}\left(1+\frac{m_iT_{ri}^{0.5}}{2\alpha_i^{0.5}}+\frac{m_jT_{rj}^{0.5}}{2\alpha_j^{0.5}}\right)\\
&A_i=0.42747\alpha_i\frac{p_{ri}}{T_{ri}^2}=\frac{a_ip}{R^2T^2}
\end{aligned}\right\} \tag{6-25}$$

$$\left.\begin{aligned}&\frac{H-H_0}{RT}=Z-1-\frac{1}{bRT}\left(a-T\frac{\mathrm{d}a}{\mathrm{d}T}\right)\ln\left(1+\frac{b}{V}\right)\\&\left(a-T\frac{\mathrm{d}a}{\mathrm{d}T}\right)=\sum_i^n\sum_j^n y_iy_j\left(1-K_{ij}\right)\left(a_ia_j\right)^{0.5}\left(1+\frac{m_iT_{ri}^{0.5}}{2\alpha_i^{0.5}}+\frac{m_jT_{rj}^{0.5}}{2\alpha_j^{0.5}}\right)\end{aligned}\right\}\tag{6-26}$$

提示

（1）石玉美、M. Aldhaheri 等人的文献中 $\frac{\mathrm{d}a}{\mathrm{d}T}$ 的混合规则计算结果与白执松等人的《石油及天然气物性预测》相同，但从严格的推导来说，石玉美和 M. Aldhaheri 等人文献中的公式不正确。

（2）部分文献中未给出 $\frac{\mathrm{d}a}{\mathrm{d}T}$ 混合规则及其表达式，可以采用式（6-22）进行处理。

（3）基于 SRK 状态方程计算偏离焓推荐使用式（6-20）中的第 3 式。

6.3.3 基于 PR 状态方程的偏离焓的计算公式

白执松、M. Aldhaheri 等人的公式见式（6-27）：

$$\left.\begin{aligned}\frac{H-H_0}{RT}&=Z-1-\frac{A}{2^{1.5}B}\left(1-\frac{T}{a}\frac{\mathrm{d}a}{\mathrm{d}T}\right)\ln\frac{Z+\left(2^{0.5}+1\right)B}{Z-\left(2^{0.5}-1\right)B}\\&=Z-1-\frac{1}{2^{1.5}bRT}\left(a-T\frac{\mathrm{d}a}{\mathrm{d}T}\right)\ln\frac{V+\left(2^{0.5}+1\right)b}{V-\left(2^{0.5}-1\right)b}\\T\frac{\mathrm{d}a}{\mathrm{d}T}&=-\sum\sum x_ix_jm_j\left(a_ia_{cj}T_{rj}\right)^{0.5}\left(1-k_{ij}\right)\end{aligned}\right\}\tag{6-27}$$

童景山等人和 P.B.E.的公式见式（6-28）：

$$\left.\begin{aligned}&F-F_0=\frac{a}{\sqrt{8}b}\ln\frac{Z+\left(1-\sqrt{2}\right)B}{Z+\left(1+\sqrt{2}\right)B}-RT\ln\frac{Z-B}{Z}-RT\ln\frac{V}{V_0}\\&S-S_0=R\ln\frac{Z-B}{Z}+R\ln\frac{V}{V_0}-\frac{1}{\sqrt{8}b}\frac{\mathrm{d}a}{\mathrm{d}T}\ln\frac{Z+\left(1-\sqrt{2}\right)B}{Z+\left(1+\sqrt{2}\right)B}\\&H-H_0=\left(F-F_0\right)+T\left(S-S_0\right)+RT\left(Z-1\right)\\&\frac{H-H_0}{RT}=Z-1+\frac{1}{bRT\sqrt{8}}\left(a-T\frac{\mathrm{d}a}{\mathrm{d}T}\right)\ln\frac{V+\left(1-\sqrt{2}\right)b}{V+\left(1+\sqrt{2}\right)b}\end{aligned}\right\}\tag{6-28}$$

李长俊等人的公式见式（6-29），但未给出 $\frac{\mathrm{d}a}{\mathrm{d}T}$ 计算公式。

$$\frac{H-H_0}{RT}=Z-1+\frac{\left(T\frac{\mathrm{d}a}{\mathrm{d}T}-a\right)}{2\sqrt{2}bRT}\ln\frac{Z+\left(1+\sqrt{2}\right)\frac{bp}{RT}}{Z+\left(1-\sqrt{2}\right)\frac{bp}{RT}}\tag{6-29}$$

提示

（1）D. Y. Peng、D. B. Robinson 的“A New Two-Constant Equation of State”一文偏离焓的表达式中 $Z+2.44B$ 应为 $Z+2.414B$。

（2）基于 PR 状态方程计算偏离焓的公式中 $\frac{da}{dT}$ 计算公式与 SRK 状态方程的形式一样。

（3）基于 PR 状态方程计算偏离焓的公式及 $\frac{da}{dT}$ 计算公式推荐使用式（6-27）中的第 2 式。

6.3.4 基于 BWRS 状态方程的偏离焓的计算公式

基于 BWRS 状态方程的偏离焓的计算公式见式（6-30）：

$$\left(H-H_0\right)=\left(B_0RT-2A_0-\frac{4C_0}{T^2}+\frac{5D_0}{T^3}-\frac{6E_0}{T^4}\right)\rho+\frac{1}{2}\left(2bRT-3a-\frac{4d}{T}\right)\rho^2+\frac{1}{5}\alpha\left(6a+\frac{7d}{T}\right)\rho^5+\frac{c}{\gamma T^2}\left[3-\left(3+\frac{\gamma\rho^2}{2}-\gamma^2\rho^4\right)\exp\left(-\gamma\rho^2\right)\right] \tag{6-30}$$

提示

（1）K. E. Starling 等人给出了偏离焓的计算公式，但等式右边第三项 ρ 的幂指数应为 5。式（6-30）为修正过的式子，与李玉星、白执松、李长俊、郭天民等人文献中的公式相同。

（2）采用第 2 章介绍的关于质量密度形式的 RK、SRK、PR、BWRS、LKP 状态方程计算，气体常数 R 的单位采用 kJ/ (kg·K)时，求得的焓的单位为 kJ/kg，计算过程中无须进行单位转换。

6.3.5 基于 LKP 状态方程的偏离焓的计算公式

基于 LKP 状态方程的偏离焓的计算公式见式（6-31）：

$$\left.\begin{aligned}
&\frac{H-H_0}{RT_c}=T_r\left(Z-1-\frac{b_2+2b_3/T_r+3b_4/T_r^2}{T_rV_r}-\frac{c_2-3c_3/T_r^2}{2T_rV_r^2}+\frac{d_2}{5T_rV_r^5}+3E\right)\\
&E=\frac{c_4}{2T_r^3\gamma}\left[\beta+1-\left(\beta+1+\frac{\gamma}{V_r^2}\right)\exp\left(-\frac{\gamma}{V_r^2}\right)\right]\\
&\frac{H-H_0}{RT_c}=\left(\frac{H-H_0}{RT_c}\right)^{(0)}+\frac{\omega}{\omega^{(r)}}\left[\left(\frac{H-H_0}{RT_c}\right)^{(r)}-\left(\frac{H-H_0}{RT_c}\right)^{(0)}\right]
\end{aligned}\right\} \tag{6-31}$$

6.4 实际气体的熵

本节将对基于 RK、SRK、PR、BWRS、LKP 状态方程的偏离熵的计算公式进行介绍。

6.4.1 基于 RK 状态方程的偏离熵的计算公式

偏离熵的计算公式也如偏离焓一样有多种形式，现介绍如下。

童景山、骆赞椿等人的文献中偏离熵的计算公式见式（6-32）：

$$\frac{S-S_0}{R}=\ln\frac{V-b}{V}-\frac{a}{2bRT^{1.5}}\ln\left(\frac{V+b}{V}\right)+\ln\frac{V}{V_0} \tag{6-32}$$

式（6-32）中对数项合并后可以写成式（6-33）：

$$\frac{S-S_0}{R}=\ln\frac{V-b}{V_0}-\frac{a}{2bRT^{1.5}}\ln\left(\frac{V+b}{V}\right) \tag{6-33}$$

李玉林等人的文献中偏离熵的计算公式见式（6-34）：

$$\frac{S-S_0}{R}=\ln\frac{p\left(V-b\right)}{RT}-\frac{a}{2bRT^{1.5}}\ln\left(1+\frac{b}{V}\right)-\ln\frac{p}{p_0} \tag{6-34}$$

由于 $pV=ZRT$，式（6-34）可以转化为式（6-35）：

$$\frac{S-S_0}{R}=\ln Z+\ln\frac{V-b}{V}-\frac{a}{2bRT^{1.5}}\ln\left(1+\frac{b}{V}\right)-\ln\frac{p}{p_0} \tag{6-35}$$

式（6-34）中对数项合并后可以写成式（6-36）：

$$\frac{S-S_0}{R}=\ln\frac{p_0\left(V-b\right)}{RT}-\frac{a}{2bRT^{1.5}}\ln\left(1+\frac{b}{V}\right) \tag{6-36}$$

由于 $p_0V_0=RT$，式（6-36）可转化为式（6-33）。

李长俊等人的文献中偏离熵的计算公式见式（6-37）：

$$\frac{S-S_0}{R}=-\ln\frac{RT}{101.325V}+\ln\left(1-\frac{b}{V}\right)-\frac{a}{2bRT^{1.5}}\ln\left(1+\frac{b}{V}\right) \tag{6-37}$$

式（6-37）中对数项合并后公式推导如下：

$$\frac{S-S_0}{R}=\ln\frac{101.325\left(V-b\right)}{RT}\ \frac{a}{2bRT^{1.5}}\ln\left(1+\frac{b}{V}\right)$$

$$\left.\begin{aligned}&=\ln\frac{p_0\left(V-b\right)}{RT}-\frac{a}{2bRT^{1.5}}\ln\left(1+\frac{b}{V}\right)\\&p_0V_0=RT\end{aligned}\right\}$$

$$\Rightarrow\frac{S-S_0}{R}=\ln\frac{p_0\left(V-b\right)}{p_0V_0}-\frac{a}{2bRT^{1.5}}\ln\left(1+\frac{b}{V}\right)$$

$$\left.\begin{aligned}&=\ln\frac{V-b}{V_0}-\frac{a}{2bRT^{1.5}}\ln\frac{V+b}{V}\\&V=\frac{ZRT}{p},\quad V_0=\frac{RT}{p_0}\end{aligned}\right\}$$

$$\Rightarrow\frac{S-S_0}{R}=\ln\frac{\dfrac{ZRT}{p}-b}{\dfrac{RT}{p_0}}-\frac{a}{2bRT^{1.5}}\ln\left(1+\frac{b}{V}\right)$$

$$=\ln\frac{\dfrac{ZRT-pb}{p}}{\dfrac{RT}{p_0}}-\frac{a}{2bRT^{1.5}}\ln\left(1+\frac{b}{V}\right)$$

$$=\ln\frac{ZRT-pb}{RT}-\ln\frac{p_0}{p}-\frac{a}{2bRT^{1.5}}\ln\left(1+\frac{b}{V}\right)$$

$$
\left.\begin{aligned}
&=\ln\left(Z-\frac{pb}{RT}\right)-\frac{a}{2bRT^{1.5}}\ln\left(1+\frac{b}{V}\right)-\ln\frac{p_0}{p}\\
&\frac{Z}{V}=\frac{p}{RT}
\end{aligned}\right\}
$$

$$
\begin{aligned}
\Rightarrow\frac{S-S_0}{R}&=\ln\left(Z-\frac{Zb}{V}\right)-\frac{a}{2bRT^{1.5}}\ln\left(1+\frac{b}{V}\right)-\ln\frac{p_0}{p}\\
&=\ln Z\left(1-\frac{b}{V}\right)-\frac{a}{2bRT^{1.5}}\ln\left(1+\frac{b}{V}\right)-\ln\frac{p_0}{p}
\end{aligned}
$$

经整理后得到式（6-38）：

$$
\frac{S-S_0}{R}=\ln Z+\ln\frac{V-b}{V}-\frac{a}{2bRT^{1.5}}\ln\frac{V+b}{V}-\ln\frac{p_0}{p} \tag{6-38}
$$

式（6-32）、式（6-34）和式（6-37）这 3 个式子虽然有些差别，但经过上述转化后在形式上是一样的。

提示

（1）李玉林等人的文献中公式 $-\frac{a}{bRT^{1.5}}\ln\left(1+\frac{b}{V}\right)$ 一项应为 $-\frac{a}{2bRT^{1.5}}\ln\left(1+\frac{b}{V}\right)$。

（2）需要说明的是式（6-37）中数值 101.325 为一个大气压 p_0，其根据系统采用的单位来确定，如果压力单位采用 Pa，$p_0=101325\text{Pa}$；如果采用 kPa，$p_0=101.325\text{kPa}$；如果采用 MPa，$p_0=0.101325\text{MPa}$。本书中的 p_0 均应如此处理。

（3）如果选取参考压力为一个大气压 p_0，陈钟秀、施云海等人的文献中的公式应添加 $-\ln\frac{p}{p_0}$ 项，本书中参考压力为一个大气压 p_0。

（4）基于 RK 状态方程计算偏离熵推荐使用式（6-36）。

6.4.2　基于 SRK 状态方程的偏离熵的计算公式

白执松、M. Aldhaheri 等人的文献中偏离熵的公式见式（6-39）：

$$
\begin{aligned}
\frac{S-S_0}{R}&=\ln(Z-B)+\frac{A}{B}\left(\frac{T}{a}\frac{\mathrm{d}a}{\mathrm{d}T}\right)\ln\left(1+\frac{B}{Z}\right)-\ln\frac{p}{p_0}\\
&=\ln\left(Z-\frac{pb}{RT}\right)+\frac{1}{bRT}\left(T\frac{\mathrm{d}a}{\mathrm{d}T}\right)\ln\left(1+\frac{b}{V}\right)-\ln\frac{p}{p_0}
\end{aligned} \tag{6-39}
$$

童景山等人和 P. B. E. 的文献中偏离熵的计算公式经转化后见式（6-40）：

$$
\frac{S-S_0}{R}=\ln\frac{Z-B}{Z}+\ln\frac{V}{V_0}-\frac{1}{bR}\frac{\mathrm{d}a}{\mathrm{d}T}\ln\frac{Z}{Z+B} \tag{6-40}
$$

式（6-39）、式（6-40）还可以转化为式（6-41）：

$$
\begin{aligned}
\frac{S-S_0}{R}&=\ln\frac{V-b}{V_0}+\frac{1}{bR}\frac{\mathrm{d}a}{\mathrm{d}T}\ln\frac{V+b}{V}\\
&=\ln\frac{p_0(V-b)}{RT}+\frac{1}{bR}\frac{\mathrm{d}a}{\mathrm{d}T}\ln\frac{V+b}{V}
\end{aligned} \tag{6-41}
$$

李长俊等人文献中的计算公式与上述计算公式的转化过程见式（6-42）：

$$S-S_0=-R\ln\frac{\rho RT}{101.325}+R\ln(1-b\rho)+\frac{1}{b}\frac{\mathrm{d}a}{\mathrm{d}T}\ln(1+b\rho)$$

$$\Rightarrow\frac{S-S_0}{R}=\ln\frac{101.325}{\rho RT}+\ln(1-b\rho)+\frac{1}{bR}\frac{\mathrm{d}a}{\mathrm{d}T}\ln(1+b\rho)$$

$$=\ln\frac{p_0}{\frac{1}{V}RT}+\ln\left(1-\frac{b}{V}\right)+\frac{1}{bR}\frac{\mathrm{d}a}{\mathrm{d}T}\ln\left(1+\frac{b}{V}\right)$$

$$=\ln\frac{p_0V}{RT}+\ln\frac{V-b}{V}+\frac{1}{bR}\frac{\mathrm{d}a}{\mathrm{d}T}\ln\frac{V+b}{V} \tag{6-42}$$

$$\left.\begin{aligned}&=\ln\frac{p_0(V-b)}{RT}+\frac{1}{bR}\frac{\mathrm{d}a}{\mathrm{d}T}\ln\frac{V+b}{V}\\&\frac{p_0}{RT}=\frac{1}{V_0}\end{aligned}\right\}$$

$$\Rightarrow\frac{S-S_0}{R}=\ln\frac{V}{V_0}+\ln\frac{V-b}{V}+\frac{1}{bR}\frac{\mathrm{d}a}{\mathrm{d}T}\ln\frac{V+b}{V}$$

$$=\ln\frac{V-b}{V_0}+\frac{1}{bR}\frac{\mathrm{d}a}{\mathrm{d}T}\ln\frac{V+b}{V}$$

提示

（1）李长俊等人文献中的计算公式最后一项“−”应为“+”。

（2）如果选取参考压力为一个大气压 p_0，陈钟秀、施云海等人和 P. B. E. 的文献中公式应添加 $-\ln\frac{p}{p_0}$ 项，本书中参考压力为一个大气压 p_0。

（3）基于 SRK 状态方程计算偏离熵推荐使用式（6-41）中的第 1 式。

6.4.3 基于 PR 状态方程的偏离熵的计算公式

白执松、李玉林、M. Aldhaheri 等人的文献中偏离熵的计算公式见式（6-43）：

$$\frac{S-S_0}{R}=\ln(Z-B)+\frac{A}{2^{1.5}B}\left(\frac{T}{a}\frac{\mathrm{d}a}{\mathrm{d}T}\right)\ln\frac{Z+(2^{0.5}+1)B}{Z-(2^{0.5}-1)B}$$

$$=\ln\frac{p(V-b)}{RT}+\frac{1}{\sqrt{8}bRT}\left(T\frac{\mathrm{d}a}{\mathrm{d}T}\right)\ln\frac{V+(\sqrt{2}+1)b}{V-(\sqrt{2}-1)b}-\ln\frac{p}{p_0} \tag{6-43}$$

$$=\ln\left(Z-\frac{pb}{RT}\right)+\frac{1}{\sqrt{8}bRT}\left(T\frac{\mathrm{d}a}{\mathrm{d}T}\right)\ln\frac{V+(\sqrt{2}+1)b}{V-(\sqrt{2}-1)b}-\ln\frac{p}{p_0}$$

童景山等人和 P. B. E. 的文献中偏离熵的计算公式经转化后见式（6-44）：

$$\frac{S-S_0}{R}=-\frac{1}{bR\sqrt{8}}\frac{\mathrm{d}a}{\mathrm{d}T}\ln\frac{V-(\sqrt{2}-1)b}{V+(\sqrt{2}+1)b}+\ln\frac{V-b}{V}+\ln\frac{V}{V_0} \tag{6-44}$$

$$=-\frac{1}{bR\sqrt{8}}\frac{\mathrm{d}a}{\mathrm{d}T}\ln\frac{V-(\sqrt{2}-1)b}{V+(\sqrt{2}+1)b}+\ln\frac{V-b}{V_0}$$

提示

（1）PR 状态方程和 SRK 状态方程中的导数公式 $\frac{\mathrm{d}a}{\mathrm{d}T}$ 形式一样。

（2）如果选取参考压力为一个大气压 p_0，陈钟秀、施云海等人和 P. B. E. 的文献中公式右边应添加 $-\ln\frac{p}{p_0}$ 项，本书中参考压力为一个大气压 p_0。

（3）基于 PR 状态方程计算偏离熵推荐使用式（6-44）中的第 2 式。

6.4.4 基于 BWRS 状态方程的偏离熵的计算公式

K. E. Starling 给出了偏离熵的计算公式，见式（6-45），如果选取参考压力为一个大气压 p_0，等式右边应添加 $+R\ln p_0$ 项。

$$S-S_0=-R\ln(\rho RT)-\left(B_0R+\frac{2C_0}{T^3}-\frac{3D_0}{T^4}+\frac{4E_0}{T^5}\right)\rho-\frac{1}{2}\left(bR+\frac{d}{T^2}\right)\rho^2+\frac{\alpha}{5}\frac{d}{T^2}\rho^5+\frac{2c}{\gamma T^3}\left[1-\left(1+\frac{1}{2}\gamma\rho^2\right)\exp\left(-\gamma\rho^2\right)\right] \tag{6-45}$$

白执松等人的文献中偏离熵的计算公式见式（6-46）：

$$\begin{aligned}
S-S_0&=R\ln Z-\left(B_0R+\frac{2C_0}{T^3}-\frac{3D_0}{T^4}+\frac{4E_0}{T^5}\right)\rho-\frac{1}{2}\left(bR+\frac{d}{T^2}\right)\rho^2+\frac{\alpha}{5}\frac{d}{T^2}\rho^5\\
&\quad+\frac{2c}{\gamma T^3}\left[1-\left(1+\frac{1}{2}\gamma\rho^2\right)\exp\left(-\gamma\rho^2\right)\right]-R\ln\frac{p}{p_0}\\
&=R\ln Z-R\ln\frac{p}{p_0}-\left(B_0R+\frac{2C_0}{T^3}-\frac{3D_0}{T^4}+\frac{4E_0}{T^5}\right)\rho-\frac{1}{2}\left(bR+\frac{d}{T^2}\right)\rho^2+\frac{\alpha}{5}\frac{d}{T^2}\rho^5\\
&\quad+\frac{2c}{\gamma T^3}\left[1-\left(1+\frac{1}{2}\gamma\rho^2\right)\exp\left(-\gamma\rho^2\right)\right]\\
&=R\ln\frac{pV}{RT}-R\ln\frac{p}{p_0}-\left(B_0R+\frac{2C_0}{T^3}-\frac{3D_0}{T^4}+\frac{4E_0}{T^5}\right)\rho-\frac{1}{2}\left(bR+\frac{d}{T^2}\right)\rho^2+\frac{\alpha}{5}\frac{d}{T^2}\rho^5\\
&\quad+\frac{2c}{\gamma T^3}\left[1-\left(1+\frac{1}{2}\gamma\rho^2\right)\exp\left(-\gamma\rho^2\right)\right]\\
&=R\ln\frac{pV}{RT}\frac{p_0}{p}-\left(B_0R+\frac{2C_0}{T^3}-\frac{3D_0}{T^4}+\frac{4E_0}{T^5}\right)\rho-\frac{1}{2}\left(bR+\frac{d}{T^2}\right)\rho^2+\frac{\alpha}{5}\frac{d}{T^2}\rho^5\\
&\quad+\frac{2c}{\gamma T^3}\left[1-\left(1+\frac{1}{2}\gamma\rho^2\right)\exp\left(-\gamma\rho^2\right)\right]\\
&=R\ln\frac{p_0}{\rho RT}-\left(B_0R+\frac{2C_0}{T^3}-\frac{3D_0}{T^4}+\frac{4E_0}{T^5}\right)\rho-\frac{1}{2}\left(bR+\frac{d}{T^2}\right)\rho^2+\frac{\alpha}{5}\frac{d}{T^2}\rho^5\\
&\quad+\frac{2c}{\gamma T^3}\left[1-\left(1+\frac{1}{2}\gamma\rho^2\right)\exp\left(-\gamma\rho^2\right)\right]\\
&=-R\ln\frac{\rho RT}{p_0}-\left(B_0R+\frac{2C_0}{T^3}-\frac{3D_0}{T^4}+\frac{4E_0}{T^5}\right)\rho-\frac{1}{2}\left(bR+\frac{d}{T^2}\right)\rho^2+\frac{\alpha}{5}\frac{d}{T^2}\rho^5\\
&\quad+\frac{2c}{\gamma T^3}\left[1-\left(1+\frac{1}{2}\gamma\rho^2\right)\exp\left(-\gamma\rho^2\right)\right]
\end{aligned} \tag{6-46}$$

李长俊等人的文献中偏离熵的计算公式见式（6-47）：

$$S-S_0=-R\ln\left(\frac{\rho RT}{101.325}\right)-\left(B_0R+\frac{2C_0}{T^3}-\frac{3D_0}{T^4}+\frac{4E_0}{T^5}\right)\rho-\frac{1}{2}\left(bR+\frac{d}{T^2}\right)\rho^2+\frac{\alpha}{5}\frac{d}{T^2}\rho^5+\frac{2c}{\gamma T^3}\left[1-\left(1+\frac{1}{2}\gamma\rho^2\right)\exp\left(-\gamma\rho^2\right)\right] \tag{6-47}$$

需要说明的是，式（6-47）中的数值 101.325 为一个大气压 p_0，其数值根据系统采用的单位来确定，如果压力单位采用 Pa，$p_0=101325$；采用 kPa，p_0=101.325；采用 MPa，$p_0=0.101325$。本书中的 p_0 均应如此处理。

式（6-45）等号右边添加 $+R\ln p_0$ 项后，经推导，式（6-45）、式（6-46）和式（6-47）的形式可以相互转换，计算结果也相同。

基于 BWRS 状态方程计算熵推荐使用公式（6-47）。

6.4.5 基于 LKP 状态方程的偏离熵的计算公式

基于 LKP 状态方程计算偏离熵的公式在各文献中基本一致，U. Plocker、石美玉等人和 Aspen Tech 的文献中偏离熵的计算公式见式（6-48）：

$$\left.\begin{aligned}&\frac{S-S_0}{R}=\ln Z-\frac{b_1+b_3/T_r^2+2b_4/T_r^3}{V_r}-\frac{c_1-2c_3/T_r^3}{2V_r^2}-\frac{d_1}{5V_r^5}+2E-\ln\frac{p}{p_0}\\&E=\frac{c_4}{2T_r^3\gamma}\left[\beta+1-\left(\beta+1+\frac{\gamma}{V_r^2}\right)\exp\left(-\frac{\gamma}{V_r^2}\right)\right]\\&\frac{S-S_0}{R}=\left(\frac{S-S_0}{R}\right)^{(0)}+\frac{\omega}{\omega^{(r)}}\left[\left(\frac{S-S_0}{R}\right)^{(r)}-\left(\frac{S-S_0}{R}\right)^{(0)}\right]\end{aligned}\right\} \tag{6-48}$$

提示 如果选取参考压力为一个大气压 p_0，石玉美等人的文献中公式右边应添加 $-\ln\dfrac{p}{p_0}$ 项，且第二项分母多了 T_r，在使用中应注意。

6.5 实际气体的比热容

本节将对基于 RK、SRK、PR、BWRS、LKP 状态方程的比热容的计算公式进行介绍。

6.5.1 基于 RK 状态方程的比热容的计算公式

1. 摩尔定容比热容

摩尔定容比热容的计算公式中偏微分 $\left(\dfrac{\partial^2 p}{\partial T^2}\right)_V$ 可以通过对 RK 状态方程推导得到，见式（6-49）、式（6-50）：

$$\left(\frac{\partial p}{\partial T}\right)_V=\frac{R}{V-b}+\frac{a}{2}\frac{1}{V(V+b)T^{3/2}} \tag{6-49}$$

$$\left(\frac{\partial^2 p}{\partial T^2}\right)_V = -\frac{3a}{4}\frac{1}{V(V+b)T^{5/2}} \tag{6-50}$$

将式（6-50）代入第 5 章式（5-60）分离变量，可得式（6-51）：

$$\mathrm{d}C_V = -\frac{3a}{4}\frac{1}{V(V+b)T^{3/2}}\mathrm{d}V \tag{6-51}$$

由第 5 章式（5-62）积分，推导过程如下：

$$\left.\begin{aligned}\Delta C_V &= C_V - C_V^0\\ &= -\int_\infty^V -\frac{3a}{4}\frac{1}{V(V+b)T^{3/2}}\mathrm{d}V\\ &= \frac{3a}{4T^{3/2}}\frac{1}{b}\int_\infty^V\left(\frac{1}{V}-\frac{1}{V+b}\right)\mathrm{d}V\end{aligned}\right\}$$

经整理后得到式（6-52）：

$$\Delta C_V = \frac{3}{4}\frac{a}{bT^{3/2}}\ln\frac{V+b}{V} \tag{6-52}$$

式（6-52）中 C_V^0 为理想气体摩尔定容比热容。

2. 摩尔定压比热容

摩尔定压比热容的计算公式中偏微分$\left(\frac{\partial p}{\partial V}\right)_T$可以通过对 RK 状态方程推导得到，同时将二次微分列出，见式（6-53）、式（6-54）：

$$\begin{aligned}\left(\frac{\partial p}{\partial V}\right)_T &= \frac{a}{T^{0.5}V(V+b)^2} + \frac{a}{T^{0.5}V^2(V+b)} - \frac{RT}{(V-b)^2}\\ &= \frac{a(2V+b)}{T^{0.5}V^2(V+b)^2} - \frac{RT}{(V-b)^2}\end{aligned} \tag{6-53}$$

$$\left(\frac{\partial^2 p}{\partial V^2}\right)_T = \frac{2RT}{(V-b)^3} + \frac{2a}{\left[b(V-b)+V(V+b)\right]^2} - \frac{2a(2V+2b)^2}{\left[b(V-b)+V(V+b)\right]^3} \tag{6-54}$$

将式（6-49）、式（6-53）两式代入第 5 章式（5-70）可得式（6-55）：

$$C_p - C_V = \frac{-T\left[\frac{R}{V-b}+\frac{a}{2}\frac{1}{V(V+b)T^{1.5}}\right]^2}{\frac{a(2V+b)}{T^{0.5}V^2(V+b)^2} - \frac{RT}{(V-b)^2}} \tag{6-55}$$

根据第 5 章式（5-73）可得式（6-56）：

$$\frac{C_p - C_p^0}{R} = \frac{T}{R}\frac{\left[\frac{R}{V-b}+\frac{a}{2}\frac{1}{T^{1.5}V(V+b)}\right]^2}{\left[\frac{RT}{(V-b)^2} - \frac{a(2V+b)}{T^{0.5}V^2(V+b)^2}\right]} + \frac{3}{4}\frac{a}{bRT^{3/2}}\ln\frac{V+b}{V} - 1 \tag{6-56}$$

6.5.2 基于 SRK 状态方程的比热容的计算公式

1. 摩尔定容比热容

摩尔定容比热容的计算公式中偏微分 $\left(\frac{\partial^2 p}{\partial T^2}\right)_V$ 可以通过对 SRK 状态方程推导得到，见式（6-57）、式（6-58）：

$$\left(\frac{\partial p}{\partial T}\right)_V = \frac{R}{V-b} - \frac{1}{V(V+b)}\frac{\mathrm{d}a}{\mathrm{d}T} \tag{6-57}$$

$$\left(\frac{\partial^2 p}{\partial T^2}\right)_V = -\frac{1}{V(V+b)}\frac{\mathrm{d}^2 a}{\mathrm{d}T^2} \tag{6-58}$$

将式（6-58）代入第 5 章式（5-62）并积分，推导过程如下：

$$\left.\begin{aligned}\Delta C_V &= C_V - C_V^0\\ &= T\int_V^{\infty}\frac{1}{V(V+b)}\frac{\mathrm{d}^2 a}{\mathrm{d}T^2}\mathrm{d}V\\ &= \frac{T}{b}\frac{\mathrm{d}^2 a}{\mathrm{d}T^2}\int_V^{\infty}\left(\frac{1}{V}-\frac{1}{V+b}\right)\mathrm{d}V\end{aligned}\right\}$$

经整理后得到式（6-59）：

$$\Delta C_V = \frac{T}{b}\frac{\mathrm{d}^2 a}{\mathrm{d}T^2}\ln\frac{V+b}{V} \tag{6-59}$$

2. 摩尔定压比热容

摩尔定压比热容的计算公式中偏微分 $\left(\frac{\partial p}{\partial V}\right)_T$ 可以通过对 SRK 状态方程推导得到，同时将二次微分列出，见式（6-60）、式（6-61）：

$$\left(\frac{\partial p}{\partial V}\right)_T = \frac{a(2V+b)}{V^2(V+b)^2} - \frac{RT}{(V-b)^2} \tag{6-60}$$

$$\left(\frac{\partial^2 p}{\partial V^2}\right)_T = \frac{2RT}{(V-b)^3} - \frac{2a}{V(V+b)^3} - \frac{2a}{V^2(V+b)^2} - \frac{2a}{V^3(V+b)} \tag{6-61}$$

将式（6-57）、式（6-60）代入第 5 章式（5-70）可得式（6-62）：

$$C_p - C_V = \frac{-T\left(\frac{\partial p}{\partial T}\right)_V^2}{\left(\frac{\partial p}{\partial V}\right)_T} = \frac{-T\left[\frac{R}{V-b} - \frac{1}{V(V+b)}\frac{\mathrm{d}a}{\mathrm{d}T}\right]^2}{\frac{a(2V+b)}{V^2(V+b)^2} - \frac{RT}{(V-b)^2}} \tag{6-62}$$

根据第 5 章式（5-73）可得式（6-63）：

$$\frac{C_p - C_p^0}{R} = \frac{T}{R}\frac{\left[\frac{R}{V-b} - \frac{1}{V(V+b)}\frac{\mathrm{d}a}{\mathrm{d}T}\right]^2}{\frac{RT}{(V-b)^2} - \frac{a(2V+b)}{V^2(V+b)^2}} + \frac{T}{bR}\frac{\mathrm{d}^2 a}{\mathrm{d}T^2}\ln\frac{V+b}{V} - 1 \tag{6-63}$$

6.5.3　基于 PR 状态方程的比热容的计算公式

1. 摩尔定容比热容

摩尔定容比热容的计算公式中偏微分$\left(\frac{\partial^2 p}{\partial T^2}\right)_V$可以通过对 PR 状态方程推导得到，见式（6-64）、式（6-65）：

$$\left(\frac{\partial p}{\partial T}\right)_V=\frac{R}{V-b}\frac{1}{V(V+b)+b(V-b)}\frac{\mathrm{d}a}{\mathrm{d}T} \tag{6-64}$$

$$\left(\frac{\partial^2 p}{\partial T^2}\right)_V=-\frac{1}{V(V+b)+b(V-b)}\frac{\mathrm{d}^2 a}{\mathrm{d}T^2} \tag{6-65}$$

将式（6-65）代入第 5 章式（5-62）并积分，推导过程如下：

$$\left.\begin{aligned}\Delta C_V&=C_V-C_V^0\\&=T\int_V^{\infty}\frac{1}{V(V+b)+b(V-b)}\frac{\mathrm{d}^2 a}{\mathrm{d}T^2}\mathrm{d}V\\&=\frac{T}{\sqrt{8}b}\frac{\mathrm{d}^2 a}{\mathrm{d}T^2}\int_V^{\infty}\left(\frac{1}{V+\left(1-\sqrt{2}\right)b}-\frac{1}{V+\left(1+\sqrt{2}\right)b}\right)\mathrm{d}V\end{aligned}\right\}$$

经整理后得到式（6-66）：

$$\Delta C_V=\frac{T}{\sqrt{8}b}\frac{\mathrm{d}^2 a}{\mathrm{d}T^2}\ln\frac{V+\left(1+\sqrt{2}\right)b}{V+\left(1-\sqrt{2}\right)b} \tag{6-66}$$

2. 摩尔定压比热容

摩尔定压比热容的计算公式中偏微分$\left(\frac{\partial p}{\partial V}\right)_T$可以通过对 PR 状态方程推导得到，同时将二次微分列出，见式（6-67）、式（6-68）：

$$\left(\frac{\partial p}{\partial V}\right)_T=\frac{2a(V+b)}{\left[V(V+b)+b(V-b)\right]^2}-\frac{RT}{(V-b)^2} \tag{6-67}$$

$$\left(\frac{\partial^2 p}{\partial V^2}\right)_T=\frac{2RT}{(V-b)^3}+\frac{2a}{\left[V(V+b)+b(V-b)\right]^2}-\frac{2a(2V+2b)^2}{\left[V(V+b)+b(V-b)\right]^3} \tag{6-68}$$

将式（6-64）、式（6-67）代入第 5 章式（5-70）可得式（6-69）：

$$C_p-C_V=-\frac{T\left(\frac{\partial p}{\partial T}\right)_V^2}{\left(\frac{\partial p}{\partial V}\right)_T}=\frac{-T\left[\frac{R}{V-b}-\frac{1}{V(V+b)+b(V-b)}\frac{\mathrm{d}a}{\mathrm{d}T}\right]^2}{\frac{2a(V+b)}{\left[V(V+b)+b(V-b)\right]^2}-\frac{RT}{(V-b)^2}} \tag{6-69}$$

根据第 5 章式（5-73）可得式（6-70）：

$$\frac{C_p - C_p^0}{R} = \frac{T}{R}\frac{\left[\frac{R}{V-b} - \frac{1}{V(V+b)+b(V-b)}\frac{\mathrm{d}a}{\mathrm{d}T}\right]^2}{\frac{RT}{(V-b)^2} - \frac{2a(V+b)}{\left[V(V+b)+b(V-b)\right]^2}} + \frac{T}{\sqrt{8}Rb}\frac{\mathrm{d}^2 a}{\mathrm{d}T^2}\ln\frac{V+(1+\sqrt{2})b}{V+(1-\sqrt{2})b} - 1 \tag{6-70}$$

基于 SRK、PR 状态方程计算比热容所用到的温度导数公式见 4.6 节。

6.5.4 基于 BWRS 状态方程的比热容的计算公式

1. 摩尔定容比热容

摩尔定容比热容的计算公式中偏微分$\left(\frac{\partial^2 p}{\partial T^2}\right)_\rho$可以通过对 BWRS 状态方程推导得到，见式（6-71）、式（6-72）：

$$\left(\frac{\partial p}{\partial T}\right)_\rho = \rho R + \left(B_0 R + \frac{2C_0}{T^3} - \frac{3D_0}{T^4} + \frac{4E_0}{T^5}\right)\rho^2 + \left(bR + \frac{d}{T^2}\right)\rho^3 + \frac{\alpha d}{T^2}\rho^6 - \frac{2c\rho^3}{T^3}\left(1+\gamma\rho^2\right)\exp\left(-\gamma\rho^2\right) \tag{6-71}$$

$$\left(\frac{\partial^2 p}{\partial T^2}\right)_\rho = \left(-\frac{6C_0}{T^4} + \frac{12D_0}{T^5} - \frac{20E_0}{T^6}\right)\rho^2 - \frac{2d}{T^3}\rho^3 + \frac{2\alpha d}{T^3}\rho^6 + \frac{6c\rho^3}{T^4}\left(1+\gamma\rho^2\right)\exp\left(-\gamma\rho^2\right) \tag{6-72}$$

将式（6-72）代入第 5 章式（5-63）积分可得式（6-73）：

$$C_V = C_V^0 + \left(\frac{6C_0}{T^3} - \frac{12D_0}{T^4} + \frac{20E_0}{T^5}\right)\rho + \frac{d}{T^2}\rho^2 - \frac{2\alpha d}{5T^2}\rho^5 + \frac{3c}{\gamma T^3}\left[\left(\gamma\rho^2+2\right)\exp\left(-\gamma\rho^2\right) - 2\right] \tag{6-73}$$

2. 摩尔定压比热容

摩尔定压比热容与摩尔定容比热容的计算公式中偏微分$\left(\frac{\partial p}{\partial \rho}\right)_T$可以通过对 BWRS 状态方程推导得到，见式（6-74）、式（6-75）：

$$\left(\frac{\partial p}{\partial \rho}\right)_T = RT + 2\left(B_0 RT - A_0 - \frac{C_0}{T^2} + \frac{D_0}{T^3} - \frac{E_0}{T^4}\right)\rho + 3\left(bRT - a - \frac{d}{T}\right)\rho^2 + 6\alpha\left(a + \frac{d}{T}\right)\rho^5 + \frac{3c\rho^2}{T^2}\left(1 + \gamma\rho^2 - \frac{2}{3}\gamma^2\rho^4\right)\exp\left(-\gamma\rho^2\right) \tag{6-74}$$

$$\left(\frac{\partial^2 p}{\partial \rho^2}\right)_T = 2\left(B_0 RT - A_0 - \frac{C_0}{T^2} + \frac{D_0}{T^3} - \frac{E_0}{T^4}\right) + 6\left(bRT - a - \frac{d}{T}\right)\rho + 30\alpha\left(a + \frac{d}{T}\right)\rho^4 + \frac{2c\rho}{T^2}\left[\gamma^2\rho^4\left(2\gamma\rho^2 - 1\right) + 3\left(1+\gamma\rho^2\right)\right]\exp\left(-\gamma\rho^2\right) \tag{6-75}$$

将式（6-71）、式（6-72）和式（6-74）代入第 5 章式（5-73）即可得到基于 BWRS 状态方程的流体摩尔定压比热容的计算公式。

6.5.5 基于 LKP 状态方程的比热容的计算公式

1. *摩尔定容比热容*

摩尔定容比热容的计算公式中偏微分$\left(\dfrac{\partial^2 p_r}{\partial T_r^2}\right)_{V_r}$可以通过对 LKP 状态方程推导得到，见式（6-76）、式（6-77）：

$$\left(\frac{\partial p_r}{\partial T_r}\right)_{V_r}=\frac{1}{V_r}\left\{\begin{aligned}&1+\frac{b_1+b_3/T_r^2+2b_4/T_r^3}{V_r}+\frac{c_1-2c_3/T_r^3}{V_r^2}+\\&\frac{d_1}{V_r^5}-\frac{2c_4/T_r^3}{V_r^2}\left[\left(\beta+\frac{\gamma}{V_r^2}\right)\exp\left(-\frac{\gamma}{V_r^2}\right)\right]\end{aligned}\right\} \tag{6-76}$$

$$\left(\frac{\partial^2 p_r}{\partial T_r^2}\right)_{V_r}=\frac{1}{V_r}\left\{\frac{-2b_3/T_r^3-6b_4/T_r^4}{V_r}+\frac{6c_3/T_r^4}{V_r^2}+\frac{6c_4/T_r^4}{V_r^2}\left[\left(\beta+\frac{\gamma}{V_r^2}\right)\exp\left(-\frac{\gamma}{V_r^2}\right)\right]\right\} \tag{6-77}$$

将式（6-77）代入第 5 章式（5-62）积分可得式（6-78）：

$$\left.\begin{aligned}&\frac{C_V-C_V^0}{R}=\frac{2\left(b_3+3b_4/T_r\right)}{T_r^2V_r}-\frac{3c_3}{T_r^3V_r^2}-6E\\&E=\frac{c_4}{2T_r^3\gamma}\left[\beta+1-\left(\beta+1+\frac{\gamma}{V_r^2}\right)\exp\left(-\frac{\gamma}{V_r^2}\right)\right]\end{aligned}\right\} \tag{6-78}$$

$$\frac{C_V-C_V^0}{R}=\left(\frac{C_V-C_V^0}{R}\right)^{(0)}+\frac{\omega}{\omega^{(r)}}\left[\left(\frac{C_V-C_V^0}{R}\right)^{(r)}-\left(\frac{C_V-C_V^0}{R}\right)^{(0)}\right] \tag{6-79}$$

简单流体和参考流体的摩尔定容比热容按照式（6-78）进行计算后，代入式（6-79）可得到基于 LKP 状态方程的摩尔定容比热容计算公式。

2. *摩尔定压比热容*

摩尔定压比热容的计算公式见第 5 章式（5-73），式中偏微分$\left(\dfrac{\partial p_r}{\partial V_r}\right)_{T_r}$可以通过对 LKP 状态方程推导得到，见式（6-80）、式（6-81）：

$$\begin{aligned}\left(\frac{\partial p_r}{\partial V_r}\right)_{T_r}&=-\frac{T_r}{V_r^2}\left\{1+\frac{2B}{V_r}+\frac{3C}{V_r^2}+\frac{6D}{V_r^5}+\frac{c_4}{T_r^3V_r^2}\left[3\beta+\left\{5-2\left(\beta+\frac{\gamma}{V_r^2}\right)\right\}\frac{\gamma}{V_r^2}\right]\exp\left(-\frac{\gamma}{V_r^2}\right)\right\}\\&=-\frac{T_r}{V_r^2}\left\{1+\frac{2B}{V_r}+\frac{3C}{V_r^2}+\frac{6D}{V_r^5}+\frac{c_4\exp\left(-\dfrac{\gamma}{V_r^2}\right)}{T_r^3V_r^2}\left[3\beta+\frac{\gamma}{V_r^2}\left(5-2\beta-\frac{2\gamma}{V_r^2}\right)\right]\right.\end{aligned} \tag{6-80}$$

$$\left(\frac{\partial p_r^2}{\partial V_r^2}\right)_{T_r} = \frac{2T_r}{V_r^3} + \frac{6BT_r}{V_r^4} + \frac{12CT_r}{V_r^5} + \frac{42DT_r}{V_r^8} + \left(\frac{12\beta c_4}{T_r^2 V_r^5} + \frac{30\gamma c_4}{T_r^2 V_r^7} - \frac{18\beta\gamma c_4}{T_r^2 V_r^7} + \frac{4\beta\gamma^2 c_4}{T_r^2 V_r^9} - \frac{26\gamma^2 c_4}{T_r^2 V_r^9} + \frac{4\gamma^3 c_4}{T_r^2 V_r^{11}}\right)\exp\left(-\frac{\gamma}{V_r^2}\right)$$
$$= \frac{2T_r}{V_r^3} + \frac{6BT_r}{V_r^4} + \frac{12CT_r}{V_r^5} + \frac{42DT_r}{V_r^8} + \frac{2c_4}{T_r^2 V_r^5}\left[6\beta + \frac{\gamma}{V_r^2}\left(15 - 9\beta + \frac{2\beta\gamma}{V_r^2} - \frac{13\gamma}{V_r^2} + \frac{2\gamma^2}{V_r^4}\right)\right]\exp\left(-\frac{\gamma}{V_r^2}\right) \tag{6-81}$$

将式（6-76）、式（6-77）和式（6-80）代入第 5 章式（5-73）可得到基于 LKP 状态方程的摩尔定压比热容的计算公式即式（6-82）：

$$\frac{C_p - C_p^0}{R} = \frac{C_V - C_V^0}{R} - 1 - T_r\left(\frac{\partial p_r}{\partial T_r}\right)_{V_r}^2 \Bigg/ \left(\frac{\partial p_r}{\partial V_r}\right)_{T_r} \tag{6-82}$$

$$\frac{C_p - C_p^0}{R} = \left(\frac{C_p - C_p^0}{R}\right)^{(0)} + \frac{\omega}{\omega^{(r)}}\left[\left(\frac{C_p - C_p^0}{R}\right)^{(r)} - \left(\frac{C_p - C_p^0}{R}\right)^{(0)}\right] \tag{6-83}$$

简单流体和参考流体的摩尔定容比热容按照式（6-82）进行计算后，代入式（6-83）可得到基于 LKP 状态方程的摩尔定压比热容计算公式。

提示　B. I. Lee 等人的 "A generalized thermodynamic correlation based on three-parameter corresponding states" 一文中，$\left(\frac{\partial p_r}{\partial T_r}\right)_{V_r}$ 第三项和第四项应将分母中的常数系数去掉，即 $\frac{c_1 - 2c_3/T_r^3}{V_r^2} + \frac{d_1}{V_r^5}$。

6.6 焦耳-汤姆孙系数

本节将对基于 RK、SRK、PR、BWRS、LKP 状态方程的焦耳-汤姆孙系数的计算公式进行介绍。

6.6.1 基于 RK 状态方程的焦耳-汤姆孙系数的计算公式

焦耳-汤姆孙系数的计算公式中偏微分 $\left(\frac{\partial p}{\partial T}\right)_V$ 在计算比热容时已经给出，此处为了便于阅读过程中推导和使用，再次列出，见式（6-84）。

$$\left(\frac{\partial p}{\partial T}\right)_V = \frac{R}{V-b} + \frac{a}{2}\frac{1}{V(V+b)T^{3/2}} \tag{6-84}$$

$\left(\frac{\partial p}{\partial V}\right)_T$ 可以通过对 RK 状态方程推导得到，推导过程如下：

$$\left(\frac{\partial p}{\partial V}\right)_T=\frac{a}{T^{0.5}V(V+b)^2}+\frac{a}{T^{0.5}V^2(V+b)}-\frac{RT}{(V-b)^2}$$

经整理后得到式（6-85）：

$$\left(\frac{\partial p}{\partial V}\right)_T=\frac{a(2V+b)}{T^{0.5}V^2(V+b)^2}-\frac{RT}{(V-b)^2} \tag{6-85}$$

将式（6-84）和式（6-85）代入第 5 章式（5-93）可得式（6-86）：

$$\mu_J=\left(\frac{\partial T}{\partial p}\right)_H=\frac{1}{C_p}\left[\frac{\dfrac{RT}{V-b}+\dfrac{a}{2}\dfrac{1}{V(V+b)T^{1/2}}}{\dfrac{RT}{(V-b)^2}-\dfrac{a(2V+b)}{T^{0.5}V^2(V+b)^2}}-V\right] \tag{6-86}$$

6.6.2 基于 SRK 状态方程的焦耳-汤姆孙系数的计算公式

焦耳-汤姆孙系数的计算公式见第 5 章式（5-93），式中偏微分$\left(\frac{\partial p}{\partial T}\right)_V$和$\left(\frac{\partial p}{\partial V}\right)_T$可以通过对 SRK 状态方程推导得到，见式（6-87）、式（6-88）：

$$\left(\frac{\partial p}{\partial T}\right)_V=\frac{R}{V-b}-\frac{1}{V(V+b)}\frac{\mathrm{d}a}{\mathrm{d}T} \tag{6-87}$$

$$\left(\frac{\partial p}{\partial V}\right)_T=\frac{a(2V+b)}{V^2(V+b)^2}-\frac{RT}{(V-b)^2} \tag{6-88}$$

将式（6-87）和式（6-88）代入第 5 章式（5-93）可得式（6-89）：

$$\mu_J=\frac{1}{C_p}\left[-T\frac{\left(\dfrac{\partial p}{\partial T}\right)_V}{\left(\dfrac{\partial p}{\partial V}\right)_T}-V\right]=\frac{1}{C_p}\left[\frac{\dfrac{RT}{V-b}-\dfrac{1}{V(V+b)}T\dfrac{\mathrm{d}a}{\mathrm{d}T}}{\dfrac{RT}{(V-b)^2}-\dfrac{a(2V+b)}{V^2(V+b)^2}}-V\right] \tag{6-89}$$

6.6.3 基于 PR 状态方程的焦耳-汤姆孙系数的计算公式

焦耳-汤姆孙系数的计算公式见第 5 章式（5-93），式中偏微分$\left(\frac{\partial p}{\partial T}\right)_V$和$\left(\frac{\partial p}{\partial V}\right)_T$可以通过对 PR 状态方程推导得到，见式（6-90）、式（6-91）：

$$\left(\frac{\partial p}{\partial T}\right)_V=\frac{R}{V-b}-\frac{1}{V(V+b)+b(V-b)}\frac{\mathrm{d}a}{\mathrm{d}T} \tag{6-90}$$

$$\left(\frac{\partial p}{\partial V}\right)_T=\frac{2a(V+b)}{\left[V(V+b)+b(V-b)\right]^2}-\frac{RT}{(V-b)^2} \tag{6-91}$$

将式（6-90）和式（6-91）代入第 5 章式（5-93）可得式（6-92）：

$$\mu_J=\frac{1}{C_p}\left[-T\frac{\left(\frac{\partial p}{\partial T}\right)_V}{\left(\frac{\partial p}{\partial V}\right)_T}-V\right]=\frac{1}{C_p}\left\{\frac{\frac{RT}{V-b}-\frac{1}{V(V+b)+b(V-b)}T\frac{\mathrm{d}a}{\mathrm{d}T}}{\frac{RT}{(V-b)^2}-\frac{2a(V+b)}{\left[V(V+b)+b(V-b)\right]^2}}-V\right\} \tag{6-92}$$

6.6.4 基于 BWRS 状态方程的焦耳-汤姆孙系数的计算公式

焦耳-汤姆孙系数的计算公式见第 5 章式（5-94），式中偏微分$\left(\frac{\partial p}{\partial T}\right)_\rho$和$\left(\frac{\partial p}{\partial \rho}\right)_T$可以通过对 BWRS 状态方程推导得到，见式（6-93）、式（6-94）：

$$\left(\frac{\partial p}{\partial T}\right)_\rho=\rho R+\left(B_0R+\frac{2C_0}{T^3}-\frac{3D_0}{T^4}+\frac{4E_0}{T^5}\right)\rho^2+\left(bR+\frac{d}{T^2}\right)\rho^3+\frac{\alpha d}{T^2}\rho^6-\frac{2c\rho^3}{T^3}\left(1+\gamma\rho^2\right)\exp\left(-\gamma\rho^2\right) \tag{6-93}$$

$$\left(\frac{\partial p}{\partial \rho}\right)_T=RT+2\left(B_0RT-A_0-\frac{C_0}{T^2}+\frac{D_0}{T^3}-\frac{E_0}{T^4}\right)\rho+3\left(bRT-a-\frac{d}{T}\right)\rho^2+6\alpha\left(a+\frac{d}{T}\right)\rho^5+\frac{3c\rho^2}{T^2}\left(1+\gamma\rho^2-\frac{2}{3}\gamma^2\rho^4\right)\exp\left(-\gamma\rho^2\right) \tag{6-94}$$

将以上两式代入第 5 章式（5-94）即可得到焦耳-汤姆孙系数的计算公式。

6.6.5 基于 LKP 状态方程的焦耳-汤姆孙系数的计算公式

焦耳-汤姆孙系数的计算公式见第 5 章式（5-93），式中偏微分$\left(\frac{\partial p_\mathrm{r}}{\partial T_\mathrm{r}}\right)_{V_\mathrm{r}}$和$\left(\frac{\partial p_\mathrm{r}}{\partial V_\mathrm{r}}\right)_{T_\mathrm{r}}$可以通过对 LKP 状态方程推导得到，见式（6-95）、式（6-96）：

$$\left(\frac{\partial p_\mathrm{r}}{\partial T_\mathrm{r}}\right)_{V_\mathrm{r}}=\frac{1}{V_\mathrm{r}}\left\{1+\frac{b_1+b_3/T_\mathrm{r}^2+2b_4/T_\mathrm{r}^3}{V_\mathrm{r}}+\frac{c_1-2c_3/T_\mathrm{r}^3}{V_\mathrm{r}^2}+\frac{d_1}{V_\mathrm{r}^5}-\frac{2c_4/T_\mathrm{r}^3}{V_\mathrm{r}^2}\left[\left(\beta+\frac{\gamma}{V_\mathrm{r}^2}\right)\exp\left(-\frac{\gamma}{V_\mathrm{r}^2}\right)\right]\right\} \tag{6-95}$$

$$\left(\frac{\partial p_\mathrm{r}}{\partial V_\mathrm{r}}\right)_{T_\mathrm{r}}=-\frac{T_\mathrm{r}}{V_\mathrm{r}^2}\left\{1+\frac{2B}{V_\mathrm{r}}+\frac{3C}{V_\mathrm{r}^2}+\frac{6D}{V_\mathrm{r}^5}+\frac{c_4}{T_\mathrm{r}^3V_\mathrm{r}^2}\left[3\beta+\left\{5-2\left(\beta+\frac{\gamma}{V_\mathrm{r}^2}\right)\right\}\frac{\gamma}{V_\mathrm{r}^2}\right]\exp\left(-\frac{\gamma}{V_\mathrm{r}^2}\right)\right\} \tag{6-96}$$

将式（6-95）、式（6-96）代入第 5 章式（5-93）或者式（6-97）可得到基于 LKP 状态方程的简单流体和参考流体的焦耳-汤姆孙系数，代入式（6-98）可得到流体的焦耳-汤姆孙系数。

$$\mu_J = -\frac{V}{C_p}\left[\frac{T_r}{V_r}\frac{\left(\frac{\partial p_r}{\partial T_r}\right)_{V_r}}{\left(\frac{\partial p_r}{\partial V_r}\right)_{T_r}}+1\right] \tag{6-97}$$

$$\mu_J = (\mu_J)^{(0)} + \frac{\omega}{\omega^{(r)}}\left[(\mu_J)^{(r)} - (\mu_J)^{(0)}\right] \tag{6-98}$$

6.7 黏度

本节所指黏度若无特殊说明均为动力黏度。

6.7.1 *API Technical Data Book* 中的黏度计算公式

1. 低压下纯组分气体的黏度

API Technical Data Book 中给出了低压下纯组分气体的黏度计算公式，见式（6-99）～式（6-104）。

$$\mu = N/\xi \tag{6-99}$$

式中：

$$\xi = 5.4403\frac{T_c^{1/6}}{M^{1/2}p_c^{2/3}} \tag{6-100}$$

对于烃类，N用式（6-101）、式（6-102）计算：

$$N = 3.400\times10^{-4}T_r^{0.94} \quad (T_r \leqslant 1.5) \tag{6-101}$$

$$N = 1.778\times10^{-4}(4.58T_r - 1.67)^{0.625} \quad (T_r > 1.5) \tag{6-102}$$

对于氢气，黏度μ用式（6-103）、式（6-104）计算：

$$\mu = 3.700\times10^{-5}T^{0.94} \quad (T_r \leqslant 1.5) \tag{6-103}$$

$$\mu = 9.071\times10^{-4}(7.639\times10^{-2}T - 1.67)^{0.625} \quad (T_r > 1.5) \tag{6-104}$$

式中：μ为动力黏度（单位为 cP）；T_c为临界温度（单位为°R）；T 为温度（单位为°R）；p_c为临界压力（单位为 Pa）；M 为摩尔质量（单位为 kg/kmol）。

适用范围：

（1）适用于估计氢气和纯组分烃类气体的密度；

（2）适用于对比压力低于 0.6 的气体，否则应当使用高对比压力的方程；

（3）在 800 个数据点的平均误差在 3.0%，正烷烃误差比正癸烷的大 5%～10%，误差较大。

2. 低压下混合气体的黏度

API Technical Data Book 中给出了低压下混合气体的黏度计算公式，见式（6-105），用来估计确定组分混合气体在任何温度下，对比压力低于 0.6 的黏度。本章所用到的纯组分的黏度是在相同的条件下的。

$$\mu_m = \sum_{i=1}^{n} \frac{\mu_i}{1+\sum_{\substack{i=1\\j=1}}^{n} \phi_{ij} \frac{x_i}{x_j}} \tag{6-105}$$

其中：

$$\phi_{ij} = \frac{\left[1+\left(\frac{\mu_i}{\mu_j}\right)^{1/2}\left(\frac{M_i}{M_j}\right)^{1/4}\right]^2}{\sqrt{8}\left(1+\frac{M_i}{M_j}\right)^{1/2}} \tag{6-106}$$

式（6-105）和式（6-106）中：μ_m 为混合物动力黏度（单位为 cP）；μ_i 为组分 i 的黏度（单位为 cP）；μ_j 为组分 j 的黏度（单位为 cP）；n 为混合物组分数；x_i 为组分 i 的摩尔含量；x_j 为组分 j 的摩尔含量；ϕ_{ij} 为组分 i、j 的交互系数；M_i 为组分 i 的摩尔质量；M_j 为组分 j 的摩尔质量。

适用范围：

（1）适用于含有烃类、氢气和其他非极性气体的混合物；

（2）适用于同样温度下的纯组分，计算低压下由它们组成的确定组分的气体混合物的黏度；

（3）适用于对比压力低于 0.6 的气体，否则应当使用修正的混合物黏度计算方法；

（4）在对 364 个数据点评估的平均偏差大约在 3%，评估结果显示方程对二元和多组分混合物是很可靠的，这个方程适用于非极性、非烃类气体和烃类气体混合物。

3. 高压下纯烃类气体和它们的混合气体的黏度

API Technical Data Book 提供的方程（6-107），用于估计压力对气体黏度的影响。该方程式可应用于高于临界温度的所有压力。低于临界温度时，压力必须小于饱和压力。

$$\left.\begin{aligned}&(\mu-\mu_0)\xi = 10.8\times10^{-5}\left[\exp(1.439\rho_r)-\exp\left(-1.11\rho_r^{1.858}\right)\right]\\&\xi = 5.440\frac{T_c^{1/6}}{M^{1/2}p_c^{2/3}}\end{aligned}\right\} \tag{6-107}$$

式中：μ 为黏度（单位为 cP）；μ_0 为低压下的黏度（单位为 cP）；ρ_r 为对比密度（$\rho_r=\rho/\rho_c$），其中 ρ 为密度（单位为 1b/ft^3），ρ_c 为临界密度，$\rho_c=1/V_c$，（单位为 b/ft^3），V_c 为临界体积（单位为 ft^3/b）；T_c为临界温度（单位为°R）；M 为摩尔质量；p_c为临界压力（单位为 bf/in^2），为绝对压力。

对于混合物，需要虚拟临界温度、虚拟临界压力和混合物摩尔质量。式（6-108）～式（6-110）是简要的定义：

$$T_{pc} = \sum_{i=1}^{n} x_i T_{ci} \tag{6-108}$$

式中：T_{pc} 为虚拟临界温度（单位为°R）；n 为混合物的组分数；x_i 为组分 i 的摩尔含量；T_{ci} 为组分 i 的临界温度（单位为°R）。

$$p_{pc} = \sum_{i=1}^{n} x_i p_{ci} \tag{6-109}$$

式中：p_{pc} 为虚拟临界压力（单位为 bf/in^2），为绝对压力；p_{ci} 为组分 i 的临界压力。

$$M_m = \sum_{i=1}^{n} x_i M_i \tag{6-110}$$

式中：M_m 为混合物摩尔质量；M_i 为组分 i 的摩尔质量。

4. 高压下非烃类气体的黏度

计算非烃类气体在高压下黏度的公式见式（6-111）、式（6-112），所用的常数见表 6-2。

$$\mu/\mu_0 = A_1 \cdot \left(h \cdot p_r^j\right) + A_2\left(k \cdot p_r^l + m \cdot p_r^n + p \cdot p_r^q\right) \tag{6-111}$$

$$A_n = a_n T_r^{b_n} + c_n T_r^{d_n} + e_n T_r^{f_n} + g_n \tag{6-112}$$

表 6-2　　黏度计算公式中的常数

公式中的常数及数值	公式中的常数及数值	公式中的常数及数值
a_1=83.8970	a_2=1.5140	h=1.5071
b_1=0.0105	b_2=−11.3036	j=−0.4487
c_1=0.6030	c_2=0.3018	k=11.4789
d_1=−0.0822	d_2=−0.6856	l=0.2606
e_1=0.9017	e_2=2.0636	m=−12.6843
f_1=−0.1200	f_2=−2.7611	n=0.1773
g_1=−85.3080	g_2=0	p=1.6953
		q=−0.1052

式中：μ/μ_0 为黏度比；μ 为在压力为 p、温度为 T 时的黏度（单位为 cP）；μ_0 为在一个大气压下、温度为 T 时的黏度（单位为 cP）；T 为温度（单位为°R）；T_r 为对比温度，$T_r = T/T_c$，其中 T_c 为临界温度（单位为°R）；p 为压力（单位为 b/in²），为绝对压力；p_c 为临界压力（单位为 b/in²），为绝对压力；p_r 为对比压力，$p_r = p/p_c$；$a_1, a_2, \cdots, q$ 为常数。

一旦计算出黏度比，非烃类气体的黏度就可以用式（6-113）来计算。

$$\mu = (\mu/\mu_0)\mu_0 \tag{6-113}$$

6.7.2 Lee-Gonzalez-Eakin 黏度关联式

在计算黏度时，TGNET 提供了一个为常数的黏度和一个由 Lee-Gonzalez-Eakin 关联式（简称 LGE 关联式）计算的黏度供用户选择。在大雷诺数（Re>>10⁶）时，将黏度视为常数不会引起太大的误差，如果在小雷诺数时将黏度视为常数将会导致错误。本书采用 LGE 关联式，见式（6-114）～式（6-117）：

$$\mu_g = 10^{-4} K \cdot \exp\left[X \cdot \left(\frac{\rho}{1000}\right)^Y\right] \tag{6-114}$$

$$X = x_1 + \frac{x_2}{1.8T} + x_3 M \tag{6-115}$$

$$Y = y_1 - y_2 X \tag{6-116}$$

$$K=\frac{\left(k_1+k_2M\right)\cdot\left(1.8T\right)^{k_3}}{k_4+k_5M+1.8T} \tag{6-117}$$

式（6-114）～式（6-117）中：ρ 为密度（单位为 kg/m³）；M 为摩尔质量（单位为 kg/kmol）；T 为温度（单位为 K）；μ_g 为黏度（单位为 cP）。所用的常数见表 6-3。

表 6-3　LGE 关联式中的常数

参数	参数值（原始 LGE 关联式）	参数值（优化后的 LGE 关联式）
k_1	9.379	16.7175
k_2	0.01607	0.0419188
k_3	1.5	1.40256
k_4	209.2	212.209
k_5	19.26	18.1349
x_1	3.448	2.12574
x_2	986.4	2063.71
x_3	0.01009	0.00119260
y_1	2.447	1.09809
y_2	0.2224	−0.0392851

6.7.3　其他黏度关联式

苑伟民在 2013 年提出了新的黏度关联式，见式（6-118）：

$$\mu_g=k_1\cdot\exp\left[k_2\cdot\left(\frac{\rho}{1000}\right)^{k_3}\right]\times10^{-7} \tag{6-118}$$

其中：$k_1=\dfrac{1.26696\cdot(16.7175+0.04192M)\cdot T^{1.40256}}{117.89389+10.07494M+T}$，$k_2=2.12574+1.1926\cdot\dfrac{M}{1000}+\dfrac{1146.50555}{T}$，$k_3=1.09809+3.9285\cdot\dfrac{k_2}{100}$。

式中：T 为气体温度（单位为 K）；M 为气体的摩尔质量或平均摩尔质量（单位为 kg/kmol）；ρ 为气体密度（单位为 kg/m³）；μ_g 为气体动力黏度（单位为 Pa·s）。

6.8　扩展知识

6.8.1　Aspen HYSYS 中理想气体焓、熵、比热容的计算公式

Aspen HYSYS 软件是世界著名油气加工模拟软件工程公司 AspenTech 公司开发的大型专家系统软件，其中的热力学方法很多。下面对理想气体比热容、焓、熵的计算公式进行介绍。

Aspen HYSYS 中理想气体焓、熵、比热容的计算公式中的常数见表 6-4，物性基本参数见表 6-5。

表 6-4　Aspen HYSYS 中理想气体焓、熵、比热容的计算公式中的常数

序号	组分	*a*	*b*	*c*	*d*	*e*	*f*	*g*	T_{min}/K	T_{max}/K
1	C1	−1.29800E+01	2.36459E+00	−2.13247E−03	5.66180E−06	−3.72476E−09	8.60896E−13	1	3.15	5273.15
2	C2	−1.76750E+00	1.14290E+00	−3.23600E−04	4.24310E−06	−3.39316E−09	8.82096E−13	1	3.15	5273.15
3	C3	3.94889E+01	3.95000E−01	2.11409E−03	3.96486E−07	−6.67176E−10	1.67936E−13	1	3.15	5273.15
4	i-C4	3.09030E+01	1.53300E−01	2.63479E−03	7.27226E−08	−7.27896E−10	2.36736E−13	1	3.15	5273.15
5	n-C4	6.77210E+01	8.54058E−03	3.27699E−03	−1.10968E−06	1.76646E−10	−6.39926E−15	1	3.15	5273.15
6	i-C5	6.42500E+01	−1.31798E−01	3.54100E−03	−1.33320E−06	2.51446E−10	−1.29576E−14	1	3.15	5273.15
7	n-C5	6.31980E+01	−1.17017E−02	3.31640E−03	−1.17050E−06	1.99636E−10	−8.66485E−15	1	3.15	5273.15
8	n-C6	7.45130E+01	−9.66970E−02	3.47649E−03	−1.32120E−06	2.52365E−10	−1.34666E−14	1	3.15	5273.15
9	n-C7	7.14100E+01	−9.68949E−02	3.47300E−03	−1.33020E−06	2.55766E−10	−1.37726E−14	1	3.15	5273.15
10	n-C8	1.26507E+02	−2.70100E−01	3.99829E−03	−1.97300E−06	6.22796E−10	−9.38135E−14	1	3.15	5273.15
11	n-C9	4.97872E−09	−6.52895E−02	3.40288E−03	−1.25345E−06	2.00955E−10	−2.23759E−23	1	3.15	5273.15
12	n-C10	7.33469E−09	−5.56135E−02	3.37665E−03	−1.23882E−06	1.98716E−10	−3.70139E−23	1	3.15	5273.15
13	n-C11	4.10848E−09	−5.37062E−02	3.37144E−03	−1.23662E−06	1.97836E−10	−2.08778E−23	1	3.15	5273.15
14	n-C12	6.67630E−09	−5.47613E−02	3.37268E−03	−1.24201E−06	1.99451E−10	−3.41020E−23	1	3.15	5273.15
15	N_2	2.88863E+00	9.82747E−01	9.71424E−05	−4.15795E−10	−3.65548E−12	4.05013E−16	1	3.15	5273.15
16	CO_2	1.25255E−09	6.18139E−01	4.84485E−04	−1.49353E−07	2.29050E−11	−1.37045E−15	1	3.15	5273.15
17	H_2S	−1.43500E+00	9.98500E−01	−1.84300E−04	5.57076E−07	−3.17706E−10	6.36625E−14	1	3.15	5273.15
18	H_2	−4.96831E+01	1.38376E+01	2.99981E−04	3.45893E−07	−9.71293E−11	7.73120E−15	1	3.15	5273.15
19	H_2O	−5.72960E+00	1.91450E+00	−3.95740E−04	8.76206E−07	−4.95055E−10	1.03846E−13	1	3.15	5273.15
20	He	9.13170E+00	5.19580E+00	0.00000E+00	0.00000E+00	0.00000E+00	0.00000E+00	1	3.15	5273.15
21	O_2	1.34497E+01	8.13132E−01	1.65580E−04	6.82000E−09	−2.33100E−11	3.76440E−15	1	3.15	5273.15
22	C_6H_6	8.44658E+01	−5.13298E−01	3.24869E−03	−1.54370E−06	3.65006E−10	−2.48204E−14	1	3.15	5273.15
23	C_7H_8	7.41620E+01	−4.23100E−01	3.18450E−03	−1.43970E−06	3.26596E−10	−2.12746E−14	1	3.15	5273.15
24	C_2H_4	1.12008E−09	1.13700E+00	−2.44620E−04	2.92095E−06	−2.10761E−09	4.85356E−13	1	3.15	5273.15
25	C_3H_6	1.92663E−08	8.81636E−02	2.78630E−03	−9.18863E−07	1.30992E−10	−1.04978E−22	1	3.15	5273.15

表 6-5 物性基本参数

序号	组分	摩尔质量 M/ $(kg \cdot kmol^{-1})$	正常沸点 P_t/℃	理想液体密度/ $(kg \cdot m^{-3})$	临界温度 T_c/℃	临界压力 p_c/ kPa	临界摩尔体积 $V_c/(m^3 \cdot kmol^{-1})$	偏心因子 ω	焓基偏移/ $(kJ \cdot kmol^{-1})$
1	C1	16.04290009	−1.61525E+02	2.99394E+02	−8.24510E+01	4.64068E+03	9.89999E−02	1.14984E−02	−8.49286E+04
2	C2	30.06990051	−8.86000E+01	3.55683E+02	3.22780E+01	4.88385E+03	1.48000E−01	9.86000E−02	−9.67042E+04
3	C3	44.09700012	−4.21020E+01	5.06678E+02	9.67480E+01	4.25666E+03	2.00000E−01	1.52400E−01	−1.19360E+05
4	i-C4	58.12400055	−1.17300E+01	5.61966E+02	1.34946E+02	3.64762E+03	2.63000E−01	1.84790E−01	−1.52467E+05
5	n-C4	58.12400055	−5.01990E−01	5.83223E+02	1.52049E+02	3.79662E+03	2.54990E−01	2.01000E−01	−1.45577E+05
6	i-C5	72.15100098	2.78780E+01	6.23442E+02	1.87248E+02	3.33359E+03	3.07990E−01	2.22240E−01	−1.76693E+05
7	n-C5	72.15100098	3.60590E+01	6.29729E+02	1.96450E+02	3.37512E+03	3.10990E−01	2.53890E−01	−1.69943E+05
8	n-C6	86.17790222	6.87300E+01	6.62664E+02	2.34748E+02	3.03162E+03	3.68000E−01	3.00700E−01	−1.95010E+05
9	n-C7	100.2050018	9.84290E+01	6.86815E+02	2.67008E+02	2.73678E+03	4.25980E−01	3.49790E−01	−2.19753E+05
10	n-C8	114.2320023	1.25670E+02	7.05377E+02	2.95448E+02	2.49662E+03	4.86000E−01	4.01800E−01	−2.49006E+05
11	n-C9	128.2590027	1.50817E+02	7.20247E+02	3.21448E+02	2.30007E+03	5.42990E−01	4.45490E−01	−2.61434E+05
12	n-C10	142.2850037	1.74149E+02	7.32721E+02	3.44448E+02	2.10755E+03	6.01970E−01	4.88480E−01	−2.85691E+05
13	n-C11	156.3130035	1.95890E+02	7.42846E+02	3.65149E+02	1.96493E+03	6.60000E−01	5.35000E−01	−3.09955E+05
14	n-C12	1.70339E+02	2.16278E+02	7.51145E+02	3.85149E+02	1.82992E+03	7.12970E−01	5.61990E−01	−3.34039E+05
15	N_2	28.01300049	−1.95800E+02	8.06374E+02	−1.46956E+02	3.39437E+03	9.00000E−02	3.99998E−02	−8.52970E+03
16	CO_2	44.00970078	−7.85520E+01	8.25335E+02	3.09500E+01	7.37000E+03	9.39000E−02	2.38940E−01	−4.03630E+05
17	H_2S	34.07600021	−5.96520E+01	7.88408E+02	1.00450E+02	9.00779E+03	9.79999E−02	8.10000E−02	−3.01390E+04
18	H_2	2.016000032	−2.52595E+02	6.98591E+01	−2.33416E+02	1.70955E+03	5.15000E−02	0.00000E+00	−8.28795E+03
19	H_2O	18.01510048	9.99980E+01	9.97986E+02	3.74149E+02	2.21200E+04	5.71000E−02	3.44000E−01	−2.51712E+05
20	He	4.002980232	−2.68940E+02	1.24064E+02	−2.67960E+02	2.26970E+02	5.73000E−02	−3.90032E−01	−6.23768E+03
21	O_2	32	−1.82950E+02	1.13768E+03	−1.18380E+02	5.08002E+03	7.32000E−02	1.89999E−02	−8.65950E+03
22	C_6H_6	78.11000061	8.00890E+01	8.82190E+02	2.88948E+02	4.92439E+03	2.59990E−01	2.15000E−01	6.87512E+04
23	C_7H_8	92.14080048	1.10649E+02	8.70044E+02	3.18649E+02	4.10004E+03	3.16000E−01	2.59600E−01	3.20183E+04
24	C_2H_4	28.05380058	−1.03751E+02	3.83226E+02	9.20901E+00	5.03179E+03	1.28940E−01	8.50000E−02	4.16930E+04
25	C_3H_6	42.08060074	−4.77510E+01	5.20955E+02	9.18500E+01	4.62041E+03	1.80950E−01	1.48000E−01	9.88143E+03

1. 理想气体焓的计算公式

Aspen HYSYS 中理想气体焓的计算公式见式（6-119）：

$$H_0 = a + bT + cT^2 + dT^3 + eT^4 \tag{6-119}$$

式中：H_0 为理想气体纯组分 i 在温度为 T K 时的质量焓（单位为 kJ/kg）；a、b、c、d、e 为常数。

质量焓与摩尔焓之间转化：摩尔焓=质量焓×摩尔质量。

例 6-1：采用商业软件 Aspen HYSYS 中理想气体焓的计算公式，计算天然气和化工产品在 300 K 下的焓，计算结果见表 6-6。

表 6-6　计算结果（1）

序号	组分	H_0/(kJ·kg^{-1})
1	C1	629.265
2	C2	401.201
3	C3	353.966
4	i-C4	310.667
5	n-C4	336.666
6	i-C5	309.409
7	n-C5	328.156
8	n-C6	324.727
9	n-C7	321.034
10	n-C8	356.869
11	n-C9	254.457
12	n-C10	255.376
13	n-C11	255.531
14	n-C12	255.194
15	N_2	306.416
16	CO_2	225.195
17	H_2S	294.150
18	H_2	4137.170
19	H_2O	552.904
20	He	1567.870
21	O_2	272.296
22	C_6H_6	184.075
23	C_7H_8	197.559
24	C_2H_4	382.058
25	C_3H_6	253.468

2. 理想气体熵的计算公式

Aspen HYSYS 中理想气体熵的计算公式见式（6-120）：

$$S_0 = b\ln T + 2cT + \frac{3}{2}dT^2 + \frac{4}{3}eT^3 + \frac{5}{4}fT^4 + g \tag{6-120}$$

式中：S_0 为理想气体纯组分 i 在温度为 T K 时的质量熵（单位为 kJ/(kg·K)）；b、c、d、e、f、g 为常数。

质量熵与摩尔熵之间转化：摩尔熵=质量熵×摩尔质量。

例 6-2：采用商业软件 Aspen HYSYS 中理想气体熵的计算公式，计算天然气和化工产品在 300 K 下理想气体的熵，计算结果见表 6-7。

表 6-7　计算结果（2）

序号	组分	$S_0/(kJ\cdot kg^{-1}\cdot K^{-1})$
1	C1	13.8466
2	C2	7.7843
3	C3	4.5527
4	i-C4	3.4413
5	n-C4	2.8714
6	i-C5	2.2018
7	n-C5	2.7722
8	n-C6	2.3649
9	n-C7	2.3606
10	n-C8	1.6135
11	n-C9	2.5073
12	n-C10	2.5487
13	n-C11	2.5567
14	n-C12	2.5508
15	N_2	6.6635
16	CO_2	4.7971
17	H_2S	6.6491
18	H_2	80.1500
19	H_2O	11.7840
20	He	30.6357
21	O_2	272.296
22	C_6H_6	184.075
23	C_7H_8	197.559
24	C_2H_4	382.058
25	C_3H_6	253.468

3. 理想气体比热容的计算公式

Aspen HYSYS 中理想气体比热容的计算公式见式（6-121）：

$$C_p^0 = b + 2cT + 3dT^2 + 4eT^3 + 5fT^4 \tag{6-121}$$

式中：C_p^0 为理想气体纯组分 i 在温度为 T K 时的定压质量比热容（单位为 kJ/(kg·K)）；b、c、d、e、f 为常数。

质量比热容与摩尔比热容之间转化：摩尔比热容=质量比热容×摩尔质量。

例 6-3：采用商业软件 Aspen HYSYS 中理想气体比热容的计算公式，计算天然气和化工产品在 300 K 下的比热容，计算结果见表 6-8。

表 6-8　　计算结果（3）

序号	组分	C_p^0 /(kJ·kg^{-1}·K^{-1})
1	C1	2.246
2	C2	1.764
3	C3	1.705
4	i-C4	1.685
5	n-C4	1.694
6	i-C5	1.659
7	n-C5	1.683
8	n-C6	1.659
9	n-C7	1.655
10	n-C8	1.660
11	n-C9	1.660
12	n-C10	1.657
13	n-C11	1.657
14	n-C12	1.655
15	N_2	1.041
16	CO_2	0.871
17	H_2S	1.007
18	H_2	14.101
19	H_2O	1.864
20	He	5.196
21	O_2	0.912
22	C_6H_6	1.058
23	C_7H_8	1.133
24	C_2H_4	1.571
25	C_3H_6	1.526

6.8.2　PipelineStudio 中理想气体定压比热容的计算公式

英国 ESI 公司的管道模拟软件 PipelineStudio 中使用了式（6-122）：

$$C_p^0 = k_1 \frac{A + BT + CT^2 + DT^3}{M_i \times 10^3} \tag{6-122}$$

式中：C_p^0 为理想气体纯组分 i 在温度为 TK 时的定压比热容（单位为 kJ/(kg·K)）；k_1 为转换系数，$k_1 = 4.1868$；M_i 为组分 i 的相对分子量（单位为 kg/kmol）。

理想气体定压比热容计算公式中的常数见表 6-9，该软件没有给出 NO_2 和 SO_2 的计算常数。

表 6-9　理想气体定压比热容计算公式中的常数

序号	组分	摩尔质量	*A*	*B*	*C*	*D*
1	O_2	31.999	6.713	−8.7900E−07	4.1700E−06	−2.5440E−09
2	H_2	2.016	6.483	2.2150E−03	−3.2980E−06	1.8260E−09
3	H_2O	18.015	7.701	4.5950E−04	2.5210E−06	−8.5900E−10
4	NO_2	46.006				
5	H_2S	34.076	7.629	3.4310E−04	5.8090E−06	−2.8100E−09
6	N_2	28.013	7.44	−3.2400E−03	6.4000E−06	−2.7900E−09
7	CO	28.010	7.373	−3.0690E−03	6.6620E−06	−3.0380E−09
8	CO_2	44.010	4.728	1.7540E−02	−1.3380E−05	4.0970E−09
9	SO_2	64.063				
10	C1	16.043	4.598	1.2450E−02	2.8600E−06	−2.7030E−09
11	C2	30.070	1.292	4.2540E−02	−1.6570E−05	2.0810E−09
12	C3	44.097	−1.009	7.3150E−02	−3.7890E−05	7.6780E−09
13	n-C4	58.124	2.266	7.9130E−02	−2.6470E−05	−6.7400E−10
14	i-C4	58.124	−0.332	9.1890E−02	−4.4090E−05	6.9150E−09
15	n-C5	72.151	−0.866	1.1640E−01	−6.1630E−05	1.2670E−08
16	i-C5	72.151	−2.275	1.2100E−01	−6.5190E−05	1.3670E−08
17	n-C6	86.178	−1.054	1.3900E−01	−7.4490E−05	1.5510E−08
18	n-C7	100.205	−1.229	1.6150E−01	−8.7200E−05	1.8290E−08
19	n-C8	114.232	−1.456	1.8420E−01	−1.0020E−04	2.1150E−08
20	n-C9	128.259	0.751	1.6180E−01	−4.6060E−05	-7.1210E−09
21	n-C10	142.286	−1.89	2.2950E−01	−1.2630E−04	2.7010E−08
22	n-C11	156.300	−2.005	2.5170E−01	−1.3850E−04	2.9540E−08
23	C_2H_4	28.054	0.909	3.7400E−02	−1.9940E−05	4.1920E−09
24	C_3H_6	42.081	0.886	5.6020E−02	−2.7710E−05	5.2660E−09

注：软件中没有给出明确的温度范围。

6.8.3　*API Technical Data Book* 中理想气体焓、熵、比热容的计算公式

API Technical Data Book 截至 2024 年已经出了 11 个版本（最新的一个版本是 2019 版，11.0），多数文献中理想气体焓、熵、比热容的计算公式和数据都来源于该手册，常数不同的原因是进行了单位换算。

随着版本的更新，计算理想气体焓、熵、比热容的数据也在变化，适用温度范围也扩大了不少，但是并非使用的温度范围越大越好，这可能会带来精度的问题。

在 6.1 节已经讨论过 *API Technical Data Book* 第 10 版的数据，下面介绍 1976 年的 *API Technical Data Book-Petroleum Refining* 中关于理想气体焓、熵、比热容的数据和适用温度范围。

采用的基准有如下两个。

（1）对于理想气体，绝对零度时，$H_0 = 0$Btu/lb；0°*R*，1atm，$S_0 = 0$。

（2）对于所有饱和纯烃类液体或混合烃类液体，−200°*F*，$H_0 = 0$Btu/lb；对于非烃类理想气体，0°*R*，$H_0 = 0$；对于理想气体，0°*R*，1psia，$S_0 = 1$ Btu/(lb·R)。

两个基准常数的变化在于 *A* 和 *G*，也就是对焓、熵的影响。常数见表 6-10、表 6-11。

表 6-10 基准 1 的常数

序号	组分	摩尔质量	*A*	*B*	$C \times 10^4$	$D \times 10^7$	$E \times 10^{11}$	$F \times 10^{15}$	*G*
非烃									
1	O_2	31.999	−0.981760	0.227486	−0.373050	0.483017	−1.852433	2.474881	0.124314
2	H_2	2.016	12.326740	3.199617	3.927862	−2.934520	10.900690	−13.878670	−4.938247
3	H_2O	18.015	−2.463420	0.457392	−0.525117	0.645939	−2.027592	2.363096	−0.339830
4	H_2S	34.076	−0.617820	0.238575	−0.244571	0.410673	−1.301258	1.448520	−0.045932
5	N_2	28.013	−0.934010	0.255204	−0.177935	0.158913	−0.322032	0.158927	0.042363
6	CO	28.010	−0.975570	0.256524	−0.229112	0.222803	−0.563256	0.455878	0.092470
7	CO_2	44.010	4.778050	0.114433	1.011325	−0.264936	0.347063	−0.131400	0.343357
8	SO_2	64.063	1.394330	0.110263	0.330290	0.089125	−0.773135	1.292865	0.194796
链烷烃									
9	C1	16.043	−6.977020	0.571700	−2.943122	4.231568	−15.267400	19.452610	−0.656038
10	C2	30.070	−0.021210	0.264878	−0.250140	2.923341	−12.860530	18.220570	0.082172
11	C3	44.097	−0.738420	0.172601	0.940410	2.155433	−10.709860	15.927940	0.206577
12	n-C4	58.124	7.430410	0.098571	2.691795	0.518202	−4.201390	6.560421	0.351649
13	i-C4	58.124	11.497940	0.046682	3.348013	0.144230	−3.164196	5.428928	0.561697
14	n-C5	72.151	27.171830	−0.002795	4.400733	−0.862875	0.817644	−0.197154	0.736161
15	i-C5	72.151	27.623420	−0.031504	4.698836	−0.982825	1.029852	−0.294847	0.871908
16	n-C6	86.178	−7.390830	0.229107	−0.815691	4.527826	−25.231790	47.480200	−0.422963
17	n-C7	100.205	−0.066090	0.180209	0.347292	3.218786	−18.366030	33.769380	−0.253997
18	n-C8	114.232	1.119830	0.173084	0.488101	3.054008	−17.365470	31.248310	−0.262340
19	n-C9	128.259	1.719810	0.169056	0.581255	2.926114	−16.558500	29.296090	−0.276768
20	n-C10	142.286	−2.993130	0.203347	−0.349035	4.070565	−23.064410	42.968970	−0.456882
21	n-C11	156.300	28.069890	−0.023843	4.607729	−0.998387	1.084149	−0.331217	0.589146

表 6-11 基准 2 的常数

序号	组分	*A*	*G*	T_{min}/K	T_{max}/K
非烃					
1	O_2	−0.981760	1.124314	−280	100
2	H_2	12.326740	−3.938247	−280	100
3	H_2O	−2.463420	0.660170	−280	100
4	H_2S	−0.617820	0.954068	−280	100
5	N_2	−0.934010	1.042363	−280	100
6	CO	−0.975570	1.092470	−280	100
7	CO_2	4.778050	1.343357	−280	100
8	SO_2	1.394330	1.194796	−280	100
链烷烃					
9	C1	58.401600	0.343962	−280	100
10	C2	163.059600	1.082172	−280	100
11	C3	165.723800	1.206577	−280	100
12	n-C4	164.444000	1.351649	−100	200
13	i-C4	162.081100	1.561697	−100	200

续表

序号	组分	A	G	T_{min}/K	T_{max}/K
14	n-C5	173.460900	1.736161	0	255
15	i-C5	169.016300	1.871908	0	255
16	n-C6	133.193000	0.577037	−100	200
17	n-C7	134.125900	0.746003	−100	200
18	n-C8	130.572800	0.737661	−100	200
19	n-C9	126.716000	0.723232	−100	200
20	n-C10	118.423100	0.543118	−100	200
21	n-C11	156.579300	1.589146	0	255

注：由于表格大小限制，将表 6-10 中常数适用的温度范围放在了表 6-11 中。

精度说明：焓和熵的误差在 0.5%以内，比热容的误差在 1.5%以内，但是超过适用温度范围时，误差可能很大。

1992 年至 2019 年的版本使用的回归系数发生了改变，主要是为了拓宽低温下的适用范围，但总体精度变差。

基准：对于理想气体，0 °R，H_0 = 0kJ/kg；0 °R，14.96psia，S_0 = 0Btu/lb。

精度说明：焓和熵的误差在 1%以内，比热容的误差在 5%以内，超过适用温度范围时，误差可能很大。

1976 年版本的焓、熵、比热容计算公式和 6.1 节中的公式一样。

API Technical Data Book 采用的是英制单位，转化为国际制单位后，见表 6-12 和表 6-13。

表 6-12　　1976 年版常数转化为国际制单位

序号	组分	A	B	$C\times10^4$	$D\times10^7$	$E\times10^{11}$	$F\times10^{15}$	G	适用温度范围	
									T_{min}/K	T_{max}/K
1	C1	135.84212	2.39359	−22.18007	57.40220	−372.79048	8.549685	2.84702	100	1478
2	C2	379.27663	1.10899	−1.88512	39.65580	−314.02093	8.008187	5.18269	100	1478
3	C3	385.47356	0.72265	7.08716	29.23895	−261.50712	7.000545	5.47646	100	1478
4	i-C4	377.00064	0.19545	25.23143	1.95651	−77.26150	2.386087	6.65339	200	1478
5	n-C4	382.49674	0.41270	20.28601	7.02953	−102.58709	2.883394	5.90166	200	1478
6	i-C5	393.13191	−0.13190	35.41156	−13.33225	25.14633	−0.129589	7.75977	255	1478
7	n-C5	403.47005	−0.01170	33.16498	−11.70510	19.96475	−0.086652	7.26208	255	1478
8	n-C6	309.80692	0.95923	−6.14724	61.42101	−616.09515	20.868190	2.97976	200	978
9	n-C7	311.97684	0.75450	2.61728	43.66358	−448.45102	14.842099	3.56685	200	978
10	n-C8	303.71233	0.72467	3.67845	41.42833	−424.01993	13.734055	3.51439	200	978
11	n-C9	294.74142	0.70780	4.38048	39.69342	−404.31581	12.876028	3.44407	200	978
12	n-C10	275.45213	0.85137	−2.63041	55.21816	−563.17333	18.885443	2.77435	200	978
13	n-C11	364.20345	−0.09983	34.72495	−13.54335	26.47212	−0.145574	6.59476	255	1478
14	N_2	−2.17251	1.06849	−1.34096	2.15569	−7.86319	0.069851	4.99221	100	1478
15	CO_2	11.11374	0.47911	7.62159	−3.59392	8.47438	−0.057752	4.64578	100	1478
16	H_2S	−1.43705	0.99887	−1.84315	5.57087	−31.77336	0.636644	4.58161	100	1478
17	H_2O	−5.72991	1.91501	−3.95741	8.76231	−49.50856	1.038613	3.88962	100	1478

表 6-13　1992—2019 年版计算常数转化为国际制单位

序号	组分	A	B	$C\times10^4$	$D\times10^7$	$E\times10^{11}$	$F\times10^{15}$	G	适用温度范围	
									T_{min}/K	T_{max}/K
非烃										
1	O_2	−0.80167916	0.928314043	−0.15462104	0.415625143	−2.65187806	5.740310238	−22.461827	50	1500
2	H_2	28.67199724	13.39615646	2.960129565	−3.98074446	26.61666999	−60.9986306	−21.461827	156	1222
3	H_2O	−4.48920326	1.874187526	−0.16501351	0.413685315	−1.38246535	1.218419371	−20.461827	50	1500
4	H_2S	−0.54146954	0.994147286	−0.175097	0.526493784	−2.76617599	5.047417178	−18.461827	50	1500
5	N_2	−1.5273679	1.063857506	−0.12528245	0.20757518	−0.75681786	0.666610151	−17.461827	50	1500
6	CO	−0.82784666	1.058603072	−0.1160581	0.218115365	−0.83851854	0.772357103	−16.461827	50	1500
7	CO_2	0.2251568	0.665043872	−0.25406172	2.009078685	−23.5921821	91.14771956	−15.461827	50	1000
8	SO_2	0.96394092	0.494339663	0.110873163	0.365772916	−3.63377567	10.12797368	−14.461827	50	1500
链烷烃										
9	C1	−6.60251382	2.253691638	−1.59322896	4.602357652	−28.4297365	61.07532571	−12.461827	50	1500
10	C2	−0.03307572	1.107877522	−0.18515034	3.952935735	−31.2795177	79.70498515	−11.461827	50	1500
11	C3	1.5983109	0.671160787	0.950199284	2.461140042	−22.4374825	59.54748882	−10.461827	50	1500
12	n-C4	3.39493656	0.414786276	1.799171793	1.242480295	−14.5051669	39.9801273	−9.461827	200	1500
13	i-C4	16.81265364	0.417369532	2.0087697	0.73351279	−10.4816404	29.42894606	−8.461827	50	1500
14	n-C5	41.15652312	0.066762713	2.882227452	−0.3738171	−3.49254533	12.99540381	−7.461827	200	1500
15	i-C5	21.03190134	0.468205657	1.722143884	1.171100044	−13.2989221	35.97198378	−6.461827	200	1500
16	n-C6	30.21897332	0.375576894	1.999726212	0.783826235	−11.0418248	30.88008784	−5.461827	200	1500
17	n-C7	30.4288483	0.375874157	1.966333132	0.860646144	−11.8352688	33.20366395	−4.461827	200	1500
18	n-C8	35.66448822	0.325741414	2.105354151	0.705812586	−11.3081456	32.995818	−3.461827	200	1500
19	n-C9	44.41678428	0.257345849	2.228752545	0.688842481	−12.2991509	37.29843558	−2.461827	200	1000
20	n-C10	−7.03447528	0.851750032	−0.26665478	5.525729429	−56.3522011	188.9556511	−1.461827	200	1000
21	n-C11	−5.53032086	0.836786408	−0.22326865	5.464428146	−55.9511939	187.7034332	−0.461827	200	1000

转化为国际制单位后，计算公式见（6-123）～式（6-125）。

1．理想气体焓的计算公式

焓的计算公式见式（6-123）：

$$H_{0i} = A + BT + CT^2 + DT^3 + ET^4 + FT^5 \tag{6-123}$$

式中：H_{0i}为组分 i 在温度为 T K 时的焓（单位为 kJ/kg）；T 为温度（单位为 K）。

2．理想气体熵的计算公式

熵的计算公式见式（6-125）：

$$S_{0i} = B\ln T + 2CT + \frac{3}{2}DT^2 + \frac{4}{3}ET^3 + \frac{5}{4}FT^4 + G \tag{6-124}$$

式中：S_{0i}为组分 i 在温度为 T K 时的熵（单位为 kJ/(kg·K)）。

3．理想气体比热容的计算公式

比热容的计算公式见式（6-124）：

$$C_{pi}^0 = B + 2CT + 3DT^2 + 4ET^3 + 5FT^4 \tag{6-125}$$

式中：C_{pi}^0 为组分 i 在温度为 T K 时的定压比热容（单位为 kJ/(kg·K)）。

6.8.4 ISO 20765-1:2005 中理想气体比热容的计算公式

《天然气 热力学性质计算 第 1 部分：输配气中的气相性质》（GB/T 30491.1—2014）等同采用 *Natural gas—Calculation of thermodynamic properties—Part 1: Gas phase properties for transmission and distribution applications*（ISO 20765-1:2005），标准涵盖气体的密度、压缩因子、内能、焓、熵、比热容、焦耳-汤姆孙系数、等熵指数、声速以及亥姆霍兹自由能等热物性参数的计算。由于该标准以亥姆霍兹自由能为基础计算各热物性参数，且公式采用参数较多的 AGA8 方程为状态方程，缺少诸如理想气体焓、熵的计算公式，以及部分公式中相应参数的解释，使初学者看起来比较吃力，下面针对理想气体的比热容、焓、熵进行解释、补充，以方便读者对该标准进行理解。

值得注意的是该标准规定：（1）对于理想气体的纯组分，零熵和零焓的参考态为 T_0 = 298.15K 和 p_0 = 0.101325MPa；（2）c_p 代表摩尔定压比热容，单位为 kJ/(kmol·K)，c_V 代表摩尔定容比热容，单位为 kJ/(kmol·K)，C_p 代表质量定压比热容，单位为 kJ/(kg·K)，C_V 代表质量定容比热容，单位为 kJ/(kg·K)，h 代表摩尔焓，单位为 kJ/kmol，H 代表质量焓（又称比焓），单位为 kJ/kg；（3）该标准中公式下标 0 表示理想气体状态，i 表示组分 i（i = 1~N），θ 表示参考态（T_θ=298.15K，p_θ=0.101325MPa）。

标准中计算公式中的常数见表 6-14。

1．理想气体定压比热容的计算公式

标准中单一组分理想气体定压比热容的计算公式见式（6-126）：

$$\frac{\left(C_p^0\right)_i}{R} = B_{0,i} + C_{0,i}\left[\frac{D_{0,i}\cdot\tau}{\sinh\left(D_{0,i}\cdot\tau\right)}\right]^2 + E_{0,i}\left[\frac{F_{0,i}\cdot\tau}{\cosh\left(F_{0,i}\cdot\tau\right)}\right]^2 + G_{0,i}\left[\frac{H_{0,i}\cdot\tau}{\sinh\left(H_{0,i}\cdot\tau\right)}\right]^2 + I_{0,i}\left[\frac{J_{0,i}\cdot\tau}{\cosh\left(J_{0,i}\cdot\tau\right)}\right]^2 \tag{6-126}$$

表 6-14　　标准中计算公式中的常数

序号	组分	$A_{0,1}$	$A_{0,2}$	B	C	D	E	F	G	H	I	J	摩尔质量
				$B_{0,i}$	$C_{0,i}$	$D_{0,i}$	$E_{0,i}$	$F_{0,i}$	$G_{0,i}$	$H_{0,i}$	$I_{0,i}$	$J_{0,i}$	
1	C1	35.53603	−15999.69	4.00088	0.76315	820.659	0.0046	178.41	8.74432	1062.82	−4.46921	1090.53	16.043
2	C2	42.42766	−23639.65	4.00263	4.33939	559.314	1.23722	223.284	13.1974	1031.38	−6.01989	1071.29	30.070
3	C3	50.40669	−31236.64	4.02939	6.60569	479.856	3.197	200.893	19.1921	955.312	−8.37267	1027.29	44.097
4	n-C4	42.22997	−38957.81	4.33944	9.44893	468.27	6.89406	183.636	24.4618	1914.1	14.7824	903.185	58.124
5	i-C4	39.9994	−38525.5	4.06714	8.97575	438.27	5.25156	198.018	25.1423	1905.02	16.1388	893.765	58.124
6	n-C5	48.37597	−45215.83	4	8.95043	178.67	21.836	840.538	33.4032	1774.25	0	0	72.151
7	i-C5	48.86978	−51198.31	4	11.7618	292.503	20.1101	910.237	33.1688	1919.37	0	0	72.1510
8	n-C6	52.69477	−52746.83	4	11.6977	182.326	26.8142	859.207	38.6164	1826.59	0	0	86.1780
9	n-C7	57.77391	−57104.81	4	13.7266	169.789	30.4707	836.195	43.5561	1760.46	0	0	100.2050
10	n-C8	62.95591	−60546.76	4	15.6865	158.922	33.8029	815.064	48.1731	1693.07	0	0	114.2320
11	n-C9	67.79407	−66600.13	4	18.0241	156.854	38.1235	814.882	53.3415	1693.79	0	0	128.2590
12	n-C10	71.63669	−74131.45	4	21.0069	164.947	43.4931	836.264	58.3657	1750.24	0	0	142.2860
13	N_2	23.2653	−2801.729	3.50031	0.13732	662.738	−0.1466	680.562	0.90066	1740.06	0	0	28.0130
14	CO_2	26.35604	−4902.172	3.50002	2.04452	919.306	−1.06044	865.07	2.03366	483.553	0.01393	341.109	44.0100
15	H_2S	27.28069	−6069.036	4	3.11942	1833.63	1.00243	847.181	0	**0**	0	0	34.0760
16	H_2O	27.27642	−7766.733	4.00392	0.01059	268.795	0.98763	1141.41	3.06904	2507.37	0	0	18.0150
17	O_2	22.49931	−2318.323	3.50146	1.07558	2235.71	1.01334	1116.69	0	**0**	0	0	31.9990
18	H_2	18.7728	−5836.944	2.47906	0.95806	228.734	0.45444	326.843	1.56039	1651.71	−1.3756	1671.69	2.0160
19	He	15.74399	−745.375	2.5	0	**0**	0	0	0	**0**	0	0	4.0026
20	Ar	15.74399	−745.375	2.5	0	**0**	0	0	0	**0**	0	0	39.9480
21	CO	23.15547	−2635.244	3.50055	1.02865	1550.45	0.00493	704.525	0	**0**	0	0	28.010

注：表中加粗的几个数字 **0** 在计算过程中会导致计算机编程提示出现 **0/0** 的现象，为避免这种现象，可以将该数字设为一个较小的数值；在计算比热容和焓的时候该项为 0*(0/0)，可以将加粗的数字 **0** 改为 1 或者任何为正的数字，这不影响计算结果。

式中：$\left(C_p^0\right)_i$ 为纯组分 i 在温度为 T K 时的理想气体摩尔定压比热容（单位为 kJ/(kmol·K)）；$B_{0,i}$、$C_{0,i}$、$D_{0,i}$、$E_{0,i}$、$F_{0,i}$、$G_{0,i}$、$H_{0,i}$、$I_{0,i}$、$J_{0,i}$ 为转换系数，见表 6-14；τ 为反向的折算温度（无量纲），与温度 T 相关，$\tau = L/T$，其中，$L=1$ K；R 为通用气体常数，取 8.31451（单位为 kJ/(kmol·K)）。对于混合物的定压比热容按照式（6-127）计算：

$$\frac{C_p^0}{R} = \sum_{i=1}^{N} x_i \frac{\left(C_p^0\right)_i}{R} \tag{6-127}$$

为简单表示，将式（6-127）改写为式（6-128）：

$$\frac{C_p^0}{R/M} = B + C\left[\frac{D/T}{\sinh(D/T)}\right]^2 + E\left[\frac{F/T}{\cosh(F/T)}\right]^2 + G\left[\frac{H/T}{\sinh(H/T)}\right]^2 + I\left[\frac{J/T}{\cosh(J/T)}\right]^2 \tag{6-128}$$

式中：C_p^0 为理想气体纯组分在温度为 T K 时的定压比热容（单位为 kJ/(kg·K)）；B、C、D、E、F、G、H、I、J 为转换系数，见表 6-14；R 为通用气体常数，取 8.31451（单位为 kJ/(kmol·K)）；M 为纯组分 i 的相对分子量（单位为 kg/kmol）。

例 6-4：计算气体组分在温度为 300 K 时理想气体的定压比热容。计算结果见表 6-15。

表 6-15　　300 K 时理想气体的定压比热容

序号	组分	C_p/(kJ·kg^{-1}·K^{-1})
1	C1	2.230046114
2	C2	1.752764996
3	C3	1.676972747
4	n-C4	1.70243569
5	i-C4	1.671232377
6	n-C5	1.671544107
7	i-C5	1.656044937
8	n-C6	1.662476151
9	n-C7	1.656409993
10	n-C8	1.651900436
11	n-C9	1.648447029
12	n-C10	1.645916949
13	N_2	1.03969399
14	CO_2	0.845820525
15	H_2S	1.003864088
16	H_2O	1.864799242
17	O_2	0.918349032
18	H_2	14.30668259
19	He	5.193193174
20	Ar	0.520333308
21	CO	1.04045335

2. 理想气体焓、熵的计算公式

标准中理想气体焓、熵是利用理想气体的定压比热容（C_p^0）进行计算的，给出的是未进行积分的公式，见式（6-129）、式（6-130），积分范围为 T_θ～T。

$$h_0\left(T,X\right)=\int C_p^0\mathrm{d}T+h_{0,\theta} \tag{6-129}$$

$$s_0\left(\rho,T,X\right)=\int\frac{C_p^0}{T}\mathrm{d}T-R\ln\left(\frac{\rho}{\rho_\theta}\right)-R\ln\left(\frac{T}{T_\theta}\right)+s_{0,\theta}-R\sum_{i=1}^{N}x_i\ln x_i \tag{6-130}$$

为清楚地表达各式子之间的关系，将标准中理想气体焓的计算公式改写为式（6-131）、式（6-132）：

$$\left.\begin{aligned}\frac{h_{0,i}\left(T,X\right)}{R}&=\int_{T_\theta}^{T}\frac{\left(C_p^0\right)_i}{R}\mathrm{d}T+\frac{\left(h_{0,\theta}\right)_i}{R}\\\frac{\left(h_{0,\theta}\right)_i}{R}&=\left(A_{0,2}\right)_i\end{aligned}\right\} \tag{6-131}$$

$$\left.\begin{aligned}\frac{s_{0,i}\left(\rho,T,X\right)}{R}&=\int_{T_\theta}^{T}\frac{\left(C_p^0\right)_i}{RT}\mathrm{d}T-\ln\left(\frac{\rho}{\rho_\theta}\right)-\ln\left(\frac{T}{T_\theta}\right)+\frac{\left(s_{0,\theta}\right)_i}{R}-\sum_{i=1}^{N}x_i\ln x_i\\\frac{\left(s_{0,\theta}\right)_i}{R}&=B_{0,i}-\left(A_{0,1}\right)_i-1\end{aligned}\right\} \tag{6-132}$$

式中 $A_{0,1}$ 和 $B_{0,i}$ 见表 6-14。

6.8.5 其他理想气体比热容、焓、熵的计算公式

根据热力学定义，理想气体比热容、焓、熵之间的关系式见式（6-133）、式（6-134）：

$$H_0=\int C_p^0\mathrm{d}T+Y \tag{6-133}$$

$$S_0=\int\frac{C_p^0}{T}\mathrm{d}T+Z \tag{6-134}$$

式中：H_0 为理想气体组分的质量焓；C_p^0 为理想气体组分定压质量比热容；S_0 为理想气体组分的质量熵；Y 为与理想气体纯组分的质量焓基准条件对应的常数；Z 为与理想气体纯组分的质量熵基准条件对应的常数。

通过比热容可以得到理想气体的焓和熵的计算公式。

1. 定压比热容的计算公式

理想气体的定压比热容的计算公式见式（6-135）：

$$C_p^0=\frac{A+BT+CT^2+DT^3+ET^4}{M} \tag{6-135}$$

式中：C_p^0 为单组分在温度为 TK 时的定压比热容（单位为 kJ/(kg·K)）；M 为单组分的摩尔质量（单位为 kg/kmol）。

公式中用到的常数见表 6-16。

表 6-16　　　　　　　　理想气体定压比热容新公式中的常数

序号	组分	*M*	*A*	*B*	*C*	*D*	*E*	T_{min}/K	T_{max}/K
	非烃								
1	O_2	31.999	3.01809E+01	-1.49159E-02	5.47081E-05	-4.99689E-08	1.48826E-11	50	1000
2	H_2	2.016	2.71430E+01	9.27380E-03	-1.38100E-05	7.64510E-09	0.00000E+00	50	1000
3	H_2O	18.015	3.22430E+01	1.92380E-03	1.05550E-05	-3.59600E-09	0.00000E+00	50	1000
4	NO_2	46.006	2.81511E+01	2.61095E-02	3.31519E-05	-4.88274E-08	1.64166E-11	50	1000
5	H_2S	34.076	3.19410E+01	1.43650E-03	2.43210E-05	-1.17600E-08	0.00000E+00	50	1000
6	N_2	28.013	3.11498E+01	-1.35652E-02	2.67955E-05	-1.16812E-08	0.00000E+00	50	1000
7	CO	28.010	2.95560E+01	-6.58070E-03	2.01300E-05	-1.22300E-08	2.26170E-12	60	1500
8	CO_2	44.010	2.70963E+01	1.12742E-02	1.24881E-04	-1.97381E-07	8.77990E-11	50	1000
9	SO_2	64.063	2.38520E+01	6.69890E-02	-4.96100E-05	1.32810E-08	0.00000E+00	50	1000
	链烷烃								
10	C1	16.043	3.49420E+01	-3.99570E-02	1.91840E-04	-1.53000E-07	3.93210E-11	50	1500
11	C2	30.070	3.47371E+01	-3.68074E-02	4.70589E-04	-5.52984E-07	2.06777E-10	50	1000
12	C3	44.097	3.19851E+01	4.26607E-02	4.99773E-04	-6.56248E-07	2.55997E-10	50	1000
13	n-C4	58.123	4.61194E+01	4.60280E-02	6.69883E-04	-8.78905E-07	3.43713E-10	200	1000
14	i-C4	58.123	9.48700E+00	3.31300E-01	-1.10800E-04	-2.82200E-09	-9.44860E-10	50	1000
15	n-C5	72.151	6.28062E+01	-3.05966E-03	9.84912E-04	-1.24207E-06	4.78322E-10	200	1000
16	i-C5	72.151	1.62877E+01	3.17531E-01	2.02370E-04	-4.30265E-07	1.80005E-10	200	1000
17	n-C6	86.178	7.34236E+01	-1.38017E-03	1.18911E-03	-1.52268E-06	5.92311E-10	200	1000
18	n-C7	100.205	8.01000E+01	3.45542E-02	1.28822E-03	-1.66835E-06	6.46021E-10	200	1000
19	n-C8	114.232	8.99940E+01	4.14302E-02	1.47587E-03	-1.92368E-06	7.46624E-10	200	1000
20	n-C9	128.259	1.01035E+02	3.80379E-02	1.69745E-03	-2.22632E-06	8.70091E-10	200	1000
21	n-C10	142.286	1.11969E+02	3.44129E-02	1.92285E-03	-2.53395E-06	9.95222E-10	200	1000
22	n-C11	156.300	-8.39500E+00	1.05400E+00	-5.79900E-04	1.23700E-07	0.00000E+00	200	1000
	烯烃								
23	C_2H_4	28.054	3.80600E+00	1.56600E-01	-8.34800E-05	1.75500E-08	0.00000E+00	50	1000
24	C_3H_6	42.081	3.18770E+01	3.23676E-02	3.89774E-04	-4.99939E-07	1.89815E-10	50	1000

下面提出的关于理想气体焓、熵的计算公式是通过对 ISO 20765-1:2005 中的相关公式和数据进行分析后推导出来的。

2. 理想气体焓的计算公式 1

通过对式（6-131）进行积分，采用双曲函数的表示形式，得到理想气体焓的计算公式（记作 YWM-H01），见式（6-136）：

$$\frac{H_0}{R/M}=H_0^0+BT+CD\coth\left(\frac{D}{T}\right)-EF\tanh\left(\frac{F}{T}\right)+GH\coth\left(\frac{H}{T}\right)-IJ\tanh\left(\frac{J}{T}\right)\tag{6-136}$$

式中：H_0 为纯组分 i 在温度为 TK 时的理想气体质量（比）焓（单位为 kJ/kg）；H_0^0、B、C、

D、E、F、G、H、I、J 为转换系数，参见表 6-14 和表 6-19；R 为通用气体常数，取 8.31451（单位为 kJ/(kmol·K)）；M 为纯组分 i 的相对分子量（单位为 kg/kmol）。

例 6-5：计算气体组分在温度为 300 K 时理想气体的焓。计算结果见表 6-17。

表 6-17 300 K 时理想气体的焓

序号	组分	H_0/(kJ·kg^{-1})
1	C1	4.121606
2	C2	3.235707
3	C3	3.094734
4	n-C4	3.142058
5	i-C4	3.083775
6	n-C5	3.085062
7	i-C5	3.05565
8	n-C6	3.068277
9	n-C7	3.056963
10	n-C8	3.048561
11	n-C9	3.042148
12	n-C10	3.037493
13	N_2	1.923405
14	CO_2	1.562989
15	H_2S	1.856556
16	H_2O	3.449451
17	O_2	1.698682
18	H_2	26.46144
19	He	9.607407
20	Ar	0.962617
21	CO	1.924785

3．理想气体焓的计算公式 2

通过对式（6-131）进行积分，采用自然对数函数的表示形式，得到理想气体焓的计算公式（记作 YWM-H02），见式（6-137）：

$$\frac{H_{0,i}}{R/M}=Y_{0,i}+B_{0,i}T-C_{0,i}D_{0,i}+E_{0,i}F_{0,i}-G_{0,i}H_{0,i}+I_{0,i}J_{0,i}-\frac{2C_{0,i}D_{0,i}}{\mathrm{e}^{-2D_{0,i}\cdot\tau}-1}-\frac{2E_{0,i}F_{0,i}}{\mathrm{e}^{-2F_{0,i}\cdot\tau}+1}-\frac{2G_{0,i}H_{0,i}}{\mathrm{e}^{-2H_{0,i}\cdot\tau}-1}-\frac{2I_{0,i}J_{0,i}}{\mathrm{e}^{-2J_{0,i}\cdot\tau}+1} \tag{6-137}$$

式中：$H_{0,i}$ 为纯组分 i 在温度为 T K 时的理想气体质量焓（单位为 kJ/kg）；$B_{0,i}$、$C_{0,i}$、$D_{0,i}$、$E_{0,i}$、$F_{0,i}$、$G_{0,i}$、$H_{0,i}$、$I_{0,i}$、$J_{0,i}$ 为转换系数，见表 6-18；R 为通用气体常数，取 8.31451（单位为 kJ/(kmol·K)）；$Y_{0,i}$ 的值见表 6-19。

表 6-18　　　　　　　　焓、熵计算公式中的转换系数

序号	组分	B	C	D	E	F	G	H	I	J
		$B_{0,i}$	$C_{0,i}$	$D_{0,i}$	$E_{0,i}$	$F_{0,i}$	$G_{0,i}$	$H_{0,i}$	$I_{0,i}$	$J_{0,i}$
1	C1	4.00088	0.76315	820.659	0.0046	178.41	8.74432	1062.82	−4.46921	1090.53
2	C2	4.00263	4.33939	559.314	1.23722	223.284	13.1974	1031.38	−6.01989	1071.29
3	C3	4.02939	6.60569	479.856	3.197	200.893	19.1921	955.312	−8.37267	1027.29
4	n-C4	4.33944	9.44893	468.27	6.89406	183.636	24.4618	1914.1	14.7824	903.185
5	i-C4	4.06714	8.97575	438.27	5.25156	198.018	25.1423	1905.02	16.1388	893.765
6	n-C5	4	8.95043	178.67	21.836	840.538	33.4032	1774.25	0	0
7	i-C5	4	11.7618	292.503	20.1101	910.237	33.1688	1919.37	0	0
8	n-C6	4	11.6977	182.326	26.8142	859.207	38.6164	1826.59	0	0
9	n-C7	4	13.7266	169.789	30.4707	836.195	43.5561	1760.46	0	0
10	n-C8	4	15.6865	158.922	33.8029	815.064	48.1731	1693.07	0	0
11	n-C9	4	18.0241	156.854	38.1235	814.882	53.3415	1693.79	0	0
12	n-C10	4	21.0069	164.947	43.4931	836.264	58.3657	1750.24	0	0
13	N_2	3.50031	0.13732	662.738	−0.1466	680.562	0.90066	1740.06	0	0
14	CO_2	3.50002	2.04452	919.306	−1.06044	865.07	2.03366	483.553	0.01393	341.109
15	H_2S	4	3.11942	1833.63	1.00243	847.181	0	***0***	0	0
16	H_2O	4.00392	0.01059	268.795	0.98763	1141.41	3.06904	2507.37	0	0
17	O_2	3.50146	1.07558	2235.71	1.01334	1116.69	0	***0***	0	0
18	H_2	2.47906	0.95806	228.734	0.45444	326.843	1.56039	1651.71	−1.3756	1671.69
19	He	2.5	0	***0***	0	0	0	***0***	0	0
20	Ar	2.5	0	***0***	0	0	0	***0***	0	0
21	CO	3.50055	1.02865	1550.45	0.00493	704.525	0	***0***	0	0

注：表中加粗的几个斜体数字 ***0*** 在计算过程中会导致计算机编程提示出现 0/0 的现象，为避免这种现象，可以将该数字设为一个较小的数值；在计算比热容和焓的时候该项为 0*(0/0)，可以将加粗的数字 ***0*** 改为 1 或者任何为正的数字，这不影响计算结果。

表 6-19　　　　　　　　焓、熵计算公式中的系数

序号	组分	摩尔质量	理想气体焓的计算公式中的系数		理想气体熵的计算公式中的系数	
			$Y_{0,i}$（H_0^0）	$Y_{1,i}$	$Z_{0,i}$（S_0^0）	$Z_{1,i}$
1	C1	16.043	−15999.692	30792.60251	−32.535151	22.85044282
2	C2	30.07	−23639.653	45851.06553	−39.425026	23.95435532
3	C3	44.097	−31236.636	60699.76417	−47.377303	25.90813644

续表

序号	组分	摩尔质量	理想气体焓的计算公式中的系数		理想气体熵的计算公式中的系数	
			$Y_{0,i}$（H_0^0）	$Y_{1,i}$	$Z_{0,i}$（S_0^0）	$Z_{1,i}$
4	n-C4	58.124	−38957.809	75587.55162	−38.890535	30.41038479
5	i-C4	58.124	−38525.503	74891.69107	−36.93226	28.11009776
6	n-C5	72.151	−45215.83	87726.64316	−45.375968	31.15423022
7	i-C5	72.151	−51198.309	99996.91381	−45.869783	28.66552338
8	n-C6	86.178	−52746.833	102377.0098	−49.694769	33.40587917
9	n-C7	100.205	−57104.811	110634.7611	−54.773913	36.18925082
10	n-C8	114.232	−60546.764	117048.5973	−59.955906	39.1221892
11	n-C9	128.259	−66600.128	128710.4259	−64.794066	41.75239783
12	n-C10	142.286	−74131.455	143378.749	−68.636688	43.76691399
13	N_2	28.013	−2801.7291	4559.709083	−20.764995	19.94390628
14	CO_2	44.01	−4902.1715	8677.696596	−23.856024	20.30385925
15	H_2S	34.076	−6069.0359	10939.65831	−24.280691	22.81330547
16	H_2O	18.015	−7766.7331	14337.50768	−24.272504	22.82243987
17	O_2	31.999	−2318.3227	3591.421007	−19.997854	19.95471254
18	H_2	2.016	−5836.9437	10784.44259	−17.29374	14.90958362
19	He	4.0026	−745.375	745.375	−14.243992	14.24399179
20	Ar	39.948	−745.375	745.375	−14.243992	14.24399179
21	CO	28.01	−2635.2441	4226.641201	−20.654916	19.94532707

4. 理想气体焓的计算公式 3

通过对式（6-131）进行积分，采用自然对数函数的表示形式，得到理想气体焓的计算公式（记作 YWM-H03），见式（6-138）：

$$\frac{H_{0,i}}{R}=-\frac{2C_{0,i}D_{0,i}}{\mathrm{e}^{-2D_{0,i}\cdot\tau}-1}-\frac{2E_{0,i}F_{0,i}}{\mathrm{e}^{-2F_{0,i}\cdot\tau}+1}-\frac{2G_{0,i}H_{0,i}}{\mathrm{e}^{-2H_{0,i}\cdot\tau}-1}-\frac{2I_{0,i}J_{0,i}}{\mathrm{e}^{-2J_{0,i}\cdot\tau}+1}-Y_{1,i}+B_{0,i}T \tag{6-138}$$

式中：$H_{0,i}$ 为纯组分 i 在温度为 T K 时的理想气体质量焓（单位为 kJ/kg）；$B_{0,i}$、$C_{0,i}$、$D_{0,i}$、$E_{0,i}$、$F_{0,i}$、$G_{0,i}$、$H_{0,i}$、$I_{0,i}$、$J_{0,i}$ 为转换系数，见表 6-18；R 为通用气体常数，取 8.31451（单位为 kJ/(kmol·K)）；$Y_{1,i}$ 的值见表 6-19。

$$Y_{1,i}=B_{0,i}T_0-\frac{2C_{0,i}D_{0,i}}{\mathrm{e}^{-2D_{0,i}\cdot\tau_0}-1}-\frac{2E_{0,i}F_{0,i}}{\mathrm{e}^{-2F_{0,i}\cdot\tau_0}+1}-\frac{2G_{0,i}H_{0,i}}{\mathrm{e}^{-2H_{0,i}\cdot\tau_0}-1}-\frac{2I_{0,i}J_{0,i}}{\mathrm{e}^{-2J_{0,i}\cdot\tau_0}+1} \tag{6-139}$$

式中：T_0 为 298.15 K，τ_0=1/298.15。

5. 理想气体熵的计算公式 1

通过对式（6-132）进行积分，采用双曲函数的表示形式，得到理想气体熵的计算公式（记作 YWM-S01），见式（6-140）：

$$\frac{S_0}{R/M}=B\ln T+C\left\{\frac{D}{T}\coth\left(\frac{D}{T}\right)-\ln\left[\sinh\left(\frac{D}{T}\right)\right]\right\}-E\left\{\frac{F}{T}\tanh\left(\frac{F}{T}\right)-\ln\left[\cosh\left(\frac{F}{T}\right)\right]\right\}+G\left\{\frac{H}{T}\coth\left(\frac{H}{T}\right)-\ln\left[\sinh\left(\frac{H}{T}\right)\right]\right\}-I\left\{\frac{J}{T}\tanh\left(\frac{J}{T}\right)-\ln\left[\cosh\left(\frac{J}{T}\right)\right]\right\}+Z_{0,i} \quad (6\text{-}140)$$

式中：S_0为纯组分i在温度为T K时的理想气体质量（比）熵（单位为kJ/(kg·K)）；B、C、D、E、F、G、H、I、J、$Z_{0,i}$为转换系数，见表6-18、表6-19；R为通用气体常数，取8.31451（单位为kJ/(kmol·K)）；M_i为纯组分i的相对分子量（单位为kg/kmol）。

值得注意的是，该标准规定：对于理想气体的纯气体，零熵和零焓的参考态为$T_0=298.15$K和$p_0=0.101325$MPa。

需要说明的是，按照式（6-136）和（6-140）可以确定H_0^0和S_0^0的值，即在标准规定的298.15K的温度下，使理想气体的焓、熵为0，可以反算出$Y_{0,i}$、$Z_{0,i}$的值，见表6-19。

例6-6：计算气体组分在温度为300K时理想气体的熵。计算结果见表6-20。

表6-20　300 K时理想气体的熵

序号	组分	S_0/(kJ·kg^{-1}·K^{-1})
1	C1	0.013781
2	C2	0.010819
3	C3	0.010348
4	n-C4	0.010506
5	i-C4	0.010311
6	n-C5	0.010315
7	i-C5	0.010217
8	n-C6	0.010259
9	n-C7	0.010221
10	n-C8	0.010193
11	n-C9	0.010172
12	n-C10	0.010156
13	N_2	0.006431
14	CO_2	0.005226
15	H_2S	0.006208
16	H_2O	0.011534
17	O_2	0.00568

续表

序号	组分	S_0/(kJ·kg^{-1}·K^{-1})
18	H_2	0.088478
19	He	0.032124
20	Ar	0.003219
21	CO	0.006436

6. 理想气体熵的计算公式2

通过对式（6-132）进行积分，采用自然对数函数的表示YWM-S01，得到理想气体熵的计算公式（记作YWM-S02），见式（6-141）：

$$\begin{aligned}\frac{S_0}{R/M}=&B\ln(T)-C\left[\ln\left(\frac{e^{D/T}}{2}-\frac{e^{-D/T}}{2}\right)-\frac{D\left(e^{2D/T}+1\right)}{T\left(e^{2D/T}-1\right)}\right]+\\&E\left[\ln\left(\frac{e^{F/T}}{2}+\frac{e^{-F/T}}{2}\right)-\frac{F\left(e^{2F/T}-1\right)}{T\left(e^{2F/T}+1\right)}\right]-\\&G\left[\ln\left(\frac{e^{H/T}}{2}-\frac{e^{-H/T}}{2}\right)-\frac{H\left(e^{2H/T}+1\right)}{T\left(e^{2H/T}-1\right)}\right]+\\&I\left[\ln\left(\frac{e^{J/T}}{2}+\frac{e^{-J/T}}{2}\right)-\frac{J\left(e^{2J/T}-1\right)}{T\left(e^{2J/T}+1\right)}\right]+Z_{0,i}\end{aligned}\tag{6-141}$$

式中：S_0为纯组分i在温度为T K时的理想气体质量（比）熵（单位为kJ/(kg·K)）；B、C、D、E、F、G、H、I、J、$Z_{0,i}$为转换系数，见表6-18和表6-19；R为通用气体常数，取8.31451（单位为kJ/(kmol·K)）。

7. 理想气体熵的计算公式3

反算$Z_{1,i}$采用自然对数函数推导，得到理想气体熵的计算公式（记作YWM-S03），见式（6-142）：

$$\begin{aligned}\frac{S_{0,i}}{R}=&B_{0,i}\ln T+\\&2C_{0,i}D_{0,i}\cdot\tau-C_{0,i}\ln\left(e^{2D_{0,i}\cdot\tau}-1\right)+\frac{2C_{0,i}D_{0,i}\cdot\tau}{e^{2D_{0,i}\cdot\tau}-1}+\\&E_{0,i}\ln\left(e^{2F_{0,i}\cdot\tau}+1\right)-2E_{0,i}F_{0,i}\cdot\tau+\frac{2E_{0,i}F_{0,i}\cdot\tau}{e^{2F_{0,i}\cdot\tau}+1}+\\&2G_{0,i}H_{0,i}\cdot\tau-G_{0,i}\ln\left(e^{2H_{0,i}\cdot\tau}-1\right)+\frac{2G_{0,i}H_{0,i}\cdot\tau}{e^{2H_{0,i}\cdot\tau}-1}+\\&I_{0,i}\ln\left(e^{2J_{0,i}\cdot\tau}+1\right)-2I_{0,i}J_{0,i}\cdot\tau+\frac{2I_{0,i}J_{0,i}\cdot\tau}{e^{2J_{0,i}\cdot\tau}+1}-Z_{1,i}\end{aligned}\tag{6-142}$$

式中：$S_{0,i}$为纯组分i在温度为T K时的理想气体质量熵（单位为kJ/(kg·K)）；$Z_{1,i}$为转换系数，$Z_{1,i}$的值用式（6-143）计算，数值见表6-19。

$$
\begin{aligned}
Z_{1,i} = {} & B_{0,i}\ln(T_0)+ \\
& 2C_{0,i}D_{0,i}\cdot\tau_0 - C_{0,i}\ln\left(e^{2D_{0,i}\cdot\tau_0}-1\right)+\frac{2C_{0,i}D_{0,i}\cdot\tau_0}{e^{2D_{0,i}\cdot\tau_0}-1}+ \\
& E_{0,i}\ln\left(e^{2F_{0,i}\cdot\tau_0}+1\right)-2E_{0,i}F_{0,i}\cdot\tau_0+\frac{2E_{0,i}F_{0,i}\cdot\tau_0}{e^{2F_{0,i}\cdot\tau_0}+1}+ \\
& 2G_{0,i}H_{0,i}\cdot\tau_0 - G_{0,i}\ln\left(e^{2H_{0,i}\cdot\tau_0}-1\right)+\frac{2G_{0,i}H_{0,i}\cdot\tau_0}{e^{2H_{0,i}\cdot\tau_0}-1}+ \\
& I_{0,i}\ln\left(e^{2J_{0,i}\cdot\tau_0}+1\right)-2I_{0,i}J_{0,i}\cdot\tau_0+\frac{2I_{0,i}J_{0,i}\cdot\tau_0}{e^{2J_{0,i}\cdot\tau_0}+1}
\end{aligned}
\tag{6-143}
$$

式中：T_0为 298.15 K，$\tau_0 = 1/298.15$。

在 101.325kPa、298.15K 下，理想气体的焓、熵为 0，即可反算出 $Y_{1,i}$和 $Z_{1,i}$的值，计算结果见表 6-19。

例 6-7：计算气体组分在温度为 300 K 时理想气体的焓、熵。计算结果见表 6-21。

表 6-21　　300 K 时理想气体的焓、熵

序号	组分	式（6-136）～式（6-138）	文献	相对误差/%	式（6-140）～式（6-142）	文献	相对误差/%
		H_0/(kJ·kg^{-1})			S_0/(kJ·kg^{-1}·K^{-1})		
1	C1	4.121606	4.121606	0.00%	0.013781	0.013781	0.00%
2	C2	3.235707	3.235707	0.00%	0.010819	0.010819	0.00%
3	C3	3.094734	3.094734	0.00%	0.010348	0.010348	0.00%
4	n-C4	3.142058	3.142058	0.00%	0.010506	0.010506	0.00%
5	i-C4	3.083775	3.083775	0.00%	0.010311	0.010311	0.00%
6	n-C5	3.085062	3.085062	0.00%	0.010315	0.010315	0.00%
7	i-C5	3.05565	3.05565	0.00%	0.010217	0.010217	0.00%
8	n-C6	3.068277	3.068277	0.00%	0.010259	0.010259	0.00%
9	n-C7	3.056963	3.056963	0.00%	0.010221	0.010221	0.00%
10	n-C8	3.048561	3.048561	0.00%	0.010193	0.010193	0.00%
11	n-C9	3.042148	3.042148	0.00%	0.010172	0.010172	0.00%
12	n-C10	3.037493	3.037493	0.00%	0.010156	0.010156	0.00%
13	N_2	1.923405	1.923405	0.00%	0.006431	0.006431	0.00%
14	CO_2	1.562989	1.562989	0.00%	0.005226	0.005226	0.00%
15	H_2S	1.856556	1.856556	0.00%	0.006208	0.006208	0.00%
16	H_2O	3.449451	3.449451	0.00%	0.011534	0.011534	0.00%
17	O_2	1.698682	1.698682	0.00%	0.00568	0.00568	0.00%
18	H_2	26.46144	26.46144	0.00%	0.088478	0.088478	0.00%
19	He	9.607407	9.607407	0.00%	0.032124	0.032124	0.00%
20	Ar	0.962617	0.962617	0.00%	0.003219	0.003219	0.00%
21	CO	1.924785	1.924785	0.00%	0.006436	0.006436	0.00%

由表 6-21 中的计算结果可以看出苑伟民等人依据 ISO 20765-1:2005 推导出的 3 套计算理想气体焓、熵的计算公式是等效的，读者可以根据情况使用。表 6-21 中文献数据取自 *The Properties of Gases and Liquids*（*5ed*）。

6.8.6　综合实例

以甲烷为例，利用 YWM-H01、YWM-S01、*API Technical Data Book*（1976 版）、*API Technical Data Book*（1992 版）、Aspen HYSYS V10 计算 60～1500K 下的理想气体焓熵，以 McDowell 和 Kruse 的数据为基准，进行计算相对误差比较，如图 6-4 和图 6-5 所示。

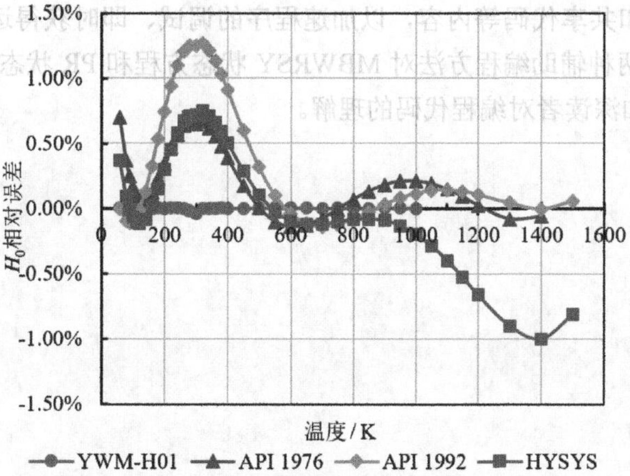

图 6-4

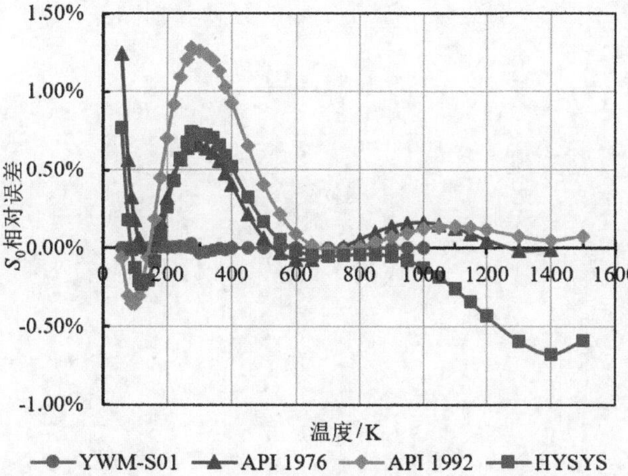

图 6-5

第 2 篇　MATLAB 辅助编程

本篇分为 3 章内容，第 7 章对 MATLAB 编程中用到求解非线性方程函数、读取 Excel 表格函数等进行介绍；第 8 章介绍实时编辑器的建立、编写代码、运行代码、调试代码、格式化文件、插入方程、发布和共享代码等内容，以加速程序的调试、即时获得运行结果；第 9 章采用 M 文件和实时编辑器两种辅助编程方法对 MBWRSY 状态方程和 PR 状态方程进行实例编程，对编程代码进行解释，加深读者对编程代码的理解。

第 7 章　MATLAB 编程基础知识

MATLAB 是美国 MathWorks 公司出品的商业数学软件，是用于算法开发、数据可视化、数据分析以及数值计算的高级技术计算语言和交互式环境。

MATLAB 可以进行矩阵运算、绘制函数图像、实现算法、创建用户界面、连接用其他编程语言编写的程序等，主要应用于人工智能、预测性维护、机电一体化、物联网、自动驾驶系统、计算生物学、控制系统、数据科学、深度学习等方面。

MATLAB 的基本数据单位是矩阵，故用 MATLAB 来解决问题要比用 C、Fortran、Visual Studio 等语言简捷得多，MATLAB 也吸收了 Maple 等软件的优点，是一个功能强大的数学软件，并且 MATLAB 涵盖对用 C、Fortran、C++、Java、Python、Visual Studio 等编写的程序的支持。MathWorks 公司每年 3 月和 9 月分别发布本年度的 a 版本和 b 版本，如 2024 年 3 月发布了 MATLAB R2024a。

MATLAB 相对于传统的科技编程软件有诸多的优点。

（1）易用性。

对于 MATLAB，可直接在命令行窗口输入命令，即时显示表达式的值，也可执行预先编写好的 M 文件，该文件可以使用记事本来编辑。

在开发环境下，系统可以对程序进行实时提示，提出修改意见和建议，也可以用实时脚本（.mlx 文件）实时查看计算结果。

MATLAB 集成了各种工具，包括编译/调试器、在线文件手册、工作台和扩展范例以及社区代码库，十分简单、易用。

（2）平台独立性。

MATLAB 支持许多的操作系统，如 Windows、macOS 以及许多版本的 UNIX 操作系统。

在一个平台上编写的程序，在其他平台上（需要安装对应版本的 MCRInstaller 文件）一样可以正常运行；在一个平台上编写的数据文件，在其他平台上一样可以编译。用户可以根据需要把用 MATLAB 编写的程序移植到新平台，也可以与用 C、C++、Python、Java、Visual Studio 等编写的程序进行混合编程。

（3）预定义函数。

MATLAB 带有一个极大的预定义函数库，它提供了许多已测试和打包的基本工程问题的函数，这正是我们需要的。解方程对于 MATLAB 来说易如反掌，比如解超越方程 $xe^x-1=0$，使用 MATLAB 只需以下 3 行代码就可以了。

```
syms x;
eqn=x.*exp(x) == 1;
solx=vpa(solve(eqn,x),10)
```

成百上千的函数已经在 MATLAB 中编写好，让编程变得更加简单。

除了大量函数之外，MATLAB 还有许多专用工具箱，以帮助用户解决具体领域中的复杂问题。例如，用户可以购买标准的工具箱以解决信号处理、控制系统、通信、图像处理、神经网络和其他许多领域中的问题。

（4）机制独立的画图。

MATLAB 有许多的画图和图像处理函数，这些函数也是 MATLAB 的内部函数，可以直接引用。机制独立的画图对于图形化数据来说是一个卓越的功能。

举个简单的例子，画正弦曲线：plot(*x*,*y*)。

将 ***x*** 创建为由取值范围为 0～2π 的线性间隔值组成的向量，在各值之间使用递增量 π/100，将 *y* 创建为 ***x*** 的正弦值，画关于数据的线图。

只需使用以下 3 行代码即可画出正弦曲线，输出图像如图 7-1 所示。

```
x = 0:pi/100:2*pi;
y = sin(x);
plot(x,y)
```

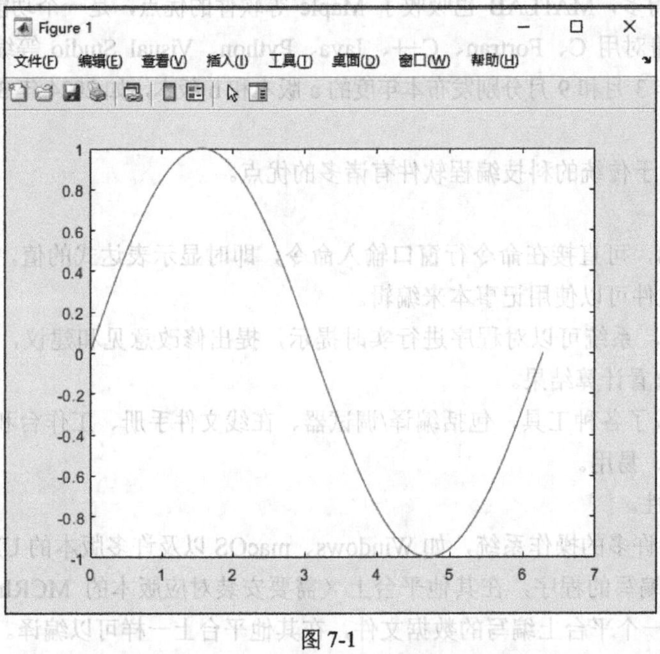

图 7-1

此外还可以对图像进行交互式探查绘图数据：可以交互式探查和编辑绘图数据，以改善数据的视觉效果或显示有关数据的其他信息。可用的交互操作取决于坐标区的内容，但通常包括缩放、平移、旋转、数据提示、数据刷亮以及还原原始视图等操作。

（5）App 设计工具。

App 设计工具是在 MATLAB 中创建 App 的推荐环境，它是 GUIDE 开发环境的替代品。

App 设计工具是一个功能丰富的开发环境，它可提供布局和代码视图、完整集成的 MATLAB 编辑器版本、大量的交互式组件、网格布局管理器及自动调整布局选项，使 App 能够检测和响应屏幕大小的变化。可以直接从 App 设计工具的工具条打包 App 安装程序文件，也可以创建独立的桌面 App 或 Web App（需要 MATLAB Compiler）。

（6）MATLAB 实时编辑器。

使用 MATLAB 可以创建组合了代码、输出和格式化文本的脚本。通过 MATLAB 实时编辑器可以将代码划分成可以单独运行的可管理片段，以及查看代码旁边所产生的结果和可视化内容。通过 MATLAB 实时编辑器可以使用格式化文本、标题、图像和超链接增强代码和结果。可以使用互动式编辑器插入方程，或者使用 LaTeX 创建方程。可将代码、结果和格式化文本保存到可执行文档中。MATLAB 实时编辑器是以前版本中 Notebook 的替代产品。

（7）MATLAB 编译器。

MATLAB 的灵活性和平台独立性是通过将 MATLAB 代码编译成设备独立的 P 代码，然后在运行时解释代码来实现的。这种方式与微软的 Visual Basic 的执行方式相类似。但是，由于 MATLAB 产生的程序执行速度慢，在 2019b 版本之后加入了自动优化代码和提升执行速度的功能，用户可以忽略该问题。如今的 MATLAB 已经不再是仅用于完成矩阵与数值计算的软件，更是一种集数值与符号运算、数据可视化图形表示与图形界面设计、程序设计、仿真等多种功能于一体的集成软件。

7.1 输入对话框

输入对话框的完整引用格式如下：

```
answer = inputdlg(prompt,title,dims,definput,opts)
```

下面介绍输入对话框的 5 种引用方法，每种方法的输入参数由少到多，逐步递进，可以根据需要使用。

1. 输入参数

（1）prompt——文本编辑字段标签。

prompt，指定为字符向量、字符向量元胞数组或字符串数组。对于字符向量元胞数组和字符串数组，每个元素指定一个编辑字段标签。这两种数组都按从上到下的顺序指定对话框中的编辑字段。

第 1 种引用方法：answer = inputdlg(prompt)，用于创建包含一个或多个文本编辑字段的模态对话框，并返回用户输入的值。返回值是字符向量元胞数组的元素。字符向量元胞数组的第一个元素对应于对话框顶部编辑字段中的响应，第二个元素对应于下一个编辑字段中的响应，依此类推。

prompt 用于指定对话框中从上到下的编辑字段。如果 prompt 是数组，则数组元素（标签）的数量决定了对话框中编辑字段的数量。

例如下面的代码，运行结果如图 7-2、图 7-3 所示。

```
answer = inputdlg('请输入压力，kPa')
```

```
answer = inputdlg({'请输入压力，kPa','请输入温度，K'})
```

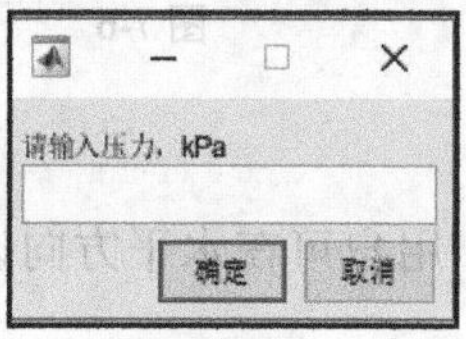

图 7-2

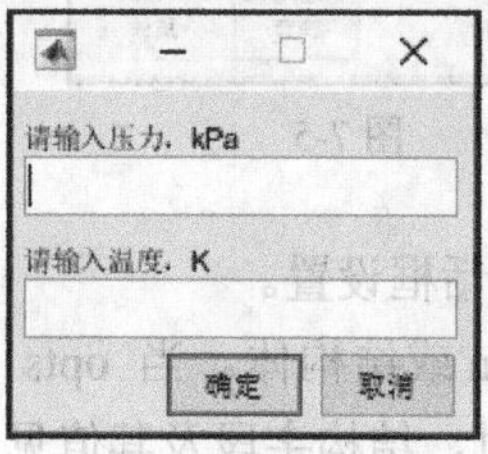

图 7-3

参数包含的元素数量大于或等于 2 时，用花括号{}括起来。

（2）title——对话框标题。

title，指定为字符向量或字符串标量。

第 2 种引用方法：answer = inputdlg(prompt,title)，用于指定对话框的标题，代码如下。

```
answer = inputdlg({'请输入压力，kPa','请输入温度，K'},'参数输入')
```

运行结果如图 7-4 所示，由于默认对话框大小不可编辑，故标题未完全显示，需要用到 dims 参数。

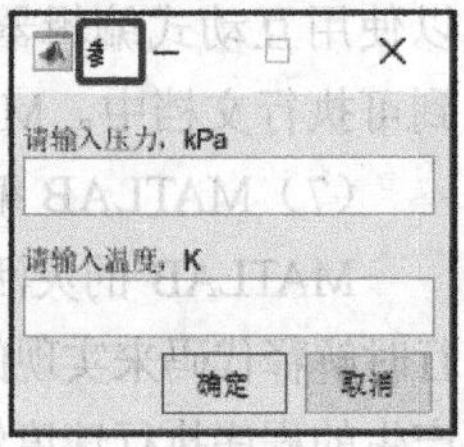

图 7-4

（3）dims——文本编辑字段的高度和宽度。

dims，指定为下列值之一。

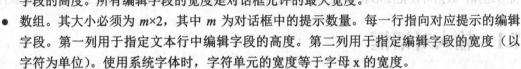

- 标量。指定所有编辑字段的高度。高度是两个文本框的基线之间的距离。所有编辑字段的宽度是对话框允许的最大宽度。
- 列向量或行向量。每个元素指定对话框中从上到下每个对应编辑字段的高度。所有编辑字段的宽度是对话框允许的最大宽度。
- 数组。其大小必须为 $m\times2$，其中 m 为对话框中的提示数量。每一行指向对应提示的编辑字段。第一列用于指定文本行中编辑字段的高度。第二列用于指定编辑字段的宽度（以字符为单位）。使用系统字体时，字符单元的宽度等于字母 x 的宽度。

应当注意：编辑字段的高度和宽度不会限制用户可以输入的文本数量，只有一种情况例外——当编辑字段的高度为 1 时，用户不能输入多行文本。

第 3 种引用方法：当 dims 是标量时，answer = inputdlg(prompt,title,dims)，用于指定每个编辑字段的高度。当 dims 是数组时，每个数组元素中的第一个值设置编辑字段的高度。每个数组元素中的第二个值用于设置编辑字段的宽度。代码如下，运行结果如图 7-5 所示。

```
answer = inputdlg({'请输入压力，kPa','请输入温度，K'},'参数输入',[1 35])
```

（4）definput——默认的一个或多个输入值。

definput，指定为字符向量元胞数组或字符串数组。

第 4 种引用方法：answer = inputdlg(prompt,title,dims,definput)，用于指定每个编辑字段的默认值。definput 参数包含的元素数量必须与 prompt 相同。代码如下，运行结果如图 7-6 所示。

```
answer = inputdlg({'请输入压力，kPa','请输入温度，K'},'参数输入',[1 35],{'101.325','300'})
```

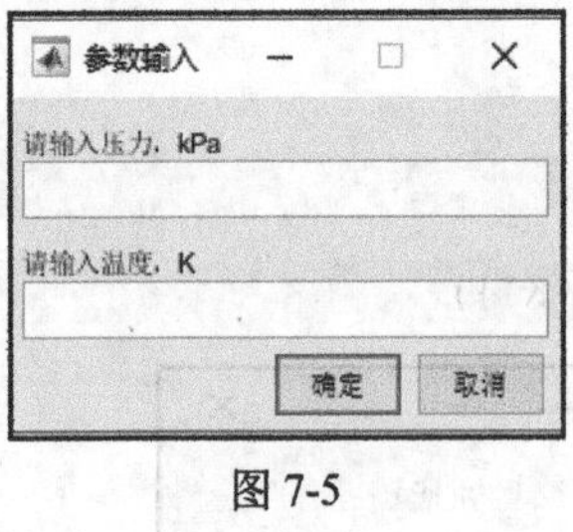

图 7-5

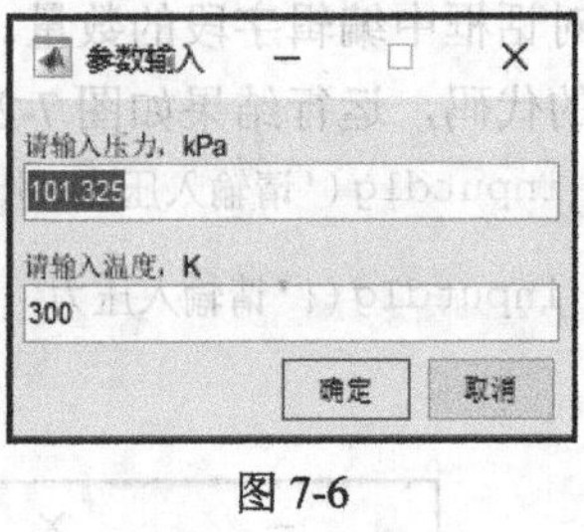

图 7-6

（5）opts——对话框设置。

opts，指定为'on'或结构体。当 opts 指定为'on'时，用户可在水平方向调整对话框大小。当 opts 指定为结构体时，结构字段及其值见表 7-1。

表 7-1　　　　　　　　　　　　　　　结构字段及其值

字段	值
Resize	'off '（默认值）或'on'。如果指定为'off '，则用户不能调整对话框大小。如果指定为'on'，则用户可在水平方向调整对话框大小
WindowStyle	'modal'（默认值）或'normal'。如果指定为'modal'，则用户必须先做出响应，然后才能与其他对话框交互
Interpreter	'none'（默认值）或'tex'。如果指定为'tex'，则使用 TeX 呈现提示。对话框标题不受影响。使用 TeX 可添加上标和下标、修改字体类型和颜色，以及在 prompt 文本中包含特殊字符

第 5 种引用方法：answer = inputdlg(prompt,title,dims,definput,opts)，用于指定当 opts 指定为'on'时，可在水平方向调整对话框大小。当 opts 指定为结构体时，它指定对话框是否可在水平方向调整大小、是否为模态，以及是否解释 prompt 文本。代码如下，运行结果如图 7-7 所示。

```
answer = inputdlg({'请输入压力，kPa','请输入温度，K'},'参数输入',1,{'101.325','300'},'on')
```

2．输出参数

answer——输出。

answer 返回一个字符向量元胞数组，其中包含对应于对话框中从上到下的每个编辑字段的输入。可使用 str2num 函数将以空格和逗号分隔的值转换为行向量，将以分号分隔的值转换为列向量。

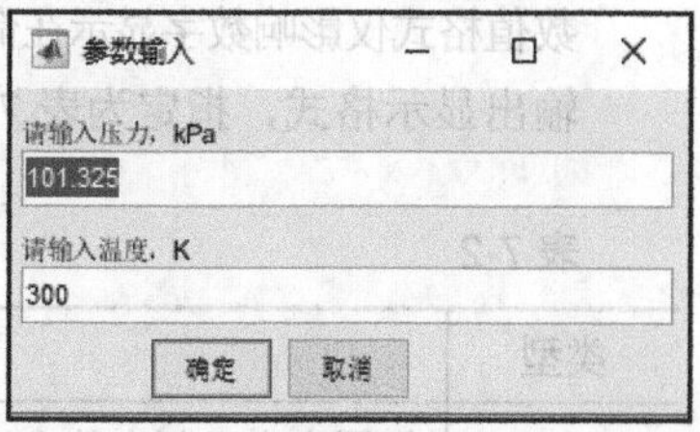

图 7-7

如果用户单击“取消”按钮关闭对话框，则 answer 是空元胞数组{ }。

如果用户按键盘上的 Return/Enter 键关闭对话框，则 answer 是 definput 的值。如果 definput 未定义，则 answer 是空元胞数组{ }。

3．输出值的转换

输出值如果为两个或者两个以上，则以数组方式输出，可以用

```
answer(1), answer(2)
```

来引用。如果需要的是数值，需要将输入字符进行转换：

```
str2double(char(answer(1)))
```

如：

```
W = inputdlg({'请输入压力，kPa','请输入温度，K'},'参数输入',1,{'101.325','300'},'on')
p=str2double(char(W(1)))
T=str2double(char(W(2)))
```

单击对话框中的“确定”按钮，运行结果为：

```
W =  2×1 cell 数组
    {'101.325'}
    {'300'    }
```

```
p =  101.3250
T =   300
```

已经将压力和温度的值转换为双精度数据并赋值给变量 p 和 T。

7.2 利用 format 函数设置输出显示格式

format 函数用于设置命令行窗口中的输出显示格式。

引用格式：

```
format style
```

或者

```
format
```

format style 用于将命令行窗口中的输出显示格式更改为 style 指定的格式。

format 自行将输出格式重置为默认格式，即浮点表示法的固定十进制短格式和适用于所有输出行的宽松行距。

数值格式仅影响数字显示在命令行窗口中的格式，而不影响 MATLAB 计算或保存它们的方式。

输出显示格式，指定为表 7-2 和表 7-3 中的类型之一。

表 7-2　输出显示格式及示例

类型	结果	示例
short	短固定十进制小数点格式，小数点后包含 4 位数。这是默认设置	3.1416
long	长固定十进制小数点格式，double 值的小数点后包含 15 位数，single 值的小数点后包含 7 位数	3.141592653589793
shortE	短科学记数法，小数点后包含 4 位数	3.1416e+00
longE	长科学记数法，double 值的小数点后包含 15 位数，single 值的小数点后包含 7 位数	3.141592653589793e+00
shortG	短固定十进制小数点格式或科学记数法（取更紧凑的一个），总共 5 位数	3.1416
longG	长固定十进制小数点格式或科学记数法（取更紧凑的一个）。对于 double 值，总共 15 位；对于 single 值，总共 7 位数	3.14159265358979
shortEng	短工程记数法，小数点后包含 4 位数，指数的位数为 3 的倍数	3.1416e+000
longEng	长工程记数法，包含 15 位有效位数，指数的位数为 3 的倍数	3.14159265358979e+000
+/−	正/负格式，对正、负和零元素分别显示+、−和空白字符	+
bank	货币格式，小数点后包含 2 位数	3.14
hex	二进制双精度数字的十六进制表示形式	400921fb54442d18
rational	小整数的比率	355/113

表 7-3 行距格式及示例

类型	结果	示例
compact	隐藏过多的空白行以便在一个屏幕上显示更多输出	theta = pi/2 theta = 1.5708
loose	添加空白行以使输出更易于阅读。这是行距的默认设置	theta = pi/2 theta = 1.5708

7.3 fopen 和 fclose 函数

fopen 函数用于打开文件或获得有关打开文件的信息，其引用格式有 7 种，这里只介绍将要用到的一种。引用格式如下。

```
[fileID,errmsg] = fopen(filename,permission)
```

（1）filename——要打开的文件的名称。

filename，指定为字符行向量或字符串标量。如果文件不在当前文件夹中，则 filename 必须包含完整路径或相对路径。

如要打开有读取权限的文件而文件不在当前文件夹中，则 fopen 函数将沿 MATLAB 搜索路径进行搜索。

如要打开有写入或追加权限的文件而文件不在当前文件夹中，则 fopen 函数将在当前目录中创建一个文件。

（2）permission——文件访问类型。

permission，指定为字符向量或字符串标量。可以用二进制模式或文本模式打开文件。若以二进制模式打开文件，应指定为表 7-4 中的选项之一。

表 7-4 文件访问类型

类型	说明
'r'	打开要读取的文件
'w'	打开或创建要写入的新文件。放弃现有内容（如果有）
'a'	打开或创建要写入的新文件。追加数据到文件末尾
'r+'	打开要读写的文件
'w+'	打开或创建要读写的新文件。放弃现有内容（如果有）
'a+'	打开或创建要读写的新文件。追加数据到文件末尾
'A'	打开文件以追加（但不自动刷新）当前输出缓冲区
'W'	打开文件以写入（但不自动刷新）当前输出缓冲区

（3）fileID——已打开文件的文件标识符。

fileID，指定为整数（double）。

（4）fclose(fileID)——关闭打开的文件。

使用 fclose 函数关闭文件之前，必须使用 fopen 函数打开文件并获取其 fileID。

（5）errmsg——错误信息。

如果 fopen 函数无法打开文件，则显示相关错误消息。

7.4 利用 xlsread 函数读取 Excel 电子表格中特定范围的数据

xlsread 函数的引用格式有很多种，下面介绍常用的一种。其引用格式如下。

```
num = xlsread(filename,sheet,xlRange)
```

xlsread 函数用于读取指定的工作表中特定范围的数据。

（1）filename——文件名。

filename，指定为字符向量或字符串。如果未包括扩展名，xlsread 将搜索具有指定的名称和支持 Excel 扩展名的文件。xlsread 函数可以读取当前在 Windows 版 Excel 打开的文件中保存的数据。

示例：'myFile.xlsx' 或 "myFile.xlsx"。

数据类型：char 或者 string。

（2）sheet——工作表。

sheet，指定为包含工作表名称的字符向量或字符串。名称不能包含冒号（:）。

数据类型：char、string、single、double、int8、int16、int32、int64、uint8、uint16、uint32、uint64。

（3）xlRange——矩形范围。

xlRange，指定为字符向量或字符串。

使用两个对角指定 xlRange，这两个对角用来定义要读取的区域。例如，'D2:H4' 表示工作表上两个对角 D2 和 H4 之间的 3×5 矩形区域。xlRange 输入不区分大小写。

如果未指定 sheet，则 xlRange 必须包括两个对角和一个冒号字符，甚至对于单个单元格（如 'D2:D2'）也是如此。否则，xlsread 函数会将矩形范围解释为工作表名称（如'sales'或'D2'）。

如果指定了 sheet，则 xlRange：

① 无须包括冒号和对角即可描述单个单元格；

② 可以引用在 Excel 文件中定义的命名范围（请参阅 Excel 帮助）。

当指定的 xlRange 与合并的单元格重叠时：

① 在安装了 Windows 版 Excel 的计算机上，xlsread 函数将展开范围以包括所有合并的单元格；

② 在未安装 Windows 版 Excel 的计算机上，xlsread 函数仅返回指定范围中的数据，且合并单元格的值为空或 NaN。

数据类型：char、string。

如：

```
Mwi= xlsread('PR.xls',3,'A11:S11');
```

读取的电子表格名字为 PR.xls，读取的为第 3 个表格或者 sheet3，读取的范围为单元格 A11 到 S11 的内容。

7.5　利用 readtable 函数读取 Excel 电子表格中特定范围的数据

readtable 函数用于基于文件创建表，可以读取.txt、.dat 或.csv（带分隔符的文本文件）、.xls、.xlsb、.xlsm、.xlsx、.xltm、.xltx 或.ods（电子表格文件）、.xml（XML 文件）、.docx（Word 文件）、.html、.xhtml 或.htm（HTML 文件）等类型的文件。

该函数的引用格式也有很多种，下面介绍常用的一种。其引用格式如下：

```
T = readtable(filename,sheet,'DataRange', Name,Value)
```

（1）filename——文件名。

当 filename 不包含文件扩展名，或当扩展名不是以下项之一时，应使用'FileType'名值参数对：

.txt、.dat 或.csv（文本文件）；

.xls、.xlsb、.xlsm、.xlsx、.xltm、.xltx 或.ods（电子表格文件）；

.xml（XML 文件）；

.docx（Microsoft Word 文档文件）；

.html、.xhtml 或.htm（HTML 文件）。

示例：'FileType','text'。

数据类型：char、string。

（2）sheet——工作表。

sheet 是要读取的工作表的名称。

其类型可以是：1（默认）、正整数、字符向量、字符串。

要读取的工作表，指定为以逗号分隔的对组，其中包含'sheet'和一个正整数（指示工作表索引）或字符向量或字符串（包含工作表名称）。工作表名称不能包含冒号（:）。要确定电子表格文件中工作表的名称，应使用 sheets = sheetnames(filename)。

如果除 opts 导入选项外还指定了 sheet 参数，readtable 函数将使用为 sheet 参数指定的值，而覆盖导入选项中定义的工作表名称。

示例：'Sheet', 2。

示例：'Sheet', 'MySheetName'。

示例：'Sheet', "MySheetName"。

数据类型：char、string、single、double、int8、int16、int32、int64、uint8、uint16、uint32、uint64。

（3）DataRange——数据范围。

DataRange，指定为字符向量、字符串标量、字符向量元胞数组、字符串数组、正整数标量或由正整数标量组成的 $N\times2$ 数组。使用表 7-5 中的形式之一指定 DataRange。

表 7-5 DataRange 的值及其行为

值	行为
'Cell' 或 n （起始单元格或起始行）	使用 Excel A1 表示法指定数据的起始单元格。例如，A5 是第 A 列与第 5 行相交处的单元格的标识符。 根据起始单元格，readtable 函数从起始单元格开始导入，并在到达最后一个空行或页脚范围时结束，从而自动检测数据范围。 也可以使用正标量行索引指定包含数据的第一行。 根据指定的行索引，readtable 函数通过从指定的第一行开始读取，一直到数据的最后一行或页脚范围，从而自动检测数据范围。 示例：'A5' 或 5
'Corner1:Corner2' （矩形范围）	使用矩形范围格式指定确切范围，其中 Corner1 和 Corner2 是定义要读取的区域的两个对角。 readtable 函数只读取指定范围内的数据。指定范围内的任何空字段都作为缺失单元导入。 列数必须与 NumVariables 属性中的指定的数字匹配。 示例：'A5:K50'
'Row1:Row2'或 'Column1:Column2' （行范围或列范围）	通过使用 Excel 行号标识起始行和结束行来指定范围。 根据指定的行范围，readtable 函数从第一个非空列开始读取，一直到数据的最后一行，从而自动检测列范围，并为每一列创建一个变量。 示例：'5:500'。 也可以通过使用 Excel 列字母或列号标识起始列和结束列来指定范围。 根据指定的列范围，readtable 函数从第一个非空行开始读取，一直到范围内的最后一行或页脚范围，从而自动检测行范围。 指定范围内的列数必须与 NumVariables 属性中指定的数字匹配。 示例：'A:K'
[n1 n2; n3 n4;…] （多个行范围）	使用包含 *N* 个不同行范围的 *N*×2 数组来指定要读取的多个行范围。 包含多个行范围的有效数组必须满足以下条件。 ① 以递增顺序指定行范围，也就是说，数组中指定的第一个行范围出现在文件中的其他行范围之前。 ② 仅包含不重叠的行范围。 Inf 只能用来指示指定了多个行范围的数组中的最后一个范围。 示例：[1 3; 5 6; 8 Inf]
'' （未指定或为空）	不读取任何数据。 示例：''

（4）Name,Value——名值参数对。

Name,Value 用于指定可选的、以逗号分隔的名值参数对。Name 为参数名称，Value 为对应的值。Name 必须放在引号中。可采用任意顺序指定多个名值参数对，如 Name1,Value1,...,NameN,ValueN。

ReadRowNames：读取第一列以作为行名称的指示符，指定为以逗号分隔的对组，包含'ReadRowNames'和 false、true、0 或 1，见表 7-6。

表 7-6 ReadRowNames 的指示符及其说明

指示符	说明
false	当要读取的区域第一列包含的是数据而不是表的行名称时使用
true	当要读取的区域第一列包含表的行名称时使用
未指定	如果未指定，readtable 将假定为 false

注意 如果'ReadVariableNames'和'ReadRowNames'逻辑指示符都为 true，则 readtable 函数将读取区域第一行、第一列中的名称为 T.Properties.DimensionNames 属性中的第一个维度名称。

如果除 opts 导入选项外还指定了 ReadRowNames 参数，readtable 函数的行为将因指定而异。

如果 ReadRowNames 为 true，则通过使用导入选项对象的 RowNamesRange 或 RowNameColumn 属性从指定的文件中读取行名称。

如果 ReadRowNames 为 false，则不导入行名称。

示例：'ReadRowNames',true。

例 7-1

读取表格，名称为 PR.xls，读取第 3 张表格，读取的范围为 A8:S8，读取范围内全是数据而不是表格的行名称。

```
y0 = readtable('PR.xls','sheet',3,'Range','A8:S8', ...
    'ReadVariableNames',false)
```

7.6 sum 函数

sum 函数的引用格式也有很多种，下面介绍常用的一种。其引用格式如下。

```
S = sum(A)
```

说明如下。

sum(A)返回沿大小大于 1 的第一个数组维度计算的元素之和。

如果 A 是向量，则 sum(A)返回元素之和。

如果 A 是矩阵，则 sum(A)将返回包含每列总和的行向量。

如果 A 是多维数组，则 sum(A)沿大小大于 1 的第一个数组维度计算，并将这些元素视为向量。此维度中 S 的大小变为 1，而其他维度的大小仍与在 A 中相同。

A——输入数组。

A，指定为向量、矩阵或多维数组。

如果 A 是标量，则 sum(A)返回 A。

如果 A 是 0×0 矩阵，则 sum(A)返回 0。

数据类型：single、double、int8、int16、int32、int64、uint8、uint16、uint32、uint64、logical、char、duration。

该函数支持复数。

下面介绍如下几种常见的情况。

（1）向量元素的总和。

打开实时脚本，创建一个向量并计算各个元素的总和。

输入：

```
A = 1:10;
S = sum(A)
```

输出：

```
S = 55
```

（2）矩阵列总和。

打开实时脚本，创建一个矩阵并计算每列中元素的总和。

输入：

```
A = [1 3 2; 4 2 5; 6 1 4];
S = sum(A)
```

输出：

```
S = 1×3


    11     6    11
```

（3）矩阵行总和。

打开实时脚本，创建一个矩阵并计算每行中元素的总和。

输入：

```
A = [1 3 2; 4 2 5; 6 1 4];
S = sum(A,2)
```

输出：

```
S = 3×1


     6
    11
    11
```

7.7 vpa 函数

vpa 函数可以用来计算符号的变量和函数的值。

1. 语法

vpa 函数的引用格式如下。

```
vpa(x)
vpa(x,d)
```

2. 说明

vpa(x)：使用变量精度浮点算术运算将输入的每个符号元素计算为至少 d 位有效数字，d 是 digits 函数的值，digits 函数的值默认为 32。

vpa(x,d)：使用至少 d 位有效数字，而不是 digits 函数的值。

3. 输入参数

（1）x——要计算的输入内容。

x，指定为数字、矢量、矩阵、多维数组、多维符号数、表达式、函数或字符矢量。

（2）d——有效数字位数。

d，指定为整数。必须是大于 1 且小于 $2^{29}+1$ 的数。

例 7-2

（1）控制输出值的有效位数。

```
>> vpa(cos(11),10)
ans =0.004425697988
```

（2）将符号解表达为数值解。

```
syms x
y=x^2*exp(x^2)-10;
x=solve(y)
x =
```

$$\begin{pmatrix} \sqrt{W_0(10)} \\ -\sqrt{W_0(10)} \end{pmatrix}$$

```
x1=vpa(x,20)
x1 =
```

$$\begin{pmatrix} 1.3211843182314492576 \\ -1.3211843182314492576 \end{pmatrix}$$

同样也可以使用 single、double 函数将符号解表达为数值解。

```
x2=single(x)
x3=double(x)
    x2 =
      2×1 single 列向量
       1.3211843e+00
      -1.3211843e+00
    x3 =
          1.321184318231449e+00
        -1.321184318231449e+00
```

MATLAB 内置了大量的数值算法函数，其中常用的非线性方程（组）求解函数有 fsolve、fzero、roots、solve、vpasolve 函数，求解非线性方程（组）时不必自己编写迭代程序进行计算，只需按照语法引用函数即可。

7.8 利用 fsolve 函数求解非线性方程或方程组

fsolve 函数用于求解非线性方程或方程组。

1. 语法

fsolve 函数的引用格式如下。

```
x = fsolve(fun,x0)
x = fsolve(fun,x0,options)
x = fsolve(problem)
[x,fval] = fsolve(___)
```

2. 说明

fsolve 函数为非线性系统求解器。

解决指定的问题：$F(\boldsymbol{x})=0$，其中 $F(\boldsymbol{x})$是返回向量值的函数，$\boldsymbol{x}$ 是向量或矩阵。

x = fsolve(fun,x0)：从 x0 开始，尝试解方程 $F(\boldsymbol{x})=0$。

x = fsolve(fun,x0,options)：用 options 中指定的优化选项求解方程。

x = fsolve(problem)：解决问题，其中问题是输入参数中描述的结构。

[x,fval] = fsolve(___)：对于任何语法，都返回方程的解 x 处目标函数 fun 的值。

例 7-3

求一维非线性方程的解。

① 求方程 $\sin x-0.5=0$ 在 0.5 附近的解。

```
>> x=fsolve(@(x)sin(x)-0.5, 0.5)


Equation solved.


fsolve completed because the vector of function values is near zero
as measured by the value of the function tolerance, and
the problem appears regular as measured by the gradient.


<stopping criteria details>
x =
    0.5236
```

② 求方程 $e^x-x^2+10=0$ 在 0.5 附近的解。

首先建立函数文件 funx.mlx。

```
function fx=funx(x)
    fx=exp(x)-x.^2+10;
```

然后调用 fsolve 函数求方程在 0.5 附近的解。

```
>>  z=fsolve('funx',0.5)


Equation solved.


fsolve completed because the vector of function values is near zero
as measured by the value of the function tolerance, and
the problem appears regular as measured by the gradient.


<stopping criteria details>
z =
   -3.1689
```

3. 输入参数

（1）fun——方程。

fun，指定为函数句柄或函数名称。fun 是一个接收向量 x 并返回向量 F（在 x 处求解的非线性方程）的函数。对于 F 的所有分量，要求解的方程都是 F = 0。可以将 fun 指定为函数句柄：

```
x = fsolve(@myfun,x0)
```

其中 myfun 是 MATLAB 函数，例如：

```
function F = myfun(x)
F = ... %x 处的函数计算值
```

fun 可以是匿名函数的句柄。

```
x = fsolve(@(x)sin(x.*x),x0);
```

（2）x0——初始值。

x0，指定为双精度实向量或实数组。fsolve 函数使用 x0 中的元素数量和大小来确定 fun 接收变量的数量和大小。

例如：x0 = [1,2,3,4]。

（3）options——优化选项。

options，指定为 optimoptions 的输出或 optimset 等返回的结构体。

（4）problem——问题结构。

problem，指定为表 7-7 中的结构。

表 7-7　问题结构名称及其输入

名称	输入
objective	目标方程
x0	方程解的初始值
solver	'fsolve'
options	用 optimoptions 函数创建的选项

4. 输出参数

（1）x——方程的解。

x，以实向量或实数组形式返回。x 的大小与 x0 的大小相同。通常，当 exitflag 为正值时，x 是方程的局部解。

（2）fval——函数值。

fval，作为实向量返回。通常，fval = fun(x)。

（3）exitflag——停止原因。

exitflag，以整数形式返回。表 7-8 给出了 exitflag 值及其说明。

表 7-8　exitflag 值及其说明

值	说明
1	方程已解。一阶最优性很小
2	方程已解。x 的变化小于指定的容差
3	方程已解。残差的变化小于指定的容差
4	方程已解。搜索方向的幅度小于指定的容差
0	超过选项的迭代次数
−1	输出函数或绘图函数停止了算法
−2	方程未解。退出消息可以包含更多信息
−3	方程未解。信任区域半径变得太小（'trust-region-dogleg'算法）

（4）output——输出信息。

output，以带有字段的结构形式返回。表 7-9 给出了 output 值及其说明。

表 7-9　　output 值及其说明

值	说明
iterations	执行的迭代次数
funcCount	函数计算次数
algorithm	使用的优化算法
cgiterations	PCG 迭代总数（仅适用于 'trust-region' 算法）
stepsize	x 的最终位移（不适用于 'trust-region-dogleg'算法）
firstorderopt	一阶最优性的测度
message	退出消息

要求解的方程必须是连续的。成功时，fsolve 函数仅给出一个解。

7.9　利用 fzero 函数求解非线性方程的实数解

fzero 函数用于求解非线性方程的实数解。

1. 语法

fzero 函数的引用格式如下。

```
x = fzero(fun,x0)
x = fzero(fun,x0,options)
x = fzero(problem)
[x,fval,exitflag,output] = fzero(___)
```

2. 说明

x = fzero(fun,x0)：尝试求出方程 fun 在 x0 附近的解。

x = fzero(fun,x0,options)：使用 options 修改求解过程。

x = fzero(problem)：对 problem 指定的问题求解。

[x,fval,exitflag,output] = fzero(___)：返回一个描述函数 fzero 退出条件的值 exitflag。

例 7-4

（1）一个初始点处的解。

求函数 x^2-1 在 0.5 附近的零点。

```
>> fzero(@(x)(x^2-1),0.5)
ans =
     1
```

（2）某初始区间内的解。

求函数 x^2-1 在 1～3 的零点。

```
>> fzero(@(x)(x^2-1),[1 3])
ans =
     1
```

如果区间设置不对，会提示错误。

```
>> fzero(@(x)(x^2-1),[2 3])
错误使用 fzero (line 290)
```

区间端点处的函数值必须具有不同的符号。

（3）文件定义的函数的解。

求函数 $f(x)=x^3-2x-5$ 的零值

编写一个名为 f.m 的文件。

```
function y = f(x)
y = x.^3 - 2*x - 5;
```

将文件 f.m 保存到当前运行空间路径中。

求 $f(x)$在 2 附近的零点。

```
>> fun = @f; % 函数
x0 = 2; % 初始值
z = fzero(fun,x0)
z =
    2.0946
```

因为$f(x)$是一个多项式，所以也可以使用 roots 命令求出相同的实数零点和一对复共轭零点。

```
roots([1 0 -2 -5])
   ans =
   2.0946
  -1.0473 + 1.1359i
  -1.0473 - 1.1359i
```

（4）具有额外参数的函数的解。

求具有额外参数的函数的解。

```
>> myfun = @(x,c) cos(c*x);  % 参数化函数
c = 2;                       % 参数
fun = @(x) myfun(x,c);       % 仅有 x 的函数
x = fzero(fun,0.1)
x =
    0.7854
```

此方法可以用于方程较长或某一部分多次出现时，将该部分表达式简化为一个参数代入。

3. 输入参数

（1）fun——函数。

fun，指定为标量值函数的句柄或标量值函数的名称。fun 接收标量 x 并返回标量 fun(x)。

要对方程 fun(x) = c(x)求解，应改为对 fun2(x) = fun(x) − c(x) = 0 求解。

示例：@myFunction。

示例：@(x)(x-a)^5 - 3*x + a-1。

（2）x0——初始值。

x0，指定为实数标量或二元素实数向量。

实数标量：fzero 函数从 x0 开始并尝试找到与 fun(x1)具有相反符号 fun(x0)的点 x1，随后

fzero 函数迭代收缩 fun 变号的区间以得到一个解。

示例：3。

二元素实数向量：fzero 检查 fun(x0(1))和 fun(x0(2))的符号是否相反，如果不相反，则返回错误，随后迭代收缩 fun 变号的区间以得到一个解。区间 x0 必须是有限的；它不能包含±Inf。

提示	用区间（含有两个元素的 x0）调用 fzero 函数通常比用实数标量 x0 调用 fzero 函数速度更快。

示例：[2,17]。

（3）options——优化选项。

options，指定为结构体。通常使用 optimset 创建或修改 options 结构体。fzero 函数使用表 7-10 中的 options 结构体字段。

表 7-10 结构体字段及其说明

结构体字段	说明
Display	显示级别如下。 'off'：不显示输出。 'iter'：在每次迭代时显示输出。 'final'：仅显示最终输出。 'notify'：默认值，仅在函数未收敛时显示输出
FunValCheck	检查目标函数值是否有效。 当目标函数值是 complex、Inf 或 NaN 时，'on' 显示错误。 默认值 'off' 不会显示错误
OutputFcn	以函数句柄或函数句柄的元胞数组的形式来指定优化函数在每次迭代时调用的一个或多个用户定义函数。默认值是“无”（[]）
PlotFcns	绘制算法执行过程中的各个进度测量值。传递函数句柄或函数句柄的元胞数组。默认值是“无”（[]）。 @optimplotx 绘制当前点。 @optimplotfval 绘制函数值
TolX	关于正标量 x 的终止容差。默认值为 eps 2.2204e–16

示例：options = optimset('FunValCheck','on')。

（4）problem——求根问题。

problem，指定为含有表 7-11 中所有字段的结构体。

表 7-11 求根问题字段及其目标函数

字段	目标函数
x0	x 的初始点，为实数标量或二元素实数向量
solver	'fzero'
options	通常使用 optimset 创建的 options 结构体

4. 输出参数

（1）x——方程的解。

x，以实数标量形式返回。

（2）fval——函数值。

fval，以实数标量形式返回。

（3）exitflag——停止原因。

对退出条件编码的整数，表示 fzero 停止其迭代的原因，见表 7-12。

表 7-12　退出条件值及其说明

值	说明
1	函数收敛于解
−1	算法由输出函数或绘图函数终止
−3	在搜索含有变号的区间时遇到 NaN 或 Inf 函数值
−4	在搜索含有变号的区间时遇到复数函数值
−5	算法可能收敛于一个奇异点
−6	fzero 函数未检测到变号

（4）output——输出信息。

output，以结构体形式返回。结构体字段见表 7-13。

表 7-13　求根过程结构体字段及其说明

结构体字段	说明
intervaliterations	求包含根的区间所采取的迭代次数
iterations	求零点迭代次数
funcCount	函数计算次数
algorithm	'bisection, interpolation'
message	退出消息

7.10 利用 roots 函数求多项式根

roots 函数用于求多项式根。

1. 语法

roots 函数的引用格式如下。

```
r = roots(p)
```

2. 说明

r = roots(p)以列向量的形式返回 p 表示的多项式的根。输入 p 是一个包含 n+1 个多项式系数的向量，以 x^n 系数开头。0 系数表示方程中不存在的中间幂。例如：p = [3 2 −2]表示多项式 $3x^2 + 2x - 2$。

roots 函数用于对 $p_1x^n + \cdots + p_nx + p_{n+1} = 0$ 格式的多项式求根，包含带有非负指数的单一变量的多项式。

举例如下。

（1）二次多项式的根。

对多项式 $3x^2 - 2x - 4 = 0$ 求根。

创建一个向量，用它来代表多项式，然后求多项式的根。

```
>> p = [3 -2 -4];
r = roots(p)
r =
      1.5352
     -0.8685
```

（2）四次多项式的根。

对多项式 $x^4-1=0$ 求根。

创建一个向量，用它来代表多项式，然后求多项式的根。

```
>> p = [1 0 0 0 -1];
r = roots(p)
r =
   -1.0000 + 0.0000i
    0.0000 + 1.0000i
    0.0000 - 1.0000i
    1.0000 + 0.0000i
```

3. 输入参数

p：多项式系数，指定为向量，数据类型为 single 或者 double。例如，向量[1 0 1]表示多项式 x^2+1，向量[3.13 −2.21 5.99]表示多项式 $3.13x^2-2.21x+5.99$。roots 函数支持复数。

4. 输出参数

r：多项式的根。

7.11 利用 solve 函数解决优化问题或方程式问题

solve 函数用于解决优化问题或方程式问题。

1. 语法

solve 函数的引用格式如下。

```
sol = solve(eqn,var)
```

2. 说明

sol = solve(eqn,var)：求解等式 eqn。如果不指定要求解的变量 var，symvar 函数将确定要求解的变量。例如，solve(x + 1 == 2, x)求解关于自变量 x 的方程 $x+1=2$。

举例如下。

解二次方程。

在不指定要求解的变量的情况下求解二次方程。求解选择 x 返回解。

```
syms a b c x
eqn = a*x^2 + b*x + c == 0;
S = solve(eqn)


S =
```

```
-(b + (b^2 - 4*a*c)^(1/2))/(2*a)
-(b - (b^2 - 4*a*c)^(1/2))/(2*a)
```

指定要求解的变量，并求解关于自变量 *a* 的二次方程。

```
Sa = solve(eqn,a)

Sa =


-(c + b*x)/x^2
```

7.12　利用 vpasolve 函数求解方程数值解

vpasolve 函数用于求解方程数值解。

1. 语法

vpasolve 函数的引用格式如下。

```
S = vpasolve(eqn,var)
```

2. 说明

S = vpasolve(eqn,var)：对变量 var 求解方程 eqn。如果不指定 var，则 vpasolve 函数求解由 symvar 函数确定的默认变量。例如，vpasolve(x + 1 == 2,x)用数值方法求解关于 *x* 的方程 $x + 1 = 2$。

3. 示例

（1）求解多项式方程。对于多项式方程，vpasolve 函数将返回所有解。

```
S = vpasolve(2*x^4 + 3*x^3 - 4*x^2 - 3*x + 2 == 0, x)

S =


-2.0
-1.0
 0.5
 1.0
```

（2）求解非多项式方程。对于非多项式方程式，函数将返回找到的第一个解。

```
S = vpasolve(sin(x) == 1/2, x)


S =

0.52359877559829887307710723054658
```

第 8 章　实时编辑器

MATLAB 实时脚本和实时函数（以下统称为实时脚本）是交互式文档，它们在一个称为实时编辑器的交互式环境中将 MATLAB 代码与格式化文本、方程和图像组合到一起。此外，实时脚本可存储输出，并将其显示在创建它的代码旁。MATLAB 支持 R2016a 及更高版本中的实时脚本，以及 R2018a 及更高版本中的实时函数。从 R2019b 开始，在 MATLAB 支持的所有操作系统中，MATLAB 都支持实时编辑器。

MATLAB 官方网站对实时编辑器下的实时脚本的功能进行了详细的阐述，它可用于以下场合。

1. 直观浏览和分析问题

（1）在单个实时编辑器中编写、执行和测试代码。

（2）逐个运行代码段或将所有代码段作为整个文件运行，查看结果和图像及生成对应源代码。

2. 共享富文本格式的可执行记叙脚本

（1）添加标题、题头和格式化文本以描述相应过程，并纳入方程、图像和超链接作为支持材料。

（2）将可执行记叙脚本另存为富文本格式的可执行文档，并与同事或 MATLAB 社区成员共享它们，或者将其转换为 HTML、PDF、Word 或 LaTeX 文档以供发布。

3. 创建交互式教学课件

（1）将代码和结果与格式化文本和数学方程结合使用。

（2）创建分布式课件并逐步进行计算以说明教学主题。

（3）随时修改代码以回答问题或探讨相关主题。

（4）将课件作为交互式文档与学生共享或以硬拷贝形式共享，将部分完成的文件作为作业发给学生。

可见 MATLAB 的实时脚本比曾经“集万千宠爱于一身”的 Notebook 要先进很多。实时脚本对于科研来说无疑是一个强大的利器。

8.1　实时脚本的建立

实时编辑器用来建立实时代码文件（扩展名为.mlx），又称为实时脚本。实时脚本的建立和普通 M 文件建立方法类似，此处进行简要介绍。两者最大的不同：实时脚本中，简单的代码可以不必先保存而直接运行，在实时编辑器结果查看栏内查看结果。因此，简单的代码在运行过程中显示的结果就不会在命令行窗口中出现了，如图 8-1 所示。

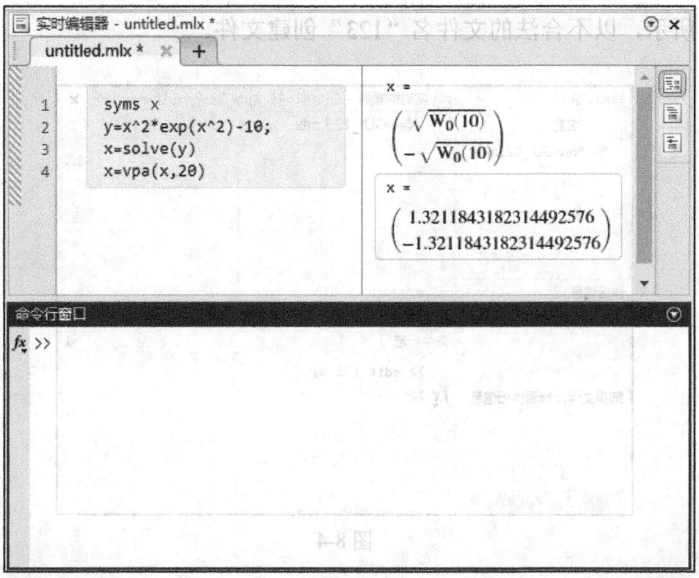

图 8-1

创建实时脚本的方式有以下几种。

（1）单击工具栏按钮创建。

打开 MATLAB 主窗口，单击“主页”菜单中的“新建实时脚本”按钮，如图 8-2 所示，即可创建实时脚本。创建的脚本可以在工作区的虚拟空间保存和运行，如图 8-3 所示。

图 8-2

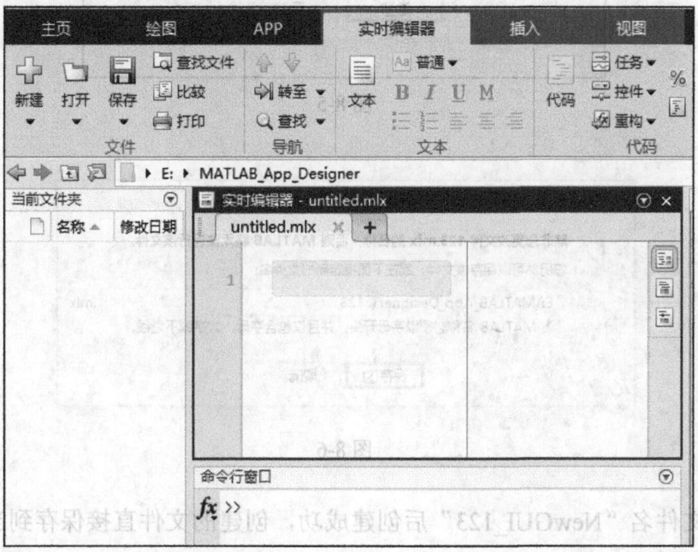

图 8-3

（2）在命令行窗口中使用 edit 函数创建。

例如，执行 edit NewGUI.mlx 命令以打开或创建 NewGUI.mlx 文件。为确保创建实时脚本，请指定扩展名为.mlx。如果未指定扩展名，则 MATLAB 会默认文件的扩展名为.m，这种扩展名仅支持纯代码。文件命名需要遵循 MATLAB 命名规则，否则会在创建过程中提示更改文件名，如图 8-4～图 8-6 所示，以不合法的文件名“123”创建文件。

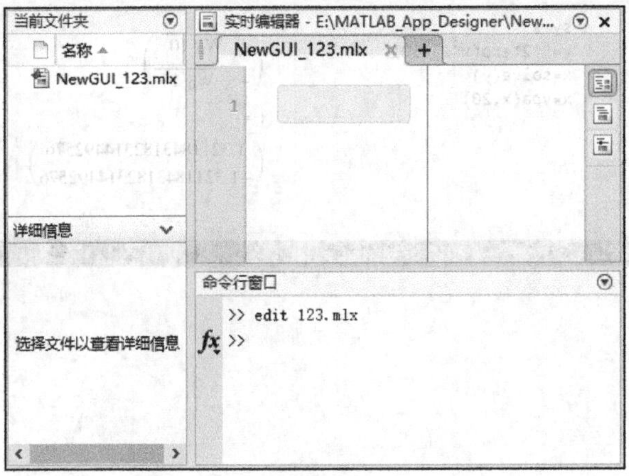

图 8-4

图 8-5

图 8-6

修改为合法文件名“NewGUI_123”后创建成功，创建的文件直接保存到当前文件夹下，如图 8-7 所示。

（3）通过“命令历史记录”窗口选中代码创建。

使用 Shift+鼠标左键或者 Ctrl+鼠标左键选中一行或多行代码后，右键单击，在弹出的菜单中选择“创建实时脚本”命令，即可将选中的代码创建到新的实时脚本中，如图 8-8 所示。

图 8-7

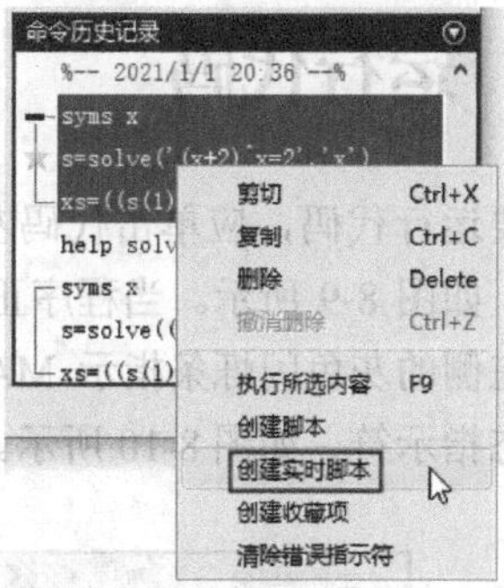

图 8-8

8.2　编写代码

创建实时脚本后，可以编写代码。

例如求解超越方程$(x+1)^x=2$，并绘制−2～2 的图像，代码如下。

```
syms x
y=(x+2)^x-2;
s=vpasolve(y,x)
if s>=0
    disp("结果大于 0")
else
    disp('结果小于 0')
end
x=-2:0.01:-1.9;
plot(x,(x+2).^x-2)
```

默认情况下，在实时编辑器中输入代码时，MATLAB 会自动补全块结尾、括号和引号。例如，输入 if，然后按 Enter 键，MATLAB 会自动添加 end 语句。

当拆分为两行时，MATLAB 还会自动补全注释、字符向量、字符串和圆括号。要退出自动补全，应按 Ctrl+Z 快捷键或单击“撤销”按钮。默认情况下 MATLAB 会启用自动补全功能。

编写代码时，可以选择和编辑一个矩形区域中的代码（也称为列选择或块编辑）。如果要复制或删除多列数据，或者一次性编辑多行数据，该功能非常有用。要选择一个矩形区域，应在选择时按住 Alt 键。

例如，选择 A 中的第 3 列数据，代码如下。

```
A=[11 22 33 44;
   55 66 77 88;
   99 10 11 12]
```

输入 x，可将选定的值更改为 x，代码如下。

```
A=[11 22 x 44;
   55 66 x 88;
   99 10 x 12]
```

8.3 运行代码

要运行代码，应单击代码左侧的滚动条，也可以转到“实时编辑器”菜单并单击“运行”按钮，如图 8-9 所示。当程序正在运行时，系统会在命令行窗口左上方显示一个状态指示符。代码行左侧的灰色闪烁条指示 MATLAB 正在运行的行。要导航至 MATLAB 正在运行的行，需单击状态指示符，如图 8-10 所示。

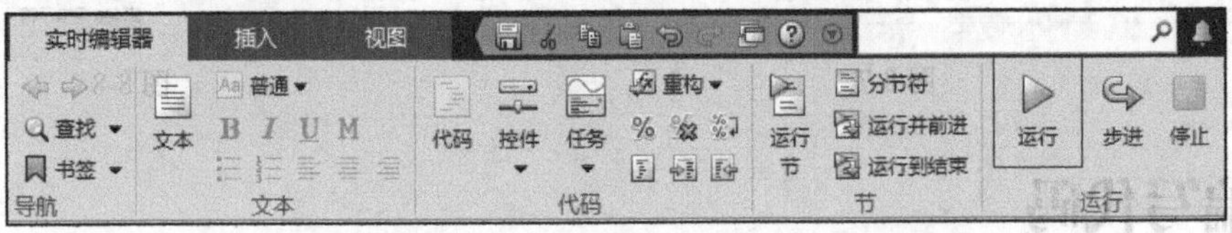

图 8-9

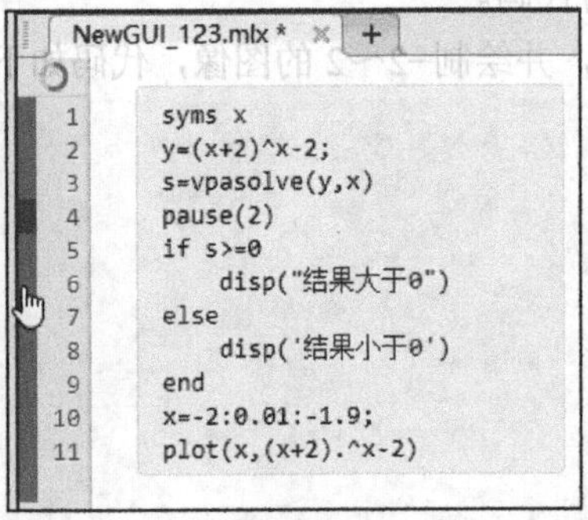

图 8-10

8.3.1 错误提示

如果 MATLAB 运行程序时出错，或者 MATLAB 检测到代码中存在重大问题，则状态指示符会变为错误图标。要导航至相应错误代码，应单击该图标，如图 8-11 所示。错误提示会在实时编辑器窗口的右边显示，并给出修改建议。如图 8-12 所示，应该输入半角分号，错误输成了全角分号。

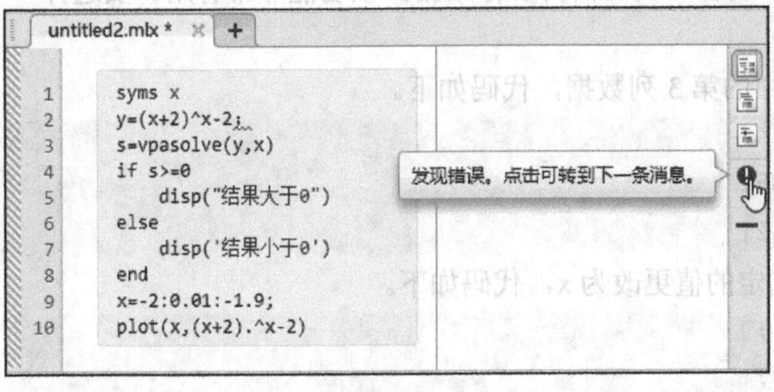

图 8-11

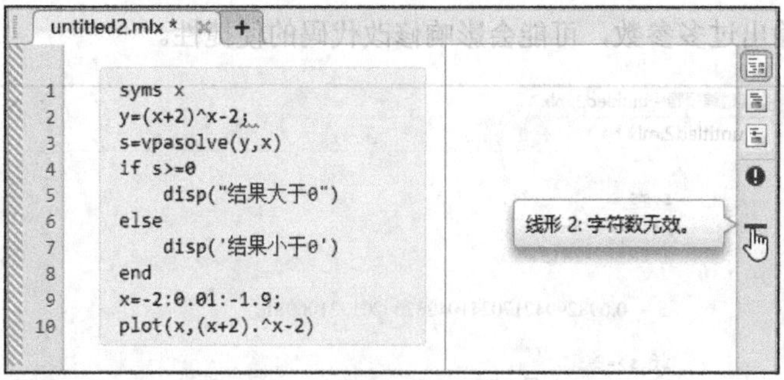

图 8-12

不需要保存实时脚本即可运行它。当需要保存实时脚本时，MATLAB 会默认以.mlx 文件格式保存它。

8.3.2 结果输出

默认情况下，MATLAB 会在代码右侧显示输出。每个输出都会随创建它的代码行并排显示。

可以向左或向右拖动代码和输出之间的调整栏，以更改输出显示面板的大小。

要清除输出，应右键单击输出的行，并选择“清除输出”命令。要清除全部输出，应右键单击脚本中的任意位置，并选择“清除全部输出”命令。或者，转到“视图”选项卡，并在“输出”部分中，单击“清除全部输出”按钮。

滚动时，MATLAB 会将输出与用于生成输出的代码对齐。要禁用输出与代码对齐模式，应右键单击输出部分，并选择“禁用同步滚动”命令。

编写代码后，单击“运行”按钮，输出如图 8-13 所示。

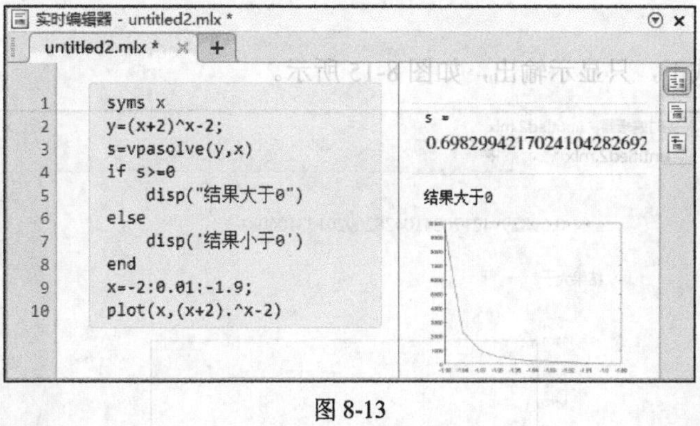

图 8-13

输出方式可以分为 3 种。

1. 右侧输出

在右侧输出方式下，左侧为代码，右侧为输出，是系统默认的输出方式，如图 8-13 所示。如果代码过长，只需单击代码，输出就定位在同一水平线上，便于查看代码及输出。该方式有利于修改代码。

2. 内嵌输出

在内嵌输出方式下，代码和输出混合在一起，也很直观，如图 8-14 所示。但是如果代码过长，在调试过程中输出过多参数，可能会影响修改代码的便捷性。

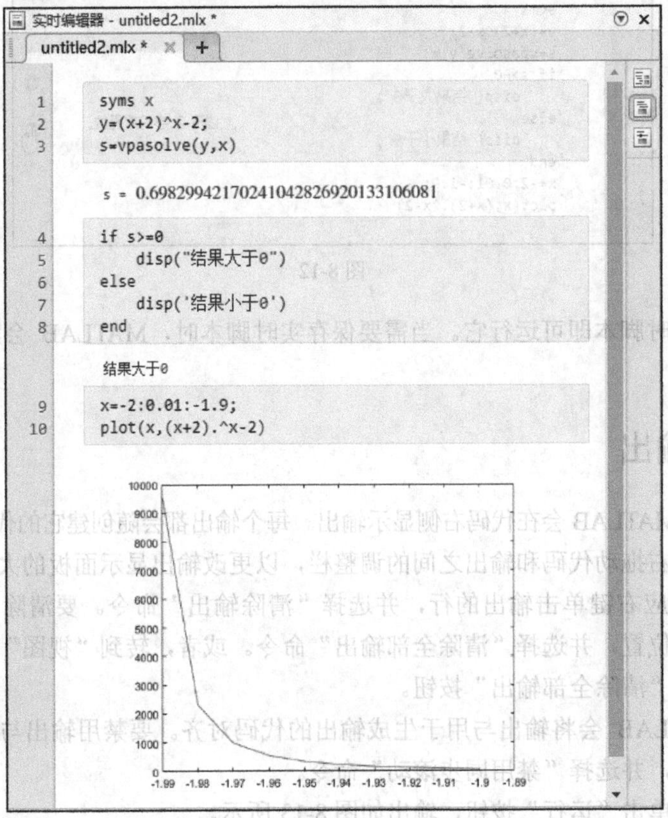

图 8-14

3. 隐藏代码

在隐藏代码方式下，只显示输出，如图 8-15 所示。

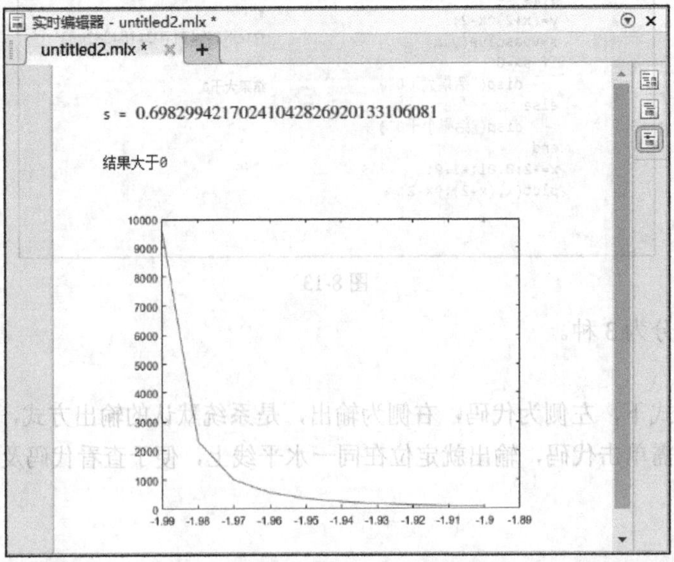

图 8-15

8.4　图窗操作

要修改实时编辑器中的图窗，应使用图窗坐标区右上角或图窗工具条中的工具。可以使用这些工具来探查图窗中的数据，并添加格式设置和注释。

8.4.1　在结果输出区窗口中编辑图像

可以在实时编辑器中以交互方式修改图窗，使用提供的工具探查数据并为图窗添加格式设置和注释，然后，使用所生成的代码对代码进行更新。

1. 探查数据

在实时编辑器中输入以下代码，并单击“运行”按钮生成图像。

```
x=-2:0.01:-1.9;
plot(x,(x+2).^x-2)
```

当将鼠标指针悬停在图窗上方时，可以使用出现在图窗坐标区右上角的工具来平移、缩放和旋转脚本中的图像，如图 8-16 所示。

导出：导出为.png、.jpg、.tif、.pdf 文件。

数据提示：添加数据提示以显示数据值。

旋转：旋转图像（仅限三维图像）。

平移：平移图像。

放大、缩小：放大和缩小图像。

还原视图：撤销所有平移、缩放和旋转操作，并还原图像。

要撤销或重新操作，应按 Ctrl+Z 或者 Ctrl+Y 快捷键。

2. 更改图窗时更新代码

修改实时编辑器中的图窗时，对图窗所做的更改不会自动添加到脚本中。在每次交互时 MATLAB 都会生成实现交互所需的代码，并将此代码显示在图窗的下方或右侧。使用“更新代码”按钮可以将所生成的代码添加到脚本中。这样可确保在下次运行实时脚本时实现交互。

例如，在实时脚本中，在平移图像后，图像下方会出现相应的代码，单击“更新代码”按钮，MATLAB 会将所生成的代码添加到用于绘图的代码的行后面，如图 8-17 所示。

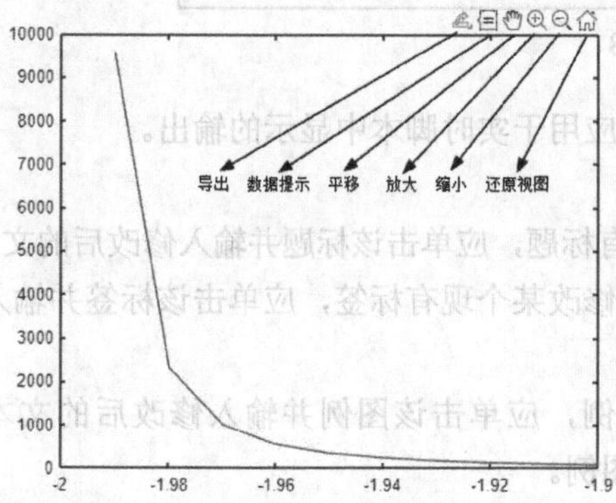

图 8-16

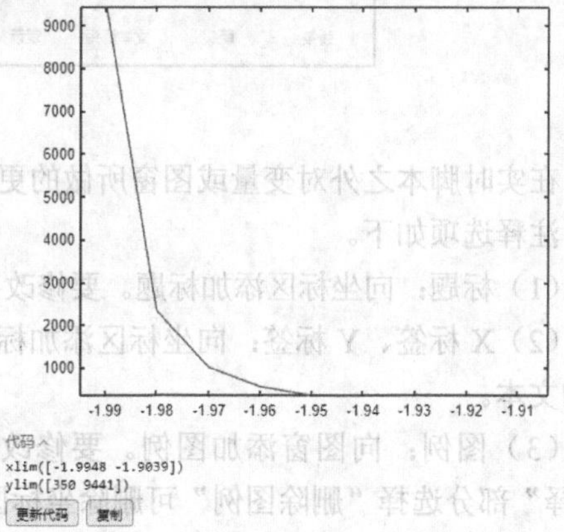

图 8-17

更新的代码如下：

```
xlim([-1.9948 -1.9039])
ylim([350 9441])
```

如果 MATLAB 无法确定在何处放置所生成的代码，“更新代码”按钮将被禁用。例如，如果修改代码而不重新运行脚本，则会出现这种情况。在这种情况下，应使用“复制”按钮将所生成的代码复制到脚本中的相应位置。

3. 添加格式设置和注释

除了探查数据之外，还可以通过添加标题、标签、图例、网格、箭头和线条等交互形式设置图窗格式并进行注释。要添加注释，首先选择所需图窗。然后，转至“图窗”菜单，并在“注释”部分中选择可用选项之一。单击该部分右侧的下拉按钮以显示所有可用注释，如图 8-18 所示。要将格式设置或注释添加到收藏夹中，应单击所需注释按钮右上方的五角星。要撤销或重做格式设置或注释操作，应按 Ctrl+Z 或者 Ctrl+Y 快捷键。

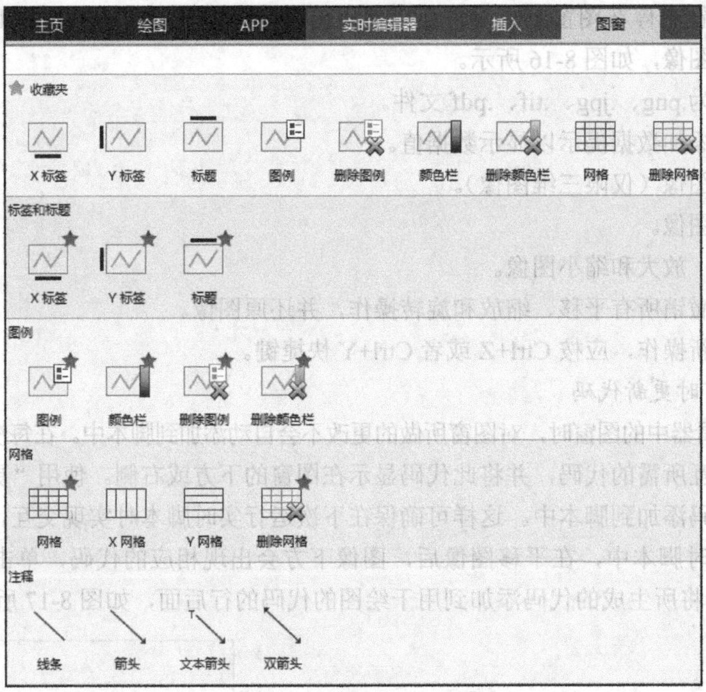

图 8-18

在实时脚本之外对变量或图窗所做的更改不会应用于实时脚本中显示的输出。

注释选项如下。

（1）标题：向坐标区添加标题。要修改某个现有标题，应单击该标题并输入修改后的文本。

（2）X 标签、Y 标签：向坐标区添加标签。要修改某个现有标签，应单击该标签并输入修改后的文本。

（3）图例：向图窗添加图例。要修改现有图例，应单击该图例并输入修改后的文本。从“注释”部分选择“删除图例”可删除坐标区中的图例。

（4）颜色栏：向图窗添加颜色栏图例。从“注释”部分选择“删除颜色栏”可删除坐标区中的颜色栏。

（5）网格、X 网格、Y 网格：向图窗添加网格。从“注释”部分选择“删除网格”可删除坐标区中的所有网格。

（6）线条、箭头、文本箭头、双箭头：向图窗添加线条或箭头注释。要移动现有注释，应单击注释将其选中，然后拖动到所需位置。按 Delete 键可删除所选注释。

例如，要为图窗添加格式设置和注释，下面分步介绍如何操作。

（1）添加标题：在“注释”部分中选择“标题”，此时将出现一个蓝色矩形，提示输入文本，输入文本 y = (x + 2)^{x}-2，然后按 Enter 键。

（2）添加 X 标签和 Y 标签：在“注释”部分中选择“X 标签”，此时将出现一个蓝色矩形，提示输入文本，输入文本 x，然后按 Enter 键；选择“Y 标签”，此时将出现一个蓝色矩形，提示输入文本，输入文本 y，然后按 Enter 键。

（3）添加图例：在“注释”部分中选择“图例”，坐标区的右上角将出现一个图例，单击该图例中的 data1 说明，然后将文本替换为 y 的取值范围。

（4）添加网格线：在“注释”部分中选择“网格”，坐标区中将出现网格。

（5）添加箭头注释：在“注释”部分中选择“文本箭头”，按从尾到头的顺序绘制箭头，输入文本数据斜率变化，然后按 Enter 键。

（6）更新代码：在选定的图窗中，单击“更新代码”按钮，实时脚本现在包含重现图窗更改所需的代码，如图 8-19、图 8-20 所示。

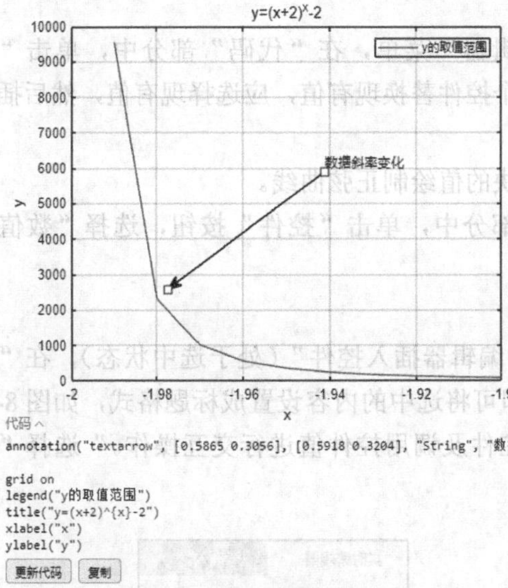

图 8-19

```
syms x
y=(x+2)^x-2;
s=vpasolve(y,x);
% if s>=0
%     disp('结果大于0')
% else
%     disp('结果小于0')
% end
x=-2:0.01:-1.9;
plot(x,(x+2).^x-2)

annotation("textarrow", ...
    [0.5865 0.3056], [0.5918 0.3204], ...
    "String", "数据斜率变化")

grid on
legend("y的取值范围")
title("y=(x+2)^{x}-2")
xlabel("x")
ylabel("y")
```

图 8-20

8.4.2 在图窗窗口中编辑图像

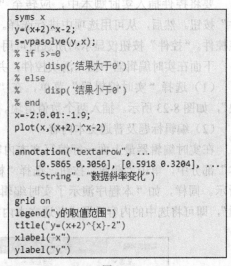

选中结果输出区中的图像，单击右上角的“在图窗窗口中打开”按钮即可打开图窗窗口，就可以使用图窗工具对图像的横纵坐标名称、坐标轴字体、图像颜色、标签、标题等各种属性进行编辑，如图 8-21、图 8-22 所示。

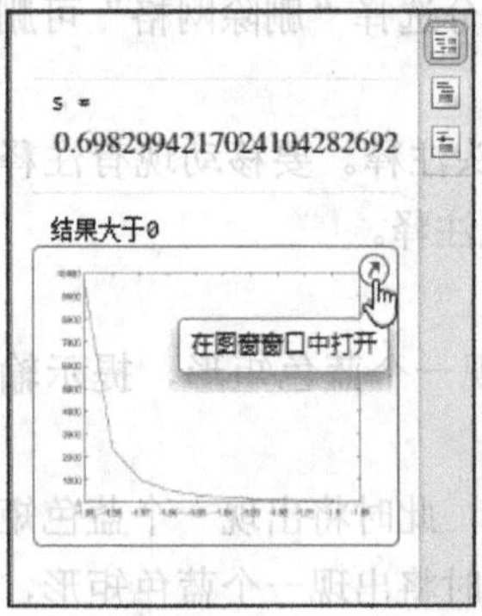

图 8-21

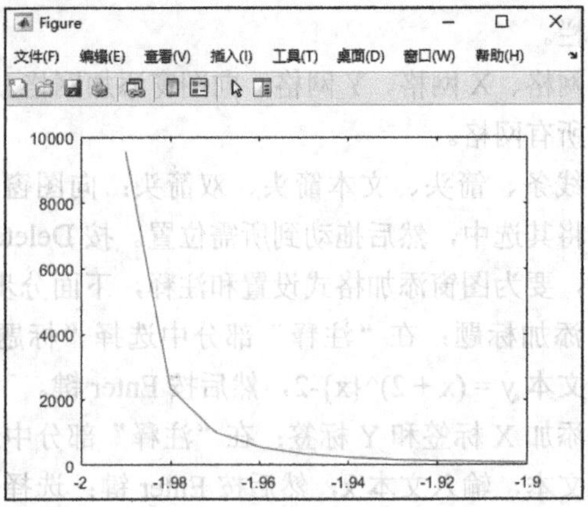

图 8-22

8.5 将交互式控件添加到实时脚本

可以将滑块、下拉列表、复选框、编辑字段和按钮等控件添加到实时脚本，以交互方式控制变量的值。当要与其他人共享脚本时，将交互式控件添加到实时脚本中非常有用。通过交互式控件，可使用熟悉的用户界面控件设置和更改实时脚本中变量的值。

8.5.1 插入控件

要将控件插入实时脚本中，应转至“实时编辑器”菜单，在“代码”部分中，单击“控件”按钮。然后，从可用选项中进行选择。要用一个控件替换现有值，应选择现有值，然后插入该控件。“控件”按钮仅显示对所选值可用的选项。

下面在实时编辑器中插入滑块控件，并调用滑块的值绘制正弦曲线。

（1）选择“实时编辑器”菜单，在“代码”部分中，单击“控件”按钮，选择“数值滑块”，如图 8-23 所示。插入两个数值滑块。

（2）编辑标题及普通文本内容。

在实时编辑器最上面一行编写文本内容“实时编辑器插入控件”（处于选中状态），在“文本”部分中，单击“普通”按钮，选择“标题”，即可将选中的内容设置成标题格式，如图 8-24 所示。同样，如“本程序演示了实时编辑器插入控件及调用控件值进行交互操作。”选择“普通”，即可将选中的内容设置成普通文本内容格式。

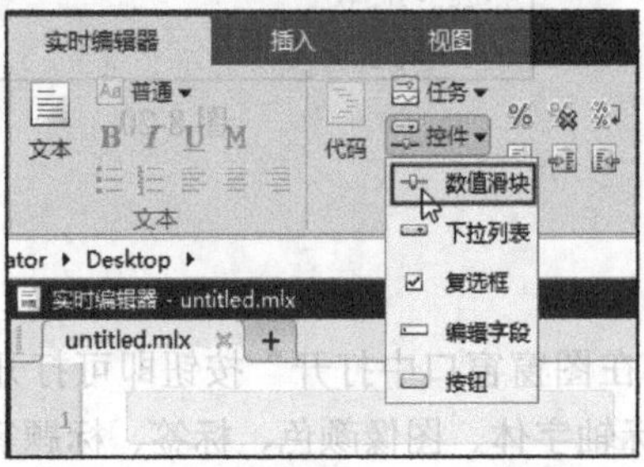

图 8-23

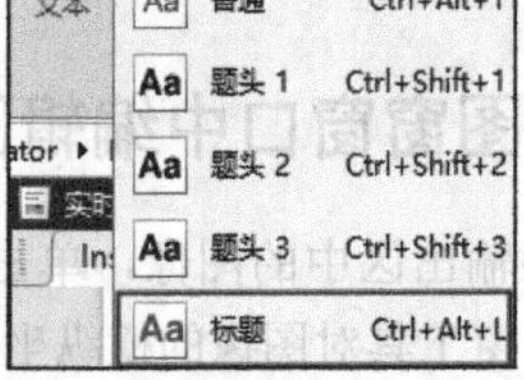

图 8-24

（3）编辑代码并运行。

代码运行结果如图 8-25 所示，在每次滑动滑块后，实时编辑器都会自动运行代码，并重新绘制图像。

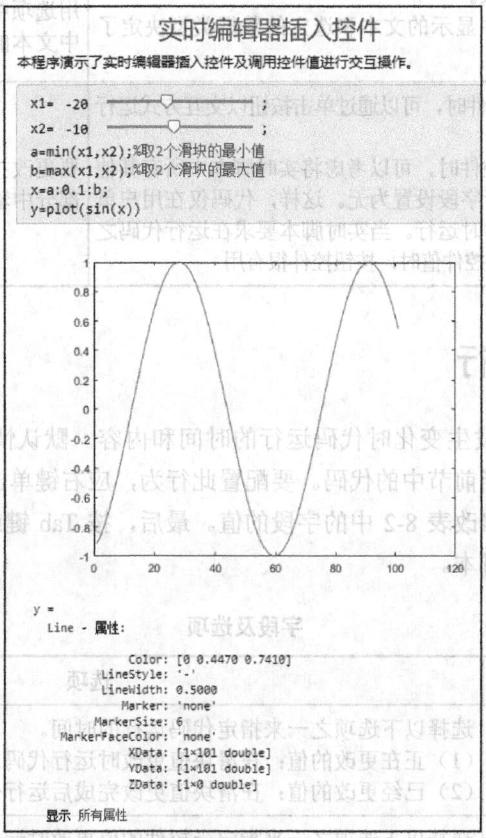

图 8-25

表 8-1 所示为可用控件及其说明。

表 8-1 可用控件及其说明

控件	说明	配置详细信息
数值滑块	使用数值滑块，可以通过将数值滑块移至所需的数值，以交互方式更改变量的值。 滑块左侧的值是其当前值	在值部分中，指定最小值、最大值和步长值
下拉列表	使用下拉列表，可以通过从值列表中进行选择，以交互方式更改变量的值。 将鼠标指针悬停在下拉列表中显示的文本上可查看其当前值	在项目部分的项目标签字段中，指定要为下拉列表中的每个项显示的文本。 在项目值字段中，为下拉列表行中的每个项指定值。确保将文本值用单引号或双引号括起来，因为实时编辑器会将列表中的每个项解释为代码
复选框	使用复选框以交互方式将变量的值设置为逻辑值 1（true）或逻辑值 0（false）。 复选框的显示状态（选中或未选中）决定其当前值	不适用

续表

控件	说明	配置详细信息
编辑字段	使用编辑字段以交互方式将变量的值设置为指定类型的输入。 编辑字段中显示的文本和选定的数据类型决定了其当前值	在类型部分的数据类型字段中，从可用选项中进行选择，以指定编辑字段中文本的数据类型
按钮	使用按钮控件时，可以通过单击按钮以交互方式运行代码。 使用按钮控件时，可以考虑将实时脚本中所有其他控件的运行字段设置为无。这样，代码仅在用户单击按钮控件时运行。当实时脚本要求在运行代码之前设置多个控件值时，按钮控件很有用	要更改按钮上显示的标签，应在标签部分中输入标签名称

8.5.2 修改控件执行

可以修改当控件的值发生变化时代码运行的时间和内容。默认情况下，当控件的值发生变化时，实时编辑器会运行当前节中的代码。要配置此行为，应右键单击该控件并选择配置控件。然后，在“执行”部分，修改表 8-2 中的字段的值。最后，按 Tab 键或 Enter 键，或在控件配置菜单外部单击以返回实时脚本。

表 8-2 字段及选项

字段	选项
运行位置（仅滑块控件）	选择以下选项之一来指定代码运行的时间。 （1）正在更改的值：在滑块值更改时运行代码。 （2）已经更改的值：在滑块值更改完成后运行代码（用户释放了滑块）
运行代码	选择以下选项之一来指定当控件的值更改时运行的代码。 （1）当前节（默认值）：运行包含控件的节。 （2）当前节以及上面已修改但尚未运行的节：在控件的值更改时运行当前节及其上面的任何旧代码；如果实时脚本尚未运行，在更改控件的值时将运行当前节及其之前的所有节。 （3）从当前节到结束：运行包含控件的节以及随后的所有节。 （4）所有节：运行实时脚本中的所有节。 （5）无内容：不运行任何代码

8.5.3 修改控件标签

可以隐藏实时脚本中的代码，只显示带标签的控件、输出和格式化文本。在共享和导出实时脚本时，隐藏代码非常有用。要隐藏代码，应单击实时脚本右侧的“隐藏代码”图标；也可以转至“视图”选项卡，单击“隐藏代码”图标。要再次显示代码，应单击“内嵌输出”图标或“右侧输出”图标；也可以在代码窗口的右侧分别单击“隐藏代码”图标、“内嵌输出”图标或“右侧输出”图标实现相应的功能。

当代码隐藏时，标签显示在控件旁边。要修改控件的标签，应右键单击该控件并选择“配置控件”命令，然后在“标签”部分输入标签名称。这也是所有视图中按钮控件上显示的文本。按 Tab 键或 Enter 键，或在控件配置菜单外部单击可以返回实时脚本。

8.6 在实时编辑器中格式化文件

8.6.1 一般设置方法

可以将格式化文本、超链接、图像和方程添加到实时脚本中，以创建与其他人共享的演示文档。

要插入新项目，请转到“插入”菜单，然后可以利用可用选项插入空的代码行、插入分节符、插入空的文本行、插入目录、插入格式化的代码示例、插入图像、插入超链接、插入方程，如图 8-26 所示。

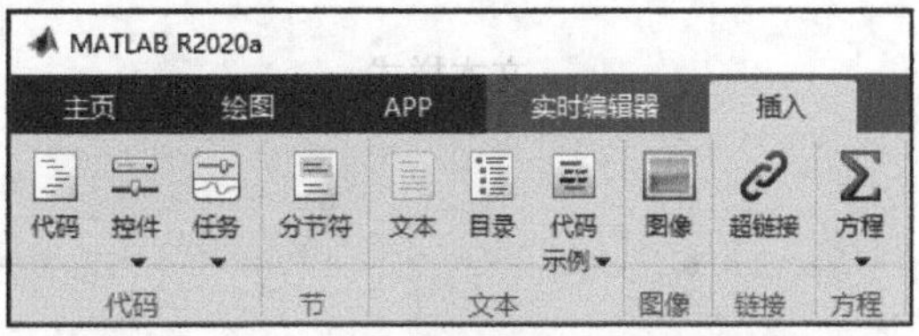

图 8-26

选项及其说明见表 8-3。

表 8-3　选项及其说明

选项	说明	其他详细信息
代码	插入空的代码行	可以在文本行之前、之后或之间插入空的代码行
分节符	插入分节符	可以插入分节符，将实时脚本或函数分为易于管理的节，以便分别求值。节可以包括代码、文本和输出
文本	插入空的文本行	文本行可以包含格式化文本、超链接、图像或方程。可以在代码行之前、之后或之间插入空的文本行
目录	插入目录	目录是包含文档中所有标题和题头的列表。只有目录的标题是可编辑的。只能在文本行中插入目录。如果将目录插入代码行中，MATLAB 会将其置于当前代码节的上一行
代码示例	插入格式化的代码示例	代码示例是显示为缩进的等宽文本的示例代码。 选择纯文本可将示例代码作为非突出显示的文本插入。 选择“MATLAB”可根据 MATLAB 语法将示例代码作为突出显示的文本插入
图像	插入图像	只能在文本行中插入图像。如果在代码行中插入图像，则 MATLAB 会将图像置于选定代码行正下方的新文本行中
超链接	插入超链接	选择外部 URL 可插入外部 URL。 选择内部超链接可插入指向文档中现有位置的超链接。出现提示时，单击文档中的所需位置以将其选为目标。还可以按 Alt+上方向键和 Alt+下方向键快捷键选择目标。位置可以是代码节、文本段落、标题或题头。不支持链接单行文本或代码。 只能在文本行中插入超链接。如果在代码行中插入超链接，则 MATLAB 会将超链接置于选定代码行正下方的新文本行中
方程	插入方程	只能在文本行中插入方程。如果在代码行中插入方程，则 MATLAB 会将方程置于选定代码行正下方的新文本行中

要设置现有文本的格式，可使用“实时编辑器”菜单的“文本”部分中包含的各个选项——文本样式、文本对齐方式、列表、标准格式设置，如图 8-27 所示。

图 8-27

格式类型及其选项见表 8-4。

表 8-4　　格式类型及其选项

格式类型	选项
文本样式	普通
	题头 1
	题头 2
	题头 3
	标题
文本对齐方式	左侧
	居中
	右侧
列表	编号列表
	项目符号列表
标准格式设置	加粗
	斜体
	下划线
	等宽

要将所选文本或代码全部由大写更改为小写（或者由大写更改为小写），应选择文本，右键单击，然后选择“更改大小写”命令。也可以按 Ctrl+Shift+A 快捷键。如果文本中同时包含大写和小写文本，则 MATLAB 会将它们全部更改为大写。

要在实时编辑器中调整显示的字体大小，可使用 Ctrl+鼠标滚轮方式实现。将实时脚本导出为 PDF、Word、HTML 或 LaTeX 文档时，显示字体大小的变化不会保留。

8.6.2　自动格式设置

要在实时脚本和函数中快速进行格式设置，可以将快捷键和字符序列结合使用。当输入序列中的最后一个字符后，即会显示格式设置。

表 8-5 列出了格式设置样式及其可用的自动格式设置序列和快捷键。

表 8-5　　格式设置

格式设置样式	自动格式设置序列	快捷键
标题	# text + Enter	Ctrl + Alt + L
题头 1	## text + Enter	Ctrl + Shift + 1
题头 2	### text + Enter	Ctrl + Shift + 2

续表

格式设置样式	自动格式设置序列	快捷键
题头 3	#### text + Enter	Ctrl + Shift + 3
分节符和题头 1	%% text + Enter	将光标置于带有 text 的行的开头，按 Ctrl + Shift + 1 快捷键，然后按 Ctrl + Alt + Enter 快捷键
分节符	%% + Enter --- + Enter *** + Enter	Ctrl + Alt + Enter
项目符号列表	* text - text + text	Ctrl + Alt + U
编号列表	number. text	Ctrl + Alt + O
斜体	*text* _text_	Ctrl + I
加粗	**text** __text__	Ctrl + B
加粗和斜体	***text*** ___text___	按 Ctrl + B 快捷键，然后按 Ctrl + I 快捷键
等宽	'text' |text|	Ctrl + M
下划线	无	Ctrl + U
LaTeX 方程	$LaTeX$	Ctrl + Shift + L
超链接	URL + 空格或 Enter <URL> [Label](URL)	Ctrl + K
商标、服务标记和版权符号（™、℠、®和©）	(TM) (SM) (R) (C)	无

注意　标题、题头、分节符和列表序列必须在行开头输入。

有时，可能希望自动格式设置序列（如***）按字面显示。要显示序列中的字符，应按 BackSpace 键或单击“撤销”按钮以退出自动格式设置。例如，如果输入## text 后按 Enter 键，则会显示题头 1 样式并带有单词 text 的题头。要撤销格式设置并只显示## text，应按 BackSpace 键。只有在完成序列后立即操作，才能从序列中退出。当输入其他字符或移动光标之后，便无法退出序列。

要恢复 LaTeX 方程和超链接的自动格式设置，可随时按 BackSpace 键。

要强制格式设置在退出序列后重新出现，可单击“重做”按钮。只能在退出操作后立即重做该操作。一旦输入其他字符或移动光标，便无法重做。在这种情况下，要强制格式设置重新出现，应删除序列中的最后一个字符，然后再次输入该字符。

要禁用所有或部分自动格式设置序列，可以调整编辑器/调试器自动格式设置预设项。

8.7 将方程插入实时编辑器中

要描述代码中使用的数学过程或方法，应将方程插入实时脚本或函数中。只有文本行才能包含方程。如果在代码行中插入方程，则 MATLAB 会将方程置于选定代码行正下方的新文本行中。

将方程插入实时脚本或函数中有两种方式。

- 以交互方式插入方程：可以从符号和结构体的图像显示中进行选择，从而以交互方式插入方程。
- 插入 LaTeX 方程：通过输入 LaTeX 命令插入对应的方程。

1. *以交互方式插入方程*

要以交互方式插入方程，应执行以下操作。

转到“插入”菜单，然后单击“Σ 方程”按钮。

此时将会出现一个空白方程，如图 8-28 所示。

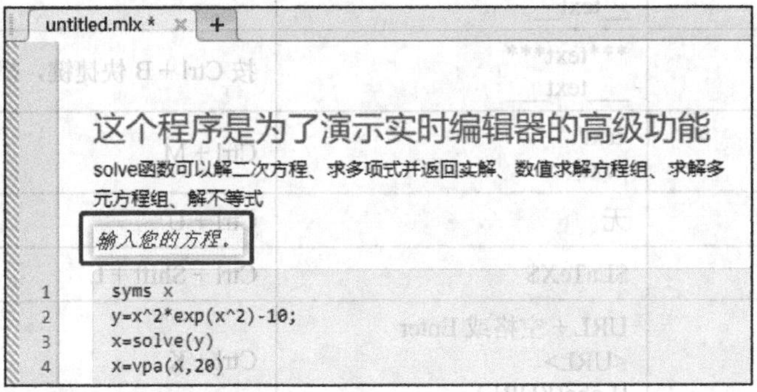

图 8-28

（1）从“方程”菜单显示的选项中选择符号、结构体和矩阵以构建方程。单击各部分右侧的下拉按钮以查看其他选项。

（2）添加或编辑矩阵时，将会显示一个上下文菜单，可以使用该菜单来删除或插入行与列，也可以使用上下文菜单来更改或删除矩阵分隔符。

（3）使用“文本”部分中提供的选项来设置方程格式。格式设置仅适用于方程中的文本，无法设置数值和符号的格式。除非将光标放在可设置格式的文本中，否则格式设置选项将处于禁用状态。

2. *用于方程编辑的快捷方式*

方程编辑器提供了一些用于将元素添加到方程中的快捷方式。

要插入符号、结构体和矩阵，可输入一个反斜杠，后跟符号的名称。例如，输入\pi 以在方程中插入 π 符号。要发现符号或结构体的名称，应将鼠标指标悬停在“方程”菜单中的对应按钮的上方。也可以在方程编辑器中输入反斜杠，以显示所有支持名称的自动填充菜单，如图 8-29 所示。

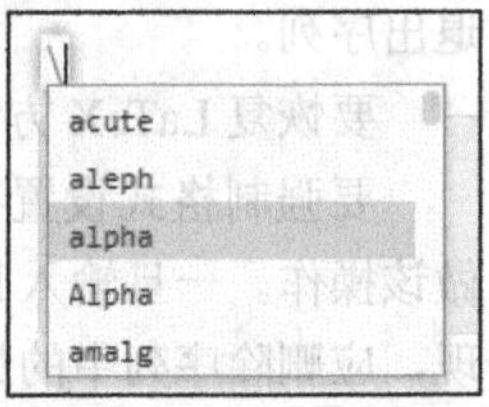

图 8-29

注意	尽管\name 语法与 LaTeX 命令的语法非常相似，但在以交互方式插入方程时不支持输入完整的 LaTeX 表达式。

要插入下标、上标和分数，应使用符号“_”“^”“/”。例如：

- 输入 x_2 可将 x_2 插入方程中；
- 输入 x^2 可将 x^2 插入方程中；
- 输入 x/2 可将 $\frac{x}{2}$ 插入方程中。

要将新列插入矩阵，应在矩阵行中的最后一个元胞的末尾输入‘,’。要插入新行，应在矩阵列中的最后一个元胞的末尾输入‘;’。

3. 插入 LaTeX 方程

要插入 LaTeX 方程，应执行以下操作。

（1）转至“插入”菜单，单击“Σ 方程”按钮并选择 LaTeX 方程。

（2）在显示的对话框中输入 LaTeX 方程代码。例如，可以输入\sin(x)=\sum_{n=0}^{\infty} {\frac{(-1)^ nx^{2n+1}}{(2n+1)!}}。

在预览窗格可预览实时脚本中的方程，如图 8-30 所示。

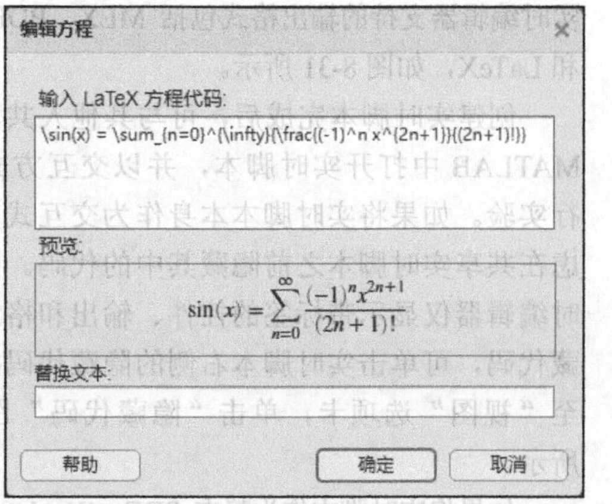

图 8-30

（3）要在将实时脚本导出到 HTML 时包含 LaTeX 方程的说明，应将文本添加到“替换文本”文本框中。例如，可以输入文本 Maclaurin series for sin(x)。

该说明为方程指定替换文本，并作为 alt 属性保存在 HTML 文档中。

（4）单击“确定”按钮将方程插入实时脚本中。

LaTeX 方程代码描述了各种方程。表 8-6 显示了多个 LaTeX 方程代码及其在实时脚本中的显示结果。

表 8-6　　LaTeX 方程代码及其在实时脚本中的显示结果

LaTeX 方程代码	实时脚本中的显示结果
a^2 + b^2 = c^2	$a^2+b^2=c^2$
\int_{0}^{2} x^2\sin(x) dx	$\int_0^2 x^2\sin(x)\mathrm{d}x$
{a,b,c} \neq \{a,b,c\}	$a,b,c\neq\{a,b,c\}$
x^{2} \geq 0\qquad \text{for all}x\in\mathbf{R}	$x^2\geqslant 0$（所有实数）
\matrix{a & b \cr c & d}	$\begin{matrix}a & b\\ c & d\end{matrix}$

8.8 发布和共享 MATLAB 代码

MATLAB 提供多种向其他人展示代码的选项，包括发布代码文件（.m），也可以在实时编辑器中创建和共享实时脚本及实时函数。

8.8.1 在实时编辑器中创建和共享实时脚本

要创建包含可执行 MATLAB 代码、嵌入式输出和格式化文本的可共享综合文档，简单的方法是使用实时编辑器。实时编辑器支持的输出格式包括 MLX、PDF、Word、HTML 和 LaTeX，如图 8-31 所示。

图 8-31

创建实时脚本完成后，可与其他人共享。用户可以在 MATLAB 中打开实时脚本，并以交互方式使用控件来进行实验。如果将实时脚本本身作为交互式文档共享，应考虑在共享实时脚本之前隐藏其中的代码。隐藏代码后，实时编辑器仅显示带标签的控件、输出和格式化文本。要隐藏代码，可单击实时脚本右侧的隐藏代码按钮，也可以转至“视图”选项卡，单击“隐藏代码”图标，如图 8-32 所示。

如果将实时脚本作为静态 PDF、Word、HTML 或 LaTeX 文档共享，则实时编辑器会将控件保存为代码。

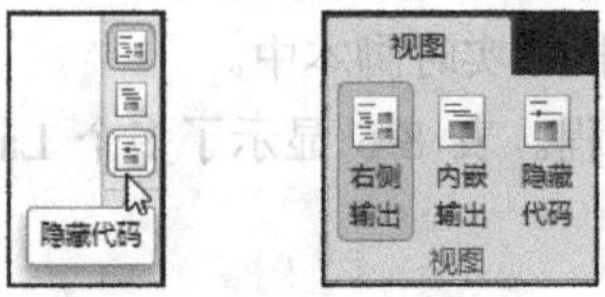

图 8-32

8.8.2 发布 MATLAB 代码

发布 MATLAB 代码可通过创建包括代码、注释和输出的格式化文档实现。发布代码的常见原因是与其他人共享文档以用于教学、演示，或者生成代码的可读外部文档。

下面演示使用 M 文件生成可发布的文档。代码内容为求解函数并画函数曲线。

包含标记的 MATLAB 代码如图 8-33 所示。

发布的文档如图 8-34 所示。

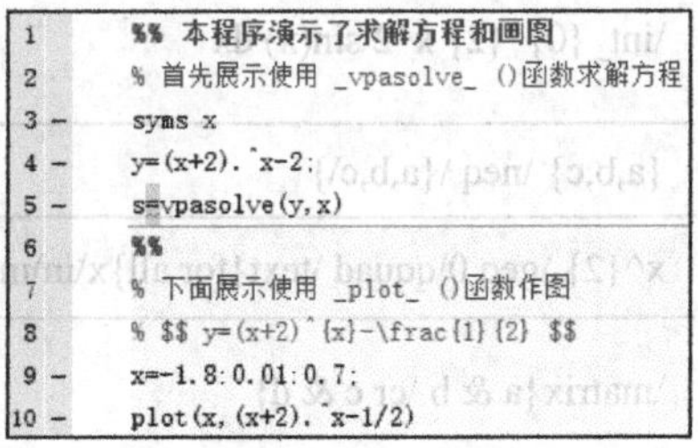

图 8-33

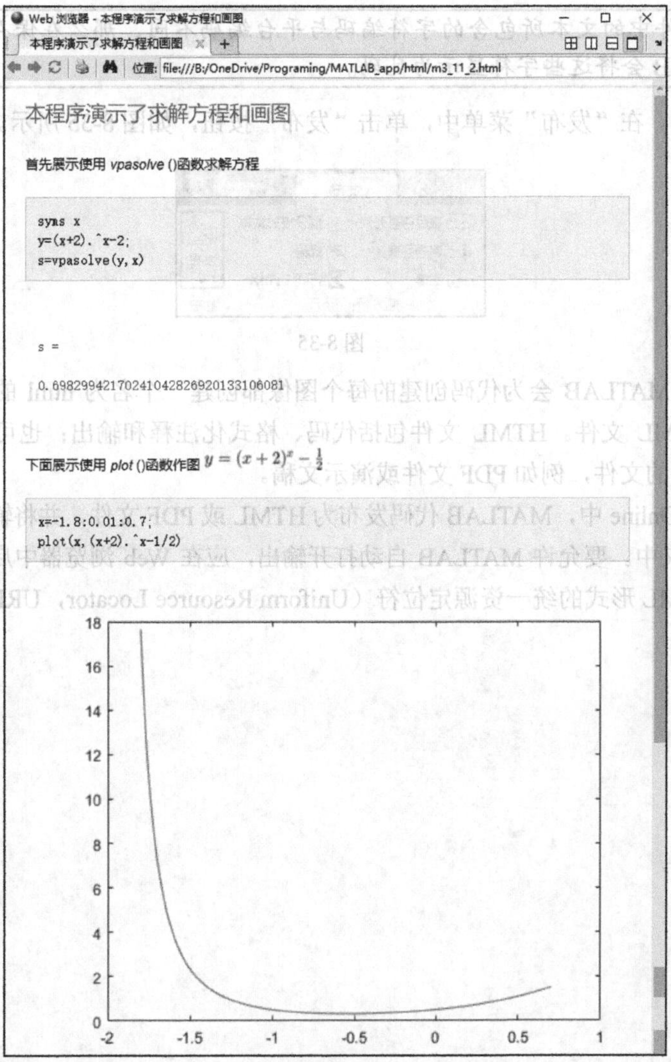

图 8-34

要发布代码，应执行以下操作。

（1）创建一个 MATLAB 实时脚本。通过在每个部分的开头插入两个百分号（%%）来将代码划分为多个块或节。

（2）通过在文件开头及每节中添加说明性注释来标记代码。

在各节顶部的注释中，可以通过添加标记来增强输出的可读性，标记及注释见表 8-7。

表 8-7　标记及注释

标记	注释
标题	%%本程序演示了求解方程和画图
斜体格式的变量名称	%首先展示使用_vpasolve_ ()函数求解方程
LaTeX 方程	% $$ y=(x+2)^{x}-\frac{1}{2} $$

注意 如果文件中的文本所包含的字符编码与平台编码不同，那么在保存或发布文件时，MATLAB 会将这些字符显示为乱码。

（3）发布代码。在“发布”菜单中，单击“发布”按钮，如图 8-35 所示。

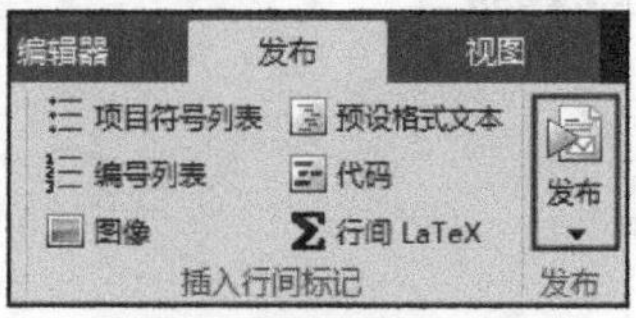

图 8-35

默认情况下，MATLAB 会为代码创建的每个图像都创建一个名为 html 的子文件夹，其中包含一个或多个 HTML 文件。HTML 文件包括代码、格式化注释和输出；也可以将 MATLAB 代码发布为其他格式的文件，例如 PDF 文件或演示文稿。

在 MATLAB Online 中，MATLAB 代码发布为 HTML 或 PDF 文件，并将输出和支持文件存储在 Published 文件夹中。要允许 MATLAB 自动打开输出，应在 Web 浏览器中启用弹出窗口功能。结果可以使用 HTML 形式的统一资源定位符（Uniform Resource Locator，URL）公开访问。

第 9 章　MATLAB 编程求解流体热物性参数实例

本章分别采用 M 文件和实时编辑器对天然气热物性参数进行求解，以帮助读者尽快掌握编程工具，更好地辅助专业研究。

9.1　使用 M 文件求解天然气热物性参数

使用 MBWRSY 状态方程求解天然气的密度、压缩因子、焓、熵、比热容、比热容比、等温压缩率系数、绝热压缩率系数或等熵压缩率系数、等压体积膨胀系数、焦耳-汤姆孙系数。天然气包含的组分、摩尔百分含量等参数见表 9-1 和表 9-2。

表 9-1　流体参数

序号	组分	摩尔百分含量/%	摩尔质量/($kg\cdot kmol^{-1}$)	临界温度/K	临界摩尔密度/($kmol\cdot m^{-3}$)	偏心因子
1	C1	97.5	16.043	190.69	10.0497	0.0130
2	C2	1	30.07	305.39	6.7564	0.1018
3	C3	0.5	44.097	369.89	4.9992	0.1570
4	i-C4	0	58.124	408.13	3.8011	0.1830
5	n-C4	0	58.124	425.19	3.9212	0.1970
6	i-C5	0	72.151	460.37	3.2468	0.2260
7	n-C5	0	72.151	469.49	3.2148	0.2520
8	n-C6	0	86.178	507.29	2.7166	0.3020
9	n-C7	0	100.205	540.29	2.3466	0.3530
10	n-C8	0	114.232	568.59	2.0567	0.4120
11	n-C9	0	128.259	594.64	1.8421	0.4750
12	n-C10	0	142.286	617.65	1.6611	0.5400
13	n-C11	0	156.3	638.73	1.5153	0.6000
14	C7+	0	100	540.11	2.3466	0.3530
15	N_2	0.5	28.013	126.15	11.0988	0.0350

续表

序号	组分	摩尔百分含量/%	摩尔质量/ $(kg\cdot kmol^{-1})$	临界温度/K	临界摩尔密度/ $(kmol\cdot m^{-3})$	偏心因子
16	CO_2	0.5	44.01	304.15	10.6375	0.2100
17	H_2S	0	34.076	373.54	10.5254	0.1050
18	H_2	0	2.016	33.26	15.9427	0.0000
19	H_2O	0	18.015	647.37	17.9033	0.3480
20	He	0	4	5.21	16.0179	0.0001
21	O_2	0	31.999	154.76	13.1043	0.0170
22	C_6H_6	0	78.108	562.16	3.8459	0.2150
23	C_7H_8	0	92.134	591.79	3.0819	0.2600
24	C_2H_4	0	28.054	282.36	8.0650	0.1010
25	C_3H_6	0	42.081	364.76	5.5246	0.1500

表 9-2 理想气体性质常数

序号	组分	IA	IB	IC	ID	IE	IF	IG
1	C1	−2.838570E+00	5.382850E−01	−2.114090E−04	3.392760E−07	−1.164322E−10	1.389612E−14	−5.028690E−01
2	C2	−1.422000E−02	2.646120E−01	−2.456800E−05	2.914020E−07	−1.281033E−10	1.813482E−14	8.334600E−02
3	C3	6.871500E−01	1.603040E−01	1.260840E−04	1.814300E−07	−9.189130E−11	1.354850E−14	2.609030E−01
4	i-C4	1.459560E+00	9.907000E−02	2.387360E−04	9.159300E−08	−5.940500E−11	9.096450E−15	3.076360E−01
5	n-C4	7.228140E+00	9.968700E−02	2.665480E−04	5.407300E−08	−4.292690E−11	6.695800E−15	3.459740E−01
6	i-C5	1.769412E+01	1.594600E−02	3.824490E−04	−2.755700E−08	−1.430350E−11	2.956770E−15	6.416190E−01
7	n-C5	9.042090E+00	1.118290E−01	2.285150E−04	8.633100E−08	−5.446490E−11	8.184500E−15	1.831890E−01
8	n-C6	1.299182E+01	8.970500E−02	2.653480E−04	5.778200E−08	−4.522110E−11	7.025970E−15	2.124080E−01
9	n-C7	1.308205E+01	8.977600E−02	2.609170E−04	6.344500E−08	−4.847060E−11	7.554640E−15	1.577640E−01
10	n-C8	1.533297E+01	7.780200E−02	2.793640E−04	5.203100E−08	−4.631180E−11	7.507350E−15	1.741730E−01
11	n-C9	1.909578E+01	6.146600E−02	2.957380E−04	5.078000E−08	−5.037040E−11	8.486300E−15	2.262790E−01
12	n-C10	−3.024280E+00	2.034370E−01	−3.538300E−05	4.073450E−07	−2.307689E−10	4.299200E−14	−4.574680E−01
13	n-C11	−2.377610E+00	1.998630E−01	−2.962600E−05	4.028260E−07	−2.291446E−10	4.270709E−14	−4.618270E−01
14	C7+	0.000000E+00	0.000000E+00	0.000000E+00	0.000000E+00	0.000000E+00	0.000000E+00	0.000000E+00
15	N_2	−6.566500E−01	2.540980E−01	−1.662400E−05	1.530200E−08	−3.099500E−12	1.516700E−16	4.867900E−02
16	CO_2	9.688000E−02	1.588430E−01	−3.371200E−05	1.481050E−07	−9.662030E−11	2.073832E−14	1.511470E−01
17	H_2S	−2.327900E−01	2.374480E−01	−2.323400E−05	3.881200E−08	−1.132870E−11	1.148410E−15	−4.064100E−02
18	H_2	1.232674E+01	3.199617E+00	3.927860E−04	−2.934520E−07	1.090069E−10	−1.387867E−14	−3.938247E+00
19	H_2O	−1.930010E+00	4.476420E−01	−2.189800E−05	3.049600E−08	−5.661800E−12	2.772200E−16	−3.002510E−01

续表

序号	组分	IA	IB	IC	ID	IE	IF	IG
20	He	0.000000E+00	2.078600E+01	0.000000E+00	0.000000E+00	0.000000E+00	0.000000E+00	0.000000E+00
21	O_2	−3.446600E−01	2.217240E−01	−2.051700E−05	3.063900E−08	−1.086060E−11	1.306060E−15	1.484090E−01
22	C_6H_6	4.994758E+01	−1.856370E−01	5.322770E−04	−1.823100E−07	3.668900E−11	−3.200470E−15	1.490507E+00
23	C_7H_8	0.000000E+00	0.000000E+00	0.000000E+00	0.000000E+00	0.000000E+00	0.000000E+00	0.000000E+00
24	C_2H_4	2.477789E+01	1.495260E−01	1.637110E−04	8.195800E−08	−4.718840E−11	6.964870E−15	7.249120E−01
25	C_3H_6	1.311935E+01	1.016300E−01	2.330450E−04	4.016000E−08	−3.366810E−11	5.239050E−15	6.140790E−01

采用 MATLAB 中的 M 文件编写辅助计算程序。

在编写程序之前首先对要编写的内容和计划实现的功能制定一个方案。本实例方案如下。

定位：使用编程工具进行辅助计算，而非进行软件开发；将大部分时间花在专业知识的研究上，而非计算机编程上，任何一种工具只要能达到辅助计算的目的都可以，越简单的操作越好。

下面开始该辅助计算程序的编写。

代码如下：

```
% MBWRSY 状态方程计算物性%
% p、pc、p0——压力单位，单位为 kPa
% T——温度单位，单位为 K；T=t+273.15，t 表示摄氏度，单位为℃
% R——通用气体常数，R=8.3143，单位为 kJ/(kmol·K)
% Ro——质量密度，单位为 kg/m³
clc;clear;% 清屏，清除所有变量
format longE
W=inputdlg({'请输入压力，单位 kPa','请输入温度，单位℃'},...
    '压力和温度',1,{'101.325','26.85'},'on');
p=str2double(char(W(1)))% 系统压力，单位为 kPa
T=str2double(char(W(2)))+273.15% 系统温度，单位为 K
p0=101.325%单位为 kPa，一个大气压
R=8.3143% kJ/(kmol·K)
[fid,errmsg]=fopen('MBWRSY.xls','r');%以只读方式打开文件
y=xlsread('MBWRSY.xls',3,'A8:Y8');%各组分摩尔百分含量
Mwi= xlsread('MBWRSY.xls',3,'A11:Y11');% 分子量，单位为 kg/kmol
Tci= xlsread('MBWRSY.xls',3,'A14:Y14');% 临界温度，单位为 K
Roci=xlsread('MBWRSY.xls',3,'A20:Y20');% 临界摩尔密度，单位为 kmol/m³
wi=xlsread('MBWRSY.xls',3,'A23:Y23');% 偏心因子
Kij=xlsread('MBWRSY.xls',1,'A3:Y27');% 二元交互系数
% %-------理想气体焓、熵、比热容求解常数系数---------
IA=xlsread('MBWRSY.xls',3,'A31:Y31');
IB=xlsread('MBWRSY.xls',3,'A32:Y32');
IC=xlsread('MBWRSY.xls',3,'A33:Y33');
```

```
ID=xlsread('MBWRSY.xls',3,'A34:Y34');
IE=xlsread('MBWRSY.xls',3,'A35:Y35');
IF=xlsread('MBWRSY.xls',3,'A36:Y36');
IG=xlsread('MBWRSY.xls',3,'A37:Y37');
fclose(fid);%关闭文件
A1 = 0.443690;              B1 = 0.115449;
A2 = 1.284380;              B2 = -0.920731;
A3 = 0.356306;              B3 = 1.70871;
A4 = 0.544979;              B4 = -0.270896;
A5 = 0.528629;              B5 = 0.349261;
A6 = 0.484011;              B6 = 0.754130;
A7 = 0.0705233;            B7 = -0.044448;
A8 = 0.504087;              B8 = 1.32245;
A9 = 0.0307452;            B9 = 0.179433;
A10 = 0.0732828;          B10 = 0.463492;
A11 = 0.006450;            B11 = -0.022143;
M=sum(y.*Mwi);%天然气虚拟摩尔质量
    A0i=(A2+B2.*wi)*R.*Tci./Roci;
    B0i=(A1+B1.*wi)./Roci;
    C0i=(A3+B3.*wi).*R.*Tci.^3./Roci;
    D0i=(A9+B9.*wi).*R.*Tci.^4./Roci;
    E0i=(A11+B11.*wi.*exp(-3.8.*wi)).*R.*Tci.^5./Roci;
    ai=(A6+B6.*wi).*R.*Tci./Roci.^2;
    bi=(A5+B5.*wi)./Roci.^2;
    ci=(A8+B8.*wi).*R.*Tci.^3./Roci.^2;
    di=(A10+B10*wi).*R.*Tci.^2./Roci.^2;
    afi=(A7+B7.*wi)./Roci.^3;
    gmi=(A4+B4.*wi)./Roci.^2;
        B0=sum(y.*B0i);
        a=sum(y.*ai.^(1/3)).^3;
        b=sum(y.*bi.^(1/3)).^3;
        c=sum(y.*ci.^(1/3)).^3;
        d=sum(y.*di.^(1/3)).^3;
        af=sum(y.*afi.^(1/3)).^3;
        gm=sum(y.*gmi.^(1/2)).^2;
A0=0;C0=0;D0=0;E0=0;
for i=1:25
    for j=1:25
        A0=y(i).*y(j).*A0i(i).^0.5.*A0i(j).^0.5.*(1-Kij(i,j))+A0;
        C0=y(i).*y(j).*C0i(i).^0.5.*C0i(j).^0.5.*(1-Kij(i,j)).^3+C0;
```

```
            D0=y(i).*y(j).*D0i(i).^0.5.*D0i(j).^0.5.*(1-Kij(i,j)).^4+D0;
            E0=y(i).*y(j).*E0i(i).^0.5.*E0i(j).^0.5.*(1-Kij(i,j)).^5+E0;
        end
    end
    %%---------转换为MBWRSY 状态方程----------------
    R=8.3143/M;% 通用气体常数，单位为 kJ/(kg·K)
    A0=A0/M^2;    B0=B0/M;    C0=C0/M^2;     D0=D0/M^2;    E0=E0/M^2;
    a=a/M^3;   b=b/M^2;    c=c/M^3;    d=d/M^3;
    af=af/M^3; gm=gm/M^2;
    %%--------- 利用 MATLAB 内置的函数求解方程----------------
    syms x
    eqns= x*R*T+(B0*R*T-A0-C0/T^2+D0/T^3-E0/T^4)*x^2+(b*R*T-a-d/T)*x^3+af*(a+d/T)*
x^6+c*x^3/T^2*(1+gm*x^2)*exp(-gm*(x)^2)-p;
    Ro= vpa(solve(eqns,x,'Real',1),6)% 只求实数解
    Z=p./(Ro.*R.*T) % 求解压缩因子
    DeltH0=vpa((B0.*R.*T-2.*A0-4.*C0./T.^2+5.*D0./T.^3-6.*E0./T.^4).*Ro+0.5.*(2.*b.
*R.*T-3.*a-4.*d/T).*Ro.^2+af/5.*(6.*a+7.*d/T).*Ro.^5+c/(gm.*T.^2).*(3-(3+gm.*Ro.^2/
2-gm.^2.*Ro.^4).*exp(-gm.*Ro.^2)),6)
    DeltS0=vpa((-R.*log(Ro.*R.*T/p0)-(B0.*R+2.*C0./T.^3-3.*D0./T.^4+4.*E0./T.^5).*Ro-
0.5.*(b.*R+d./T.^2).*Ro.^2+af./5.*d./T.^2.*Ro.^5+2.*c./gm./T.^3.*(1-(1+0.5.*gm.*Ro.^2).
*exp(-gm.*Ro.^2))),6)
    DeltCv=vpa(Ro*(6*C0/T^3-12*D0/T^4+20*E0/T^5)+Ro^2*d/T^2-2*af*d/5/T^2*Ro^5+3*c/
gm/T^3*((gm*Ro^2+2)*exp(-gm*Ro^2)-2),6)
    dpdT=Ro*R+(B0*R+2*C0/T^3-3*D0/T^4+4*E0/T^5)*Ro^2+(b*R+d/T^2)*Ro^3-af*d/T^2*Ro^6-
2*c*Ro^3/T^3*(1+gm*Ro^2)*exp(-gm*Ro^2)
    dpdRo=R*T+2*(B0*R*T-A0-C0/T^2+D0/T^3-E0/T^4)*Ro+3*(b*R*T-a-d/T)*Ro^2+6*af*(a+d/
T)*Ro^5+3*c*Ro^2/T^2*(1+gm*Ro^2-2/3*gm^2*Ro^4)*exp(-gm*Ro^2)
    DeltCp=vpa(T/Ro^2*dpdT^2/dpdRo+DeltCv-R,6)
    Cp0=0;Cv0=0;IA=0;IB=0;IC=0;ID=0;IE=0;IF=0;IG=0;
    % %--------理想气体焓、熵、比热容---------
    IT=9*T/5;
    H0=sum(y.*2.326122.*(IA+IB.*IT+IC.*IT^2+ID.*IT^3+IE*IT^4+IF.*IT^5));%焓，单位为 kJ/kg
    Cp0=sum(y.*4.187020.*(IB+2*IC.*IT+3*ID.*IT^2+4*IE.*IT^3+5*IF.*IT^4));%定压比热容，
单位为 kJ/(kg·K)
    S0=sum(y.*4.187020.*(IB.*log(IT)+2*IC.*IT+3./2*ID*IT^2+4./3*IE*IT^3+5/4*IF.*
IT^4+IG));%熵，单位为 kJ/(kg·K)
    H=vpa((H0+DeltH0/M),6)%，单位为 kJ/kg
    S=vpa((S0+DeltS0/M),6)%，单位为 kJ/(kg·K)
    Cv0=Cp0-R%，单位为 kJ/(kg·K)
    Cv=(Cv0+DeltCv)%，单位为 kJ/(kg·K)
    Cp=(Cp0+DeltCp)%，单位为 kJ/(kg·K)
    %%%---------------比热容比----------------------------
```

```
kCpCv=Cp./Cv
%%%---------kT-----等温压缩率系数-- -------
kT=1/Ro./dpdRo
%%%----ks---绝热压缩率系数或等熵压缩率系数
%%%---------α为体积膨胀系数------
alpha=kT.*dpdT
%%%------焦耳-汤姆孙系数----K/kPa-------
UJ=vpa(1/Cp*(T/Ro^2*dpdT/dpdRo-1/Ro),6)
```

代码解释如下：

```
% MBWRSY状态方程计算物性%
% p、pc、p0——压力单位，单位为kPa
% T——温度单位，单位为K；T=t+273.15，t表示摄氏度，单位为℃
% R——通用气体常数，8.3143，单位为kJ/(kmol·K)
% Ro——质量密度，单位为kg/m³
```

MATLAB的解释性语言不作为程序执行，只作为对程序的解释，以便于修改和查看，用百分号%开头。

本部分内容对程序进行简要说明：本程序采用的是MBWRSY状态方程，使用的主要变量有系统压力p，临界压力pc、一个大气压p0，单位为kPa；温度T，单位为K；通用气体常数8.3143，单位为kJ/(kmol·K)；质量密度Ro，单位为kg/m^3。

clc命令用于清除命令行窗口中的所有文本，让输出区变得干净。运行clc命令后，不能使用命令行窗口中的滚动条查看以前显示的文本，但可以在命令行窗口中使用上方向键从命令历史记录中重新调用语句。

```
clc;clear;% 清屏，清除所有变量
```

使用MATLAB代码文件中的clc命令始终都能在屏幕的同一起始位置显示输出。

clear命令用于从当前工作区中删除所有变量，并将它们从系统内存中释放，避免在此之前运算中相同的变量影响本次运算。

```
format longE
```

格式化输出。

```
W=inputdlg({'请输入压力，单位kPa','请输入温度，单位℃'},...
    '压力和温度',1,{'101.325','26.85'},'on');
p=str2double(char(W(1)))% 系统压力，单位为kPa
T=str2double(char(W(2)))+273.15% 系统温度，单位为K
```

使用输入对话框输入参数压力和温度。

```
p0=101.325%单位为kPa，一个大气压
R=8.3143%单位为kJ/(kmol·K)
```

大气压和通用气体常数的输入。

```
[fid,errmsg]=fopen('MBWRSY.xls','r');%以只读方式打开文件
y=xlsread('MBWRSY.xls',3,'A8:Y8');%各组分摩尔百分含量
Mwi= xlsread('MBWRSY.xls',3,'A11:Y11');% 分子量，单位为kg/kmol
Tci= xlsread('MBWRSY.xls',3,'A14:Y14');% 临界温度，单位为K
```

```
Roci=xlsread('MBWRSY.xls',3,'A20:Y20');% 临界摩尔密度，单位为 kmol/m3
wi=xlsread('MBWRSY.xls',3,'A23:Y23');% 偏心因子
Kij=xlsread('MBWRSY.xls',1,'A3:Y27');% 二元交互系数
% %-------利用理想气体焓、熵、比热容求解常数系数---------
IA=xlsread('MBWRSY.xls',3,'A31:Y31');
IB=xlsread('MBWRSY.xls',3,'A32:Y32');
IC=xlsread('MBWRSY.xls',3,'A33:Y33');
ID=xlsread('MBWRSY.xls',3,'A34:Y34');
IE=xlsread('MBWRSY.xls',3,'A35:Y35');
IF=xlsread('MBWRSY.xls',3,'A36:Y36');
IG=xlsread('MBWRSY.xls',3,'A37:Y37');
fclose(fid);%关闭文件
```

该段第一行代码和最后一行代码分别用于打开文件和关闭文件。中间代码用于从 Excel 电子表格读取各组分参数以及理想气体性质常数系数并存储变量。

```
M=sum(y.*Mwi);
```

利用 sum 函数计算天然气虚拟摩尔质量。

```
A0i=(A2+B2.*wi)*R.*Tci./Roci;
B0i=(A1+B1.*wi)./Roci;
C0i=(A3+B3.*wi).*R.*Tci.^3./Roci;
D0i=(A9+B9.*wi).*R.*Tci.^4./Roci;
E0i=(A11+B11.*wi.*exp(-3.8.*wi)).*R.*Tci.^5./Roci;
ai=(A6+B6.*wi).*R.*Tci./Roci.^2;
bi=(A5+B5.*wi)./Roci.^2;
ci=(A8+B8.*wi).*R.*Tci.^3./Roci.^2;
di=(A10+B10*wi).*R.*Tci.^2./Roci.^2;
afi=(A7+B7.*wi)./Roci.^3;
gmi=(A4+B4.*wi)./Roci.^2;
B0=sum(y.*B0i);
a=sum(y.*ai.^(1/3)).^3;
b=sum(y.*bi.^(1/3)).^3;
c=sum(y.*ci.^(1/3)).^3;
d=sum(y.*di.^(1/3)).^3;
af=sum(y.*afi.^(1/3)).^3;
gm=sum(y.*gmi.^(1/2)).^2;
```

求解 MBWRSY 状态方程中的一维参数，MATLAB 对一维参数的求解无须建立 for 循环。在进行一维参数的求解时，采用按元素乘除幂运算法：点乘（.*）、点除（./）、点幂（.^）。

```
A0=0;C0=0;D0=0;E0=0;
```

初始化参数。

```
for i=1:25
    for j=1:25
```

```
        A0=y(i).*y(j).*A0i(i).^0.5.*A0i(j).^0.5.*(1-Kij(i,j))+A0;
        C0=y(i).*y(j).*C0i(i).^0.5.*C0i(j).^0.5.*(1-Kij(i,j)).^3+C0;
        D0=y(i).*y(j).*D0i(i).^0.5.*D0i(j).^0.5.*(1-Kij(i,j)).^4+D0;
        E0=y(i).*y(j).*E0i(i).^0.5.*E0i(j).^0.5.*(1-Kij(i,j)).^5+E0;
    end
end
```

利用 2 层 for 循环求解参数。

```
%%---------转换为 MBWRSY 状态方程-----------------
R=8.3143/M;% 气体常数，单位为 kJ/(kg·K)
A0=A0/M^2;    B0=B0/M;    C0=C0/M^2;    D0=D0/M^2;    E0=E0/M^2;
a=a/M^3;   b=b/M^2;   c=c/M^3;   d=d/M^3;
af=af/M^3; gm=gm/M^2;
```

该段代码用于将 BWRS 状态方程转化为 MBWRSY 状态方程，在计算过程中无须进行单位换算，换算后的单位见表 9-3。

表 9-3　　换算后的单位

序号	物理量名称	符号	单位
1	压力	p	kPa
2	质量密度	ρ	kg/m^3
3	质量气体常数	R_g	kJ/(kg·K)
4	质量定容比热容	C_v	kJ/(kg·K)
5	质量定压比热容	C_p	kJ/(kg·K)
6	质量焓	H	kJ/kg
7	质量熵	S	kJ/(kg·K)
8	焦耳-汤姆孙系数	μ_J	K/kPa
9	等温压缩率系数	k_T	kJ/m^3
10	绝热压缩率系数	k_s	kJ/m^3
11	等压体积膨胀系数	α	1/K

```
%%--------- 利用 MATLAB 内置的函数求解方程-----------------
syms x
eqns= x*R*T+(B0*R*T-A0-C0/T^2+D0/T^3-E0/T^4)*x^2+(b*R*T-a-d/T)*x^3+af*(a+d/T)*
x^6+c*x^3/T^2*(1+gm*x^2)*exp(-gm*(x)^2)-p;
Ro= vpa(solve(eqns,x,'Real',1),6)% 只求实数解
```

在利用内置的函数求解时，为避免出现虚数根，采用以下格式：

```
Y = solve(eqns,vars,'ReturnConditions',true)
```

上述格式中，eqns 为要求解的方程，vars 为要求解的变量，'ReturnConditions'为返回求解值的限制条件，本程序为返回实数解'Real'，需要指定返回实数解'Real'的条件为真，用 1 或者 true，如果用 0 或者 false 则返回条件无用，输出的参数值包括虚数根和实数根。

使用 vpa 函数可以实现任意精度运算。使用 vpa(x,d)可进行变精度浮点运算，将 x 保留至少 d 位有效数字，其中 d 是 digits 函数的值，其默认值为 32。例如，vpa(x,50)表示输出区显示 50 位有效数字，vpa(x)表示输出区显示 32 位有效数字。

```
DeltH0=vpa((B0.*R.*T-2.*A0-4.*C0./T.^2+5.*D0./T.^3-6.*E0./T.^4).*Ro+0.5.*(2.*b.*R.*T-3.*a-4.*d/T).*Ro.^2+af/5.*(6.*a+7.*d/T).*Ro.^5+c/(gm.*T.^2).*(3-(3+gm.*Ro.^2/2-gm.^2.*Ro.^4).*exp(-gm.*Ro.^2)),6)
DeltS0=vpa((-R.*log(Ro.*R.*T/p0)-(B0.*R+2.*C0./T.^3-3.*D0./T.^4+4.*E0./T.^5).*Ro-0.5.*(b.*R+d./T.^2).*Ro.^2+af./5.*d./T.^2.*Ro.^5+2.*c./gm./T.^3.*(1-(1+0.5.*gm.*Ro.^2).*exp(-gm.*Ro.^2)))),6)
DeltCv=vpa(Ro*(6*C0/T^3-12*D0/T^4+20*E0/T^5)+Ro^2*d/T^2-2*af*d/5/T^2*Ro^5+3*c/gm/T^3*((gm*Ro^2+2)*exp(-gm*Ro^2)-2),6)
dpdT=Ro*R+(B0*R+2*C0/T^3-3*D0/T^4+4*E0/T^5)*Ro^2+(b*R+d/T^2)*Ro^3-af*d/T^2*Ro^6-2*c*Ro^3/T^3*(1+gm*Ro^2)*exp(-gm*Ro^2)
dpdRo=R*T+2*(B0*R*T-A0-C0/T^2+D0/T^3-E0/T^4)*Ro+3*(b*R*T-a-d/T)*Ro^2+6*af*(a+d/T)*Ro^5+3*c*Ro^2/T^2*(1+gm*Ro^2-2/3*gm^2*Ro^4)*exp(-gm*Ro^2)
DeltCp=vpa(T/Ro^2*dpdT^2/dpdRo+DeltCv-R,6)
```

DeltH0、**DeltS0**、**DeltCv**、**DeltCp** 分别为偏离焓、偏离熵、偏离定容比热容、偏离定压比热容，**dpdT**、**dpdRo** 分别为定容条件下压力对温度的导数、定温条件下压力对密度的导数。

```
Cp0=0;Cv0=0;IA=0;IB=0;IC=0;ID=0;IE=0;IF=0;IG=0;
```

上一段代码用于初始化理想气体定压比热容、定容比热容以及理想气体常数系数。

```
%%-------求解理想气体焓、熵、比热容---------
IT=9*T/5;
H0=sum(y.*2.326122.*(IA+IB.*IT+IC.*IT^2+ID.*IT^3+IE*IT^4+IF.*IT^5));%焓，单位为kJ/kg
Cp0=sum(y.*4.187020.*(IB+2*IC.*IT+3*ID.*IT^2+4*IE.*IT^3+5*IF.*IT^4));%定压比热容，单位为kJ/(kg·K)
S0=sum(y.*4.187020.*(IB.*log(IT)+2*IC.*IT+3./2*ID*IT^2+4./3*IE*IT^3+5/4*IF.*IT^4+IG));%熵，单位为kJ/(kg·K)
H=vpa((H0+DeltH0/M),6)%单位为kJ/kg
S=vpa((S0+DeltS0/M),6)%单位为kJ/(kg·K)
Cv0=Cp0-R%单位为kJ/(kg·K)
Cv=(Cv0+DeltCv)%单位为kJ/(kg·K)
Cp=(Cp0+DeltCp)%单位为kJ/(kg·K)
```

上一段代码用于求解理想气体焓、熵、比热容。

计算结果见表 9-4。

表 9-4　计算结果

序号	物理量名称	符号	结果	单位
1	压力	p	101.325	kPa
2	大气压	p_0	101.325	kPa
3	温度	T	300	K

续表

序号	物理量名称	符号	结果	单位
4	质量气体常数	R	0.503189	kJ/(kg·K)
5	质量密度	ρ	0.672501	kg/m^3
6	压缩因子	Z	0.998094	1
7	质量定容比热容	C_v	1.735119	kJ/(kg·K)
8	质量定压比热容	C_p	2.242877	kJ/(kg·K)
9	质量焓	H	620.484132	kJ/kg
10	质量熵	S	11.515939	kJ/(kg·K)
11	焦耳-汤姆孙系数	μ_J	0.00427484	K/kPa
12	等温压缩率系数	k_T	0.00988807	kJ/m^3
13	绝热压缩率系数/等熵压缩率系数	k_s	−0.00764954	kJ/m^3
14	等压体积膨胀系数	α	0.00335483	1/K

9.2 使用 MATLAB 实时编辑器求解液化天然气热物性参数

本节以基于 PR 状态方程求解液化天然气（Liquefied Natural Gas，LNG）热物性参数为例进行介绍。

本节从使用 MATLAB 的角度来看，有以下几个重要的内容：使用函数 readtable 来读取 Excel 电子表格；在实时编辑器中插入控件进行数据输入的交互；写入 mat 文件、读取 mat 文件、基本数学运算、for 循环、if 条件、求解非线性方程实数解等内容。各种方法的选取在于编程者的编程思想，同样需要利用计算机辅助求解，编程者的编程思想不同使用的编程工具组合也可能不同，在编程前需要提前想好自己要实现的功能以及实现功能用到的工具。

从流体物理性质专业技术方面来说，对多个文献中的公式进行列出，做不同形式之间公式求解结果的对比，便于读者分析不同文献中不同形式的公式。

本节采用实时脚本进行编写，辅以 Excel 引用常数，结果输出采用实时脚本，即直接在脚本中显示。

源代码见本书配套资源，里面对代码进行了详细解释。下面简要介绍相关操作。

（1）新建实时脚本。

单击“主页”菜单中的“新建实时脚本”按钮，如图 9-1 所示。弹出实时脚本的同时，系统工具栏出现了“实时编辑器”菜单，如图 9-2 所示。将新建的脚本另存为 PREoS.mlx。

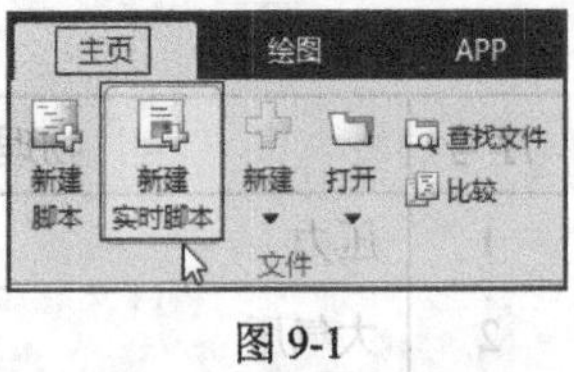

图 9-1

（2）编写主程序标题。

在实时编辑器中输入标题“使用 PR 状态方程计算 LNG 的热物性参数”，并在“实时编辑器”菜单中选择“标题”，即可设置该段文字为标题；在标题下面输入解释性文本“约定的单位：p、pc-压力单位，kPa；T-温度单位，K；T=t+273.15，t-摄氏度，℃；R-通用气体常数，8.3143，kJ/（kmol·K）”，并在单击“标题”按钮后选择“普通”，即可将该段文字设置为普通文本，如图 9-3 所示。

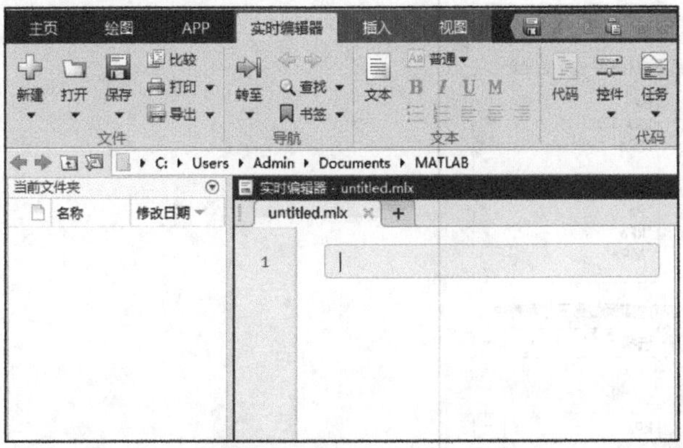

图 9-2

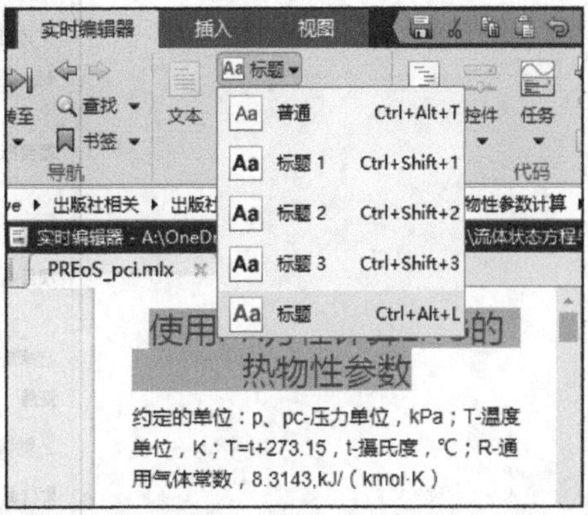

图 9-3

（3）运行以下代码，初始化程序。

```
clc;clear;% 清屏，清除所有变量
syms p R T x a b rfa%定义未知量
```

（4）插入控件用于输入压力。

输入解释性文本“请输入压力 p:”，并将其设置为“标题 3”格式。

另起一行，输入字母“p=”，然后在“控件”中选择“编辑字段”，如图 9-4 所示。

在实时编辑器中出现“配置控件”对话框，系统默认 p 为标签；“数据类型”选择“双精度”，用于数值计算；“默认值”为“5000”，以便调试阶段不用重复输入数据；“运行”默认为“当前节”，如图 9-5 所示。编辑完成后只显示编辑字段控件，如需再次配置，右键单击该控件，选择“配置控件”命令即会出现“配置控件”对话框。

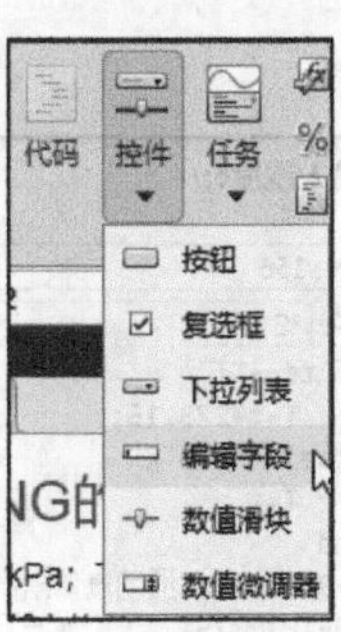

图 9-4

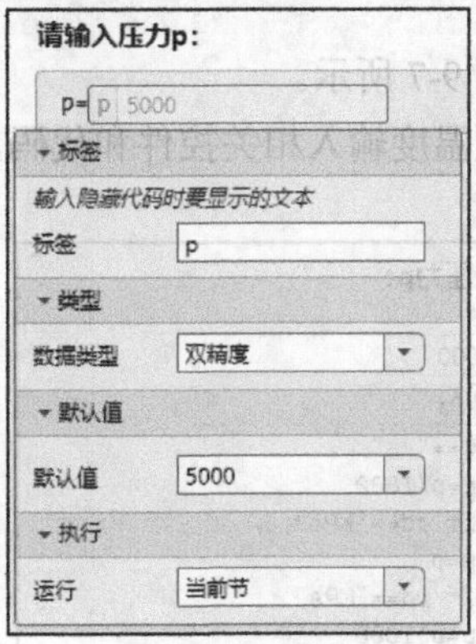

图 9-5

同样，输入“pd”代表压力单位，在“项目标签”每输入一个单位就按 Enter 键，然后输入下一个，直到输入完最后一个并按 Enter 键。其他配置如图 9-6 所示。

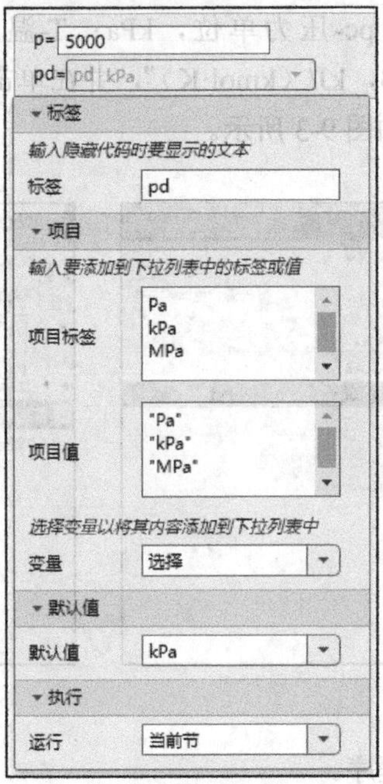

图 9-6

（5）输入代码，进行关联计算。

另起一行输入以下代码：

```
if pd=="Pa"
    p=p/1000
elseif pd=="kPa"
    p=p
elseif pd=="MPa"
    p=p*1000
end
```

运行结果如图 9-7 所示。

同样，可配置温度输入相关控件和代码，如图 9-8 所示。

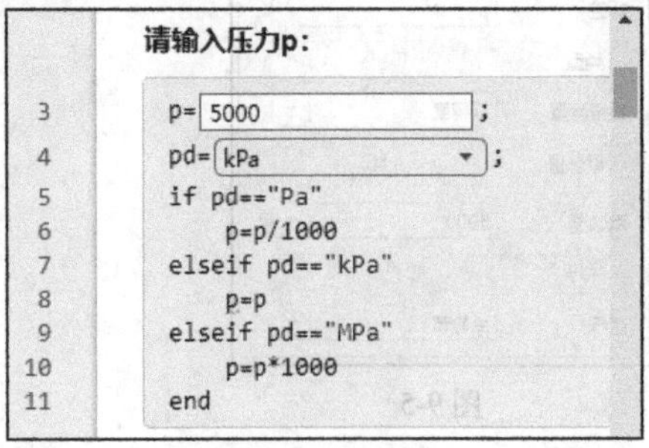

图 9-7

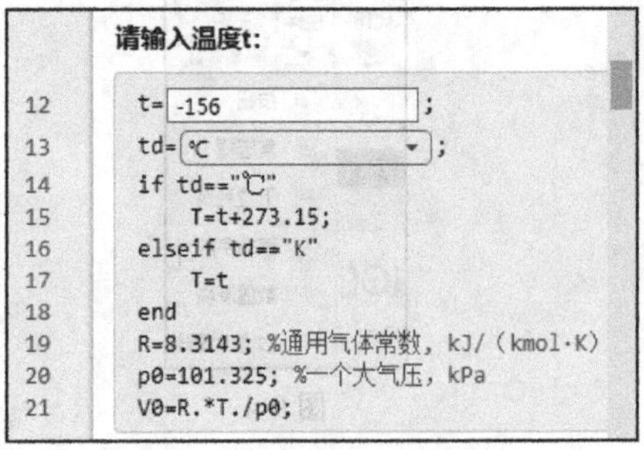

图 9-8

同样，可以通过插入“编辑字段”控件来配置各组分百分摩尔含量的输入，如图 9-9 所示。

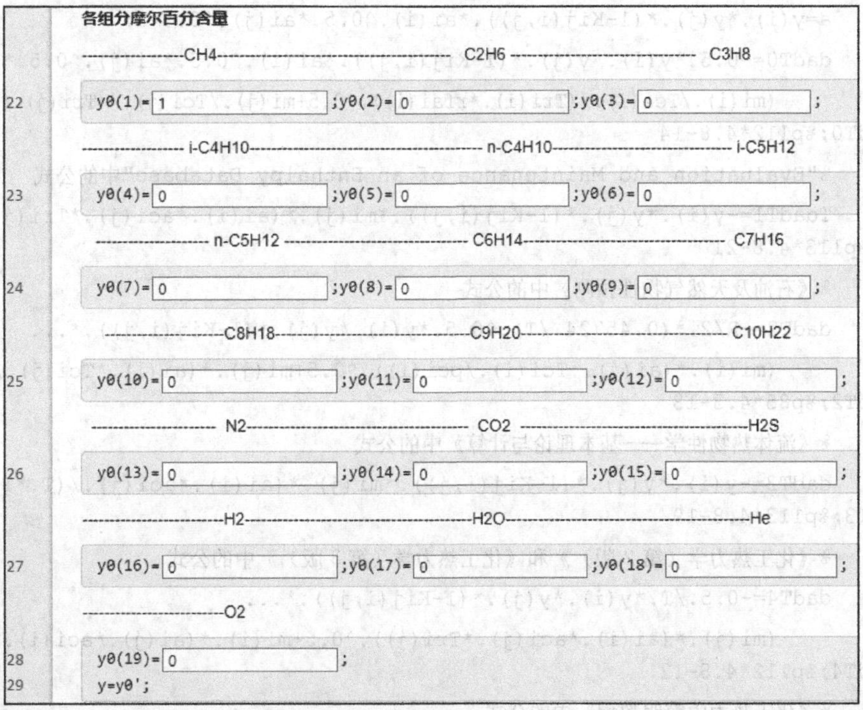

图 9-9

（6）编写其余代码。

以下内容中带底色部分为运行中的代码，不带底色部分为实时编辑器中的普通文本，作为说明代码用途的一部分。

```
load MyPRdatakPa.mat%Pa
%以下为单组分计算。Tc 是一个数组，Tr 也是一个数组
Tri=T./Tci;
mi=0.37464+1.54226.*wi-0.26992.*wi.^2;
rfai=(1+mi.*(1-Tri.^0.5)).^2;
aci=0.45724.*R.^2.*Tci.^(2)./pci;
ai=aci.*rfai;
b0i=0.07780.*R.*Tci./pci;
%dai=-mi.*ai./(1+mi.*(1-Tri.^0.5))./(T.*Tci).^0.5;
%"Thermodynamic properties involving derivatives Using the Peng-Robinson equation of state"中的公式
dai=-mi.*(ai.*aci).^0.5./(T.*Tci).^0.5;%单组分温度一阶偏导数
M=sum(y.*Mwi');
b=sum(y.*b0i');
a=0;dadT0=0;TdadT1=0;dadT2=0;dadT3=0;dadT4=0;dadT7=0;D2aDT25=0;
for i=1:19
   for j=1:19
```

```
            a=y(i).*y(j).*(1-Kij(i,j)).*ai(i).^0.5.*ai(j).^0.5+a;
            dadT0=-0.5.*y(i).*y(j).*(1-Kij(i,j)).*ai(i).^0.5.*ai(j).^0.5.*...
                (mi(i)./Tci(i)./(Tri(i).*rfai(i)).^0.5+mi(j)./Tci(j)./(Tri(j).*rfai(j)).
^0.5)+dadT0;%p112*4.8-14
            %"Evaluation and Maintenance of an Enthalpy Database"中的公式
            TdadT1=-y(i).*y(j).*(1-Kij(i,j)).*mi(j).*(ai(i).*aci(j).*Tri(j)).^0.5+
TdadT1; %p113*4.8-21
            %《石油及天然气物性预测》中的公式
            dadT2=-R/2.*(0.45724./T).^0.5.*y(i).*y(j).*(1-Kij(i,j)).*...
                (mi(i).*(ai(j).*Tci(i)./pci(i)).^0.5+mi(j).*(ai(i).*Tci(j)./pci(j)).
^0.5)+dadT2;%p85*4.3-13
            %《流体热物性学——基本理论与计算》中的公式
            dadT3=-y(i).*y(j).*(1-Kij(i,j)).*mi(j).*(ai(i).*aci(j)./(T.*Tci(j))).
^0.5+dadT3;%p113*4.8-19
            %《化工热力学（第 2 版）》和《化工热力学（第 3 版）》中的公式
            dadT4=-0.5./T.*y(i).*y(j).*(1-Kij(i,j)).*...
                (mi(j).*(ai(i).*aci(j).*Tri(j)).^0.5+mi(i).*(ai(j).*aci(i).*Tri(i)).
^0.5)+dadT4;%p112*4.8-12
            %《化工热力学简明教程》中的公式
            dadT7=0.5.*y(i).*y(j).*(1-Kij(i,j)).*...
                ((ai(j)./ai(i)).^0.5.*dai(i)+(ai(i)./ai(j)).^0.5.*dai(j))+dadT7;%p
112*4.8-8
            %"Thermodynamic properties involving derivatives Using the Peng-Robinson
equation of state"中的公式
            D2aDT25=-0.5.*y(i).*y(j).*(1-Kij(i,j)).*mi(j).*aci(j)^0.5./Tci(j)^0.5.*...
                (dai(i)./(T.*ai(i))^0.5-ai(i)^0.5./T^1.5)+D2aDT25;%p115*4.8-28
        end
    end
```

-------以下代码为利用 MATLAB 内置的函数求解方程---------

```
    eqns= R.*T./(x-b)-a./(x.*(x+b)+b.*(x-b))-p;
    % V = vpasolve(eqns,x, [0 Inf])
    V= vpa(solve(eqns,x,'Real',1),6)% 只求实数解
    Rou=1/V*M
```

vpasolve 和 vpa 函数求解的效果一样。

```
    % V = vpasolve(eqns,x, 'Random',0)%求所有解，含虚数
```

-------以上代码为利用 MATLAB 内置的函数求解方程-----------

```
    Z=p.*V./(R.*T)
```

------------------计算理想气体焓、熵、比热容---------------------

以下为 TGNET 软件中的公式。

```
    load MyCHSdata.mat
    IT=9*T/5;
```

```
    H0=sum(y.*2.326122.*(IA+IB.*IT+IC.*IT^2+ ...
        ID.*IT^3+IE*IT^4+IF.*IT^5));%比焓，单位为 kJ/kg
    Cp0=sum(y.*4.187020.*(IB+2*IC.*IT+ ...
        3*ID.*IT^2+4*IE.*IT^3+5*IF.*IT^4));%定压比热容，单位为 kJ/(kg·K)
    S0=sum(y.*4.187020.*(IB.*log(IT)+ ...
        2*IC.*IT+3./2*ID*IT^2+4./3*IE*IT^3+5/4*IF.*IT^4+IG));%比熵，单位为 kJ/(kg·K)
Cp0=Cp0*M%单位为 kJ/kg
Cv0=Cp0-R%定容比热容，单位为 kJ/(kmol·K)
H0=H0*M %单位为 kJ/kmol
S0=S0*M%单位为 kJ/(kmol·K)
```

计算焓变：

```
DeltH0=vpa(R.*T.*(Z-1-(a-T.*dadT0)./(8^0.5.*b.*R.*T).*log((V+(2^0.5+1).*b)./(V-(2^0.5-1).*b))),6)
```

计算熵变：

```
DeltS1=vpa(R.*(log(p.*(V-b)./R./T)+1/(8^0.5.*b.*R*T).*TdadT1.*log((V+(2^0.5+1).*b)./(V-(2^0.5-1).*b))-log(p/p0)),6)
%《石油及天然气物性预测》中的公式
DeltS2=vpa(R.*(-1/(8^0.5.*b.*R).*dadT2.*log((V-(2^0.5-1).*b)./(V+(2^0.5+1).*b))+log((V-b)./V)+log(V/V0)),6)
%《流体热物性学——基本理论与计算》中的公式
DeltS3=vpa(R.*(log(p.*(V-b)./R./T)-1/(8^0.5.*b*R).*dadT3.*log((V-(2^0.5-1).*b)./(V+(2^0.5+1).*b))-log(p/p0)),6)
%《化工热力学（第 3 版）》中的公式
DeltS4=vpa(R.*(log(p.*(V-b)./R./T)+1/(8^0.5.*b*R).*dadT4.*log((V+(2^0.5+1).*b)./(V-(2^0.5-1).*b))-log(p/p0)),6)
%《化工热力学简明教程》中的公式
%以上各式计算结果相同
DeltS5=vpa(-R.*log(R.*T./V./p0)-log(3-8^0.5).*dadT0./(8.^0.5.*b)-dadT0./(8.^0.5.*b).*log((V+(1+2^0.5).*b)./((V+(1-2^0.5).*b))),6)
%李长俊等人的《天然气管道输送（第四版）》中的公式

%%%------比热容------
DeltCv=vpa(T/b/8^0.5*D2aDT25*log((V+(1+2^0.5)*b)/(V+(1-2^0.5)*b)),6)%723.607
dpdT=R/(V-b)-dadT7/(V*(V+b)+b*(V-b))
dpdV=2*a*(V+b)/(V^2+2*b*V-b^2)^2-R*T/(V-b)^2
DeltCp=vpa(-T*dpdT^2/dpdV+DeltCv-R,6)
H=vpa(H0+DeltH0,6)%单位为 kJ/kmol
S=vpa(S0+DeltS1,6)%单位为 kJ/(kmol·K)
Cv=Cv0+DeltCv%单位为 J/(kmol`K)
Cp=Cp0+DeltCp%单位为 J/(kmol`K)
%%%--------------比热容比---------------------------
```

```
kCpCv=Cp./Cv
%%%---------kT-----等温压缩率系数---------------------------
kT=-1/V./dpdV
%%%-----------ks---绝热压缩率系数或等熵压缩率系数-------------------------
ks=-Cv./Cp.*kT
%%%---------α为体积膨胀系数--------------------------
alpha=kT.*dpdT
%%%------JT系数----K/kPa-------
UJ=vpa(1./Cp.*(-T.*dpdT./dpdV-V),6)%0.00156239K/kPa=1.56239K/MPa
%end
```

运行程序后，结果如图 9-10 所示。

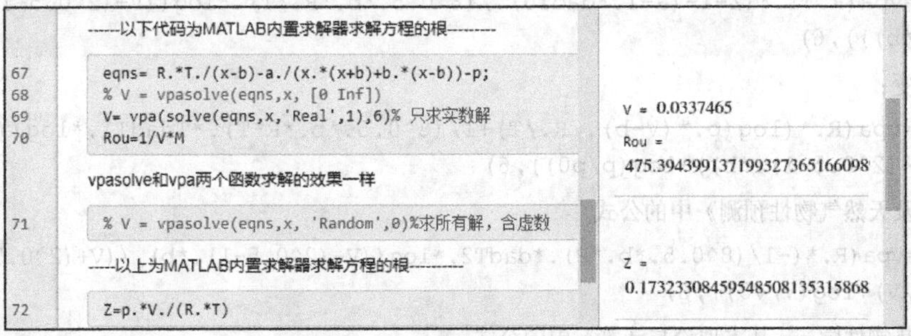

图 9-10

MATLAB 只是一种工具，从数值计算方面来说，MATLAB 起初就是为数值计算开发的，其自带强大的函数库，只需引用函数即可，很少需要重新编写函数。对于辅助计算来说，这无疑是一个很大的优势。

参考文献

[1] 苑伟民，贺三，邵国亮. 天然气物理性质参数和水力计算[M]. 成都：四川大学出版社，2020.

[2] 高光华，童景山. 化工热力学[M]. 北京：清华大学出版社，1994.

[3] B. E. 波林，J. M. 普劳斯尼茨，J. P. 奥康奈尔. 气液物性估算手册[M]. 5 版. 赵红玲，王凤坤，陈圣坤，等，译. 北京：化学工业出版社，2006.

[4] 顾安忠，等. 液化天然气技术[M]. 2 版. 北京：机械工业出版社，2015.

[5] 中国大百科全书编委. 中国大百科全书：14 卷：2 版 [M]. 北京：中国大百科全书出版社，2009.

[6] 袁恩熙. 工程流体力学[M]. 北京：石油工业出版社，2002.

[7] 中国石油学会石油储运专业委员会. 第四届中国液化天然气大会论文集[C]. 北京：中国石化出版社，2021.

[8] 赵汉中. 工程流体力学（Ⅰ）[M]. 武汉：华中科技大学出版社，2005.

[9] 苑伟民，孙啸，贺三. 等. BWRS 方程中参数单位制的讨论[J]. 长江大学学报（自然科学版），2008, 5(3): 179-180.

[10] 苑伟民. 修改的 BWRS 状态方程[J]. 石油工程建设，2012,38(6): 9-12.

[11] 印永嘉，奚正楷，张树永，等. 物理化学简明教程[M]. 4 版. 北京：高等教育出版社，2007.

[12] 李元高. 物理化学[M]. 上海：复旦大学出版社，2013.

[13] 陈则韶.高等工程热力学[M]. 2 版. 合肥：中国科学技术大学出版社，2014.

[14] 苑伟民，王辉，陈学焰，等.使用状态方程计算天然气焦耳-汤姆逊系数[J]. 石油工程建设，2019, 45(1): 22-26.

[15] 化学名词审定委员会.化学名词[M]. 2 版. 北京：科学出版社，2017.

[16] 班玉凤，朱海峰，刘红宇，等.化工热力学[M]. 北京：中国石化出版社，2017.

[17] 宋春敏.化工热力学[M]. 北京：中国石油大学出版社，2016.

[18] 童景山. 流体热物性学——基本理论与计算[M]. 北京：中国石化出版社，2008.

[19] 沈维道，童钧耕. 工程热力学[M]. 5 版. 北京：高等教育出版社，2016.

[20] 王子宗. 石油化工设计手册：第一卷，石油化工基础数据[M]. 北京：化学工业出版社，2015.

[21] 李玉星，姚光镇. 输气管道设计与管理[M]. 2 版. 东营：中国石油大学出版社，2009.

[22] 冯新，宣爱国，周彩荣，等. 化工热力学[M]. 2 版. 北京：化学工业出版社，2019.

[23] 张乃文，于志家. 化工热力学[M]. 2 版. 大连：大连理工出版社，2014.

[24] 白执松，罗光熹. 石油及天然气物性预测[M]. 北京：石油工业出版社，1995.

[25] 李玉林，胡瑞生. 化工热力学简明教程[M]. 北京：中国水利水电出版社，2011.

[26] 陈钟秀, 顾飞燕, 胡望明. 化工热力学[M]. 3 版. 北京: 化学工业出版社, 2012.
[27] 施云海, 王艳莉, 彭阳峰, 等. 化工热力学[M]. 2 版. 上海: 华东理工大学出版社, 2013.
[28] 童景山, 李敬. 流体热物理性质的计算[M]. 北京: 清华大学出版社, 1982.
[29] 石玉美, 顾安忠, 汪荣顺, 等. 天然气和混合制冷剂的焓熵[J]. 流体机械, 2000, 28(7): 61-63.
[30] 骆赞椿, 徐汛. 化工节能热力学原理[M]. 北京: 烃加工出版社, 1990.
[31] 童景山. 流体的热物理性质[M]. 北京: 中国石化出版社, 1996.
[32] 刘永. 乙烯装置冷量平衡的研究[D]. 大庆: 大庆石油学院, 2003:14-16.
[33] 郭天民, 等. 多元气-液平衡和精馏[M]. 北京: 石油工业出版社, 2002.
[34] 位雅莉. 天然气液化工艺模拟与分析[D]. 成都: 西南石油学院, 2004:24-33.
[35] 徐柱亮. 用 LKP 状态方程计算 NH_3-H_2O-H_2-N_2-Ar-CH_4 系统的热力学性质和高压相平衡[J]. 化肥工业, 1981(2):46-54.
[36] 安彭军. 天然气液化流程模拟与优化的研究[D]. 兰州: 兰州理工大学, 2003:32-38.
[37] 苑伟民. 气体动力黏度求解新方程[J]. 天然气与石油, 2013, 31(3): 17-21.
[38]刘光启, 马连湘, 刘杰, 等. 化学化工物性数据手册. 有机卷[M]. 北京: 化学工业出版社, 2002.
[39] 李庆扬, 王能超, 易大义. 数值分析[M]. 4 版. 北京: 清华大学出版社, 2001.
[40] 苑伟民. 理想气体热容预测的新公式[J]. 石油工程建设, 2013, 39(5): 7-11.
[41] 苑伟民. MATLAB App Designer 从入门到实践[M]. 北京: 人民邮电出版社, 2022.